全国高职高专机械设计制造类工学结合"十三五"规划系列教材

AutoCAD 2014 绘图基础与工程应用教程

主　编　李奉香　　邹建荣

副主编　柴敬平　　季学毅　　王　勇

参　编　马　旭　　周松艳　　张　南　　徐晓玲

　　　　胡玫瑰　　易　敏　　张瑞华　　张丽萍

　　　　施水娟　　代丽华　　高会鲜

主　审　金　濯

U0343134

华中科技大学出版社

中国·武汉

内 容 简 介

本书以社会要求工科大学生具备能用计算机绘图的能力为基础,选择社会应用广泛和机房安装、使用方便的软件,兼顾 Win 8 的操作系统与软件的增强功能,以 AutoCAD 2014 软件为蓝本,结合教学改革的实践经验编写而成。全书共分九章,以使用 AutoCAD 2014 绘制平面图、三视图、剖视图、工程图与三维图为载体,介绍 AutoCAD 2014 的绘图功能、编辑功能、文字输入功能、尺寸标注功能、三维图绘制功能与工程图绘制方法和技巧。

全书图文并茂,示例丰富翔实,操作思路清晰,语言通俗易懂,读者容易理解和掌握。本书可用作高职高专及中职学校制造类、土建类、电气类专业学生学习计算机绘图(AutoCAD)的教材,也可作为工程技术人员学习 AutoCAD 2014 软件的参考书。

图书在版编目(CIP)数据

AutoCAD 2014 绘图基础与工程应用教程/李奉香,邹建荣主编.—武汉:华中科技大学出版社,2017.1
(2022.9重印)
全国高职高专机械设计制造类工学结合"十三五"规划系列教材
ISBN 978-7-5680-2234-7

Ⅰ.①A… Ⅱ.①李… ②邹… Ⅲ.①AutoCAD 软件-高等职业教育-教材 Ⅳ.①TP391.72

中国版本图书馆 CIP 数据核字(2016)第 235486 号

AutoCAD 2014 **绘图基础与工程应用教程**   李奉香 邹建荣 主编
AutoCAD 2014 Huitu Jichu yu Gongcheng Yingyong Jiaocheng

策划编辑:万亚军
责任编辑:吴　晗
封面设计:原色设计
责任校对:李　琴
责任监印:周治超
出版发行:华中科技大学出版社(中国·武汉)   电话:(027)81321913
　　　　　武汉市东湖新技术开发区华工科技园   邮编:430223
录　　排:武汉市洪山区佳年华文印部
印　　刷:武汉开心印印刷有限公司
开　　本:787mm×1092mm　1/16
印　　张:22.75
字　　数:592 千字
版　　次:2022 年 9 月第 1 版第 8 次印刷
定　　价:44.80 元

全国高职高专机械设计制造类工学结合"十三五"规划系列教材

编委会

前　　言

　　AutoCAD 是由美国 Autodesk 公司开发的,自 1982 年推出后,就得到广泛应用,30 多年来,版本不断更新,功能越来越强,在机械、电子、建筑、土木、服装设计、电力和工业设计等行业应用日渐普及。目前 AutoCAD 已成为计算机辅助设计领域用户最多,使用最广泛的图形软件。AutoCAD 最大的优势是绘制二维工程图,但 AutoCAD 是集二维绘图、三维设计、渲染及通用数据库管理和互联网通信功能于一体的计算机辅助绘图软件包。

　　本书主编二十多年来一直从事计算机绘图方面的教学和 CAD 设计绘图工作,具有丰富的教学经验、教材编写经验与 CAD 绘图实践经验,能够准确地把握读者的学习心理与实际需求。本书以 AutoCAD 2014 软件为蓝本,结合多年教学改革的成果编写而成。全书共分九章,以使用 AutoCAD 2014 绘制平面图、三视图、剖视图、工程图与三维图为载体,介绍 AutoCAD 2014 的绘图功能、编辑功能、文字输入功能、尺寸标注功能、三维图绘制功能与工程图绘制方法和技巧。

　　全书图文并茂,示例丰富翔实,操作思路清晰,语言通俗易懂,读者容易理解和掌握。本书可用作高职高专及中职学校制造类、土建类、电气类专业学生学习计算机绘图(AutoCAD)的教材。掌握计算机绘图技术已是对现代工程技术人员的基本要求,读者通过此书的学习和实训,可以熟练掌握 AutoCAD 的绘图方法和操作,并学习一些操作技巧,从而提高计算机绘图速度和能力,并能较快绘制工程图。因此,本书也可作为工程技术人员学习 AutoCAD 2014 软件的参考书。

　　本书以培养绘图技能为主,结构上体现学与练结合,采用“学一点练一点”的形式,由易到难、由简单到复杂层层推进,使学生逐步掌握工程图的绘制。内容上,不仅对命令的基本操作方法作了介绍,还介绍了命令的具体应用情景、绘图思路、步骤和技巧,以及命令在工程图上的具体应用,整个内容介绍详细、语言通俗易懂、图文并茂。每章编写了不少的“示例”、“示例与训练”及“训练习题”,“示例”是简单性的操作,“示例与训练”是综合性的操作,“示例”及“示例与训练”都给出了详细的绘制过程,读者只需要按照讲解一步一步地操作就可以完成,并掌握方法。“示例与训练”可在教师示范之后练习,“训练习题”供读者自己训练。

　　书中编写的一些示例,具体绘图时,可以按本书介绍的方法和步骤进行,也可以根据个人习惯绘图,但最终图形要满足图样要求。为方便读者辨识,书中对话框上的按钮名称和键盘键均书写在“〔〕”中,菜单的名称均书写在“【】”中,书上“↙”表示按回车键。

　　在使用本书作为相应课程的教材开展教学时,建议教学过程以理论讲授与训练相结合方式进行,边讲边练,注重上机实践训练和指导;同时教师选取讲解内容时,除命令的操作方法外,也要介绍绘图思路、命令的应用条件和绘图技巧,还要通过具体绘图示例演示,介绍命令的灵活应用。

　　本书由武汉船舶职业技术学院李奉香教授、南通职业大学邹建荣副教授任主编,烟台职业学院柴敬平副教授、武汉船舶职业技术学院季学毅、南通职业大学王勇副教授任副主编,参加编写的还有珠海城市职业技术学院马旭,武汉交通职业学院周松艳,武汉航海职业技术学院张南、徐晓玲,浙江义乌市城镇职业技术学校胡玫瑰,南通职业大学张瑞华、张丽萍、施水娟,武汉船舶职业技术学院易敏、高会鲜,烟台职业学院代丽华。具体编写分工如下:李奉香编写了第 1 章、第 2 章、第 3 章和第 7 章,邹建荣编写了第 8 章,李奉香和柴敬平编写了第 4 章,李奉香和季学毅编写了 5.1~5.5 节,李奉香和马旭编写了 5.6 节,李奉香和高会鲜编写了 6.1~6.10 节,李奉香和易敏编写了 6.11~6.12 节,王勇编写了 9.1~9.2 节,施水娟编写了 9.3~9.4 节,张瑞华和张丽萍编写了 9.5 节,周松艳、张南、徐晓玲、胡玫瑰、代丽华参与了本书的编写和图形绘制。全书由李奉香统稿和整理,由江苏农牧科技职业学院金濯教授主审。

在本书编写过程中参考了相关教材和其他文献资料,并得到了各级领导和同行的帮助,在此一并表示衷心的感谢!

由于编者水平有限,书中疏漏和错误之处在所难免,敬请读者批评指正。

编 者
2016 年 9 月

目　　录

第1章 操作基础与绘制基本图形

【本章学习内容】

1. AutoCAD 2014 的工作界面；基本操作方法；图形显示命令的使用方法和文件的管理方法。

2. 修订云线、构造线、射线、点、直线、圆、正多边形、矩形、样条曲线、多段线等基本绘图命令的使用方法。

3. 对象特性的设置方法；工具栏使用方法；绘图状态的设置方法；更换绘图区背景颜色。

1.1 启动 AutoCAD 2014 与绘图示例

1.1.1 启动 AutoCAD 2014

使用前，要在计算机上安装 AutoCAD 2014 软件。按照系统提示装完软件后，会在桌面上出现 AutoCAD 2014 快捷图标，双击桌面上 AutoCAD 2014 的快捷方式图标便可以启动。

进入系统后，默认状态下首先弹出的是"加入客户参与计划"对话框，如图 1-1 所示。选择"是的，我将参加'客户参与计划'"或"不，我现在不想加入该计划"单选项，并单击〖确定〗按钮，即进入 AutoCAD 2014 的工作界面，如图 1-2 所示。

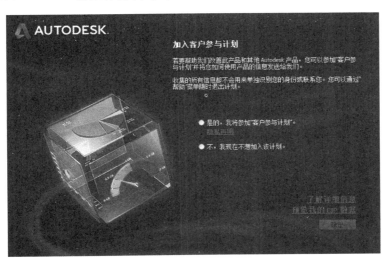

图 1-1 "加入客户参与计划"对话框

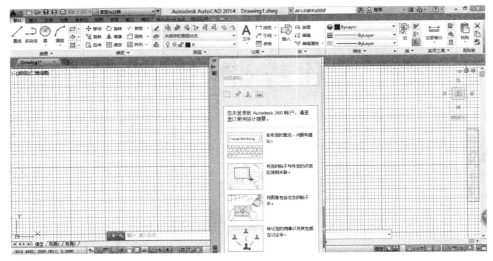

图 1-2 AutoCAD 2014 启动工作界面

1.1.2 AutoCAD 2014 工作空间

工作空间可理解为工作界面的样式,是根据需要组织的菜单、工具栏、选项板和控制面板

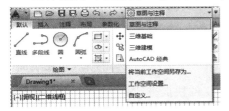

图 1-3 〖工作空间〗工具栏

的集合。使用相应的工作空间时,界面中显示与任务相关的菜单、工具栏和选项板,使用户可以在自定义的、面向任务的绘图环境中效率更高地工作。AutoCAD 2014 提供了草图与注释、三维基础、三维建模和 Auto-CAD 经典四种典型界面,启动时直接进入的是草图与注释界面,如图 1-2 所示。四种典型界面之间可以转换,界面之间的转换方法是单击上方〖工作空间〗工具栏右方下弹按钮 ⚙草图与注释 ▼ ,出现下拉菜单,在相应的名称上单击左键进行选择,如图 1-3 所示。当选择"AutoCAD 经典"时,界面变化为图 1-4 所示。当选择"三维基础"时,

图 1-4 AutoCAD 经典界面

界面变化为图 1-5 所示。当选择"三维建模"时，界面变化为图 1-6 所示。

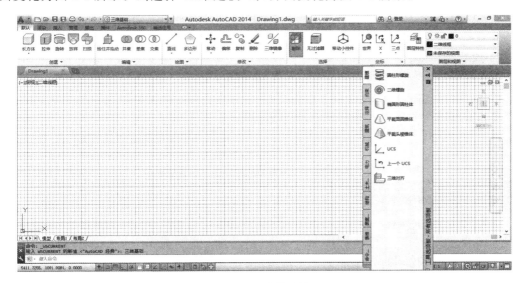

图 1-5　三维基础界面

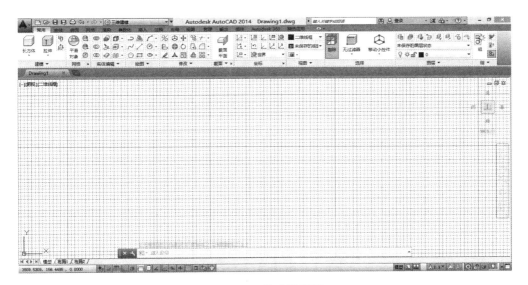

图 1-6　三维建模界面

1.1.3　退出 AutoCAD 2014

可以使用以下方法退出 AutoCAD 2014 界面。

- 单击右上角的〖关闭〗按钮 ✕ 。
- 菜单命令：【文件】→【退出】。
- 键盘命令：EXIT ↙或 QUIT ↙。

右上角有两个关闭按钮，如图 1-7 所示。启动 AutoCAD 2014 软件后，可以同时打开多个文件，但只有一个是可以编辑的当前文件。单击第一行的〖关闭〗按钮 ✕ ，表示关闭所有文件和退出 AutoCAD 2014 软件。单击第二行的〖关闭〗按钮 ✕ ，表示关闭当前文件，不退出

AutoCAD 2014 软件。

关闭文件时，如果用户对图形所作修改尚未保存，则弹出如图 1-8 所示的提示对话框，提示用户保存文件。如果文件已命名，直接单击〖是〗，AutoCAD 将以原名保存文件，然后退出。单击〖否〗，不保存退出。单击〖取消〗，取消该对话框，重新回到编辑状态。如果当前图形文件从未保存过，则 AutoCAD 会弹出"图形另存为"对话框。

图 1-7　〖关闭〗按钮

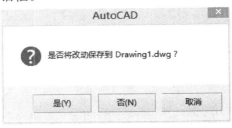

图 1-8　退出 AutoCAD 时的提示对话框

1.1.4　基本绘图示例

【示例与训练 1-1】　绘制基本图形

【示例 1-1-1】　启动 AutoCAD 2014，将工作空间转换为 AutoCAD 经典界面，绘制如图 1-9 所示图形，然后退出 AutoCAD 2014 界面。

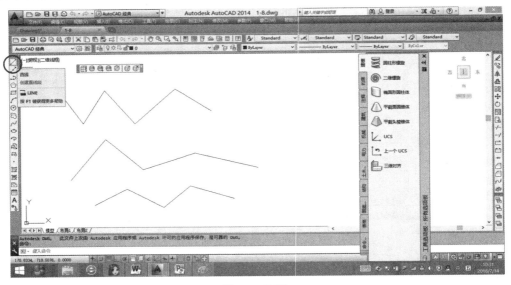

图 1-9　直线

【方法】　步骤如下：

（1）启动 AutoCAD 2014，将工作空间转换为 AutoCAD 经典界面。

（2）单击左下角"栅格显示"按钮，如图 1-10 所示，从而关闭显示的网格。

（3）在左边"直线"命令按钮上单击左键（见图 1-9），移动光标到绘图区单击左键，向右下移动光标单击左键，向右上移动光标单击左键，向右下移动光标单击左键，向右上移动光标再单击左键，向右下移动光标再单击左键，然后按回车键，结束直线的绘制，如图 1-9 所示。

（4）重复上述操作，绘制第二组直线，如图 1-9 所示。

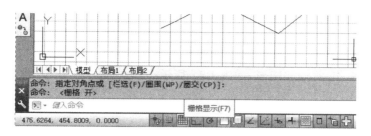

图 1-10　"栅格显示"按钮

（5）重复上述操作，绘制第三组直线，如图 1-9 所示。

（6）退出 AutoCAD 2014 界面。

【示例 1-1-2】　启动 AutoCAD 2014，将工作空间转换为 AutoCAD 经典界面，绘制如图 1-11所示图形，然后退出 AutoCAD 2014 界面。

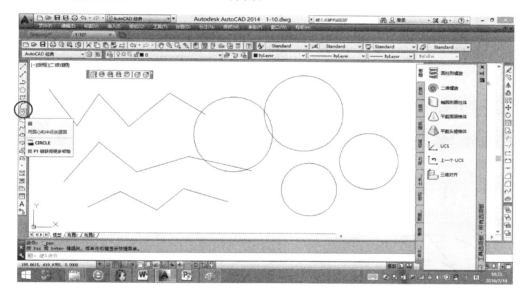

图 1-11　直线和圆

【方法】　步骤如下：

（1）启动 AutoCAD 2014，将工作空间转换为 AutoCAD 经典界面。

（2）单击左下角"栅格显示"按钮，从而关闭显示的网格。

（3）重复上题操作绘制直线。

（4）在左边"圆"命令按钮上单击左键，移动光标到绘图区再单击左键，向右移动光标单击左键，完成一个圆的绘制，如图 1-11 所示。

（5）重复上述操作，再绘制圆，如图 1-11 所示。

（6）退出 AutoCAD 2014 界面。

【示例 1-1-3】　启动 AutoCAD 2014，将工作空间转换为 AutoCAD 经典界面，绘制如图 1-12所示图形，然后退出 AutoCAD 2014 界面。

【方法】　步骤如下：

（1）启动 AutoCAD 2014，将工作空间转换为 AutoCAD 经典界面。

（2）单击左下角"栅格显示"按钮，从而关闭显示的网格。

（3）重复上题操作绘制直线和圆。

（4）在左边"矩形"命令按钮上单击左键，移动光标到绘图区单击左键，向右下移动光标单击左键，完成一个矩形的绘制，如图 1-12 所示。

（5）重复上述操作，再绘制矩形，如图 1-12 所示。

（6）退出 AutoCAD 2014 界面。

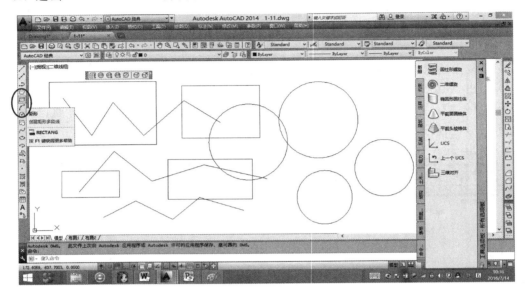

图 1-12 直线、圆和矩形

【示例 1-1-4】 启动 AutoCAD 2014，将工作空间转换为 AutoCAD 经典界面，绘制如图 1-13 所示图形，退出 AutoCAD 2014 界面。

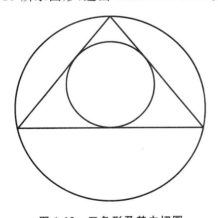

图 1-13 三角形及其内切圆

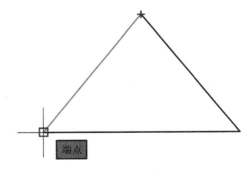

图 1-14 三角形

【方法】 步骤如下：

（1）启动 AutoCAD 2014，将工作空间转换为 AutoCAD 经典界面。

（2）单击左下角"栅格显示"按钮，从而关闭显示的网格。

（3）在左边"直线"命令按钮上单击左键，移动光标到绘图区单击左键，向右边移动光标单击左键，向左上移动光标单击左键，向左下移动光标到第一点处，出现"端点"提示，如图 1-14 所示，单击左键，然后按回车键，结束直线的绘制，完成三角形的绘制。

（4）移动光标指向【绘图】菜单→【圆】→【三点】命令上，如图 1-15 所示，单击左键；移动光标到绘图区，三角形的一个顶点处，出现"端点"提示时，单击左键；移动光标到三角形的另一个顶点处，出现"端点"提示时，单击左键；移动光标到三角形的第三个顶点处，出现"端点"提示时，单击左键，如图 1-16 所示，完成一个圆的绘制。

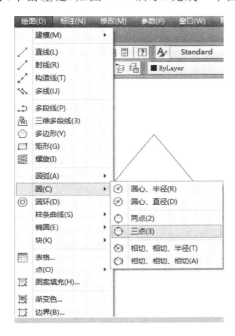

图 1-15　菜单【绘图】→【圆】→【三点】

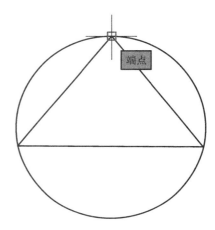

图 1-16　三点圆

（5）移动光标指向【绘图】菜单→【圆】→【相切、相切、相切】命令上，如图 1-17 所示，单击左键；移动光标到绘图区，三角形的一条线上，出现"递延切点"提示时，如图 1-18 所示，单击左

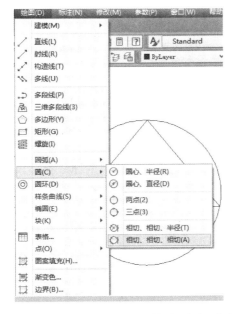

图 1-17　菜单【绘图】→【圆】→【相切、相切、相切】

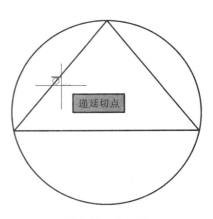

图 1-18　内切圆

键;移动光标到三角形的另一条线上,出现"递延切点"提示时,单击左键;移动光标到三角形的第三条线上,出现"递延切点"提示时,单击左键,完成内切圆的绘制,如图 1-13 所示。

(6) 退出 AutoCAD 2014 界面。

1.2　AutoCAD 2014 界面和操作基础

1.2.1　AutoCAD 2014 工作界面

在 AutoCAD 2014 中提供了四种典型界面,各个界面不同,考虑到 AutoCAD 大部分用于绘制二维图,所以这里主要介绍草图与注释界面和 AutoCAD 经典界面。图 1-19 所示是 AutoCAD 2014 的草图与注释界面,界面主要由应用程序菜单、快速访问工具栏、标题栏、功能选项卡、命令面板、绘图区、坐标系、命令行、布局选项卡、状态栏和视图工具等组成。图 1-20 所示是 AutoCAD 2014 的 AutoCAD 经典界面,界面主要由应用程序菜单、快速访问工具栏、标题栏、菜单栏、工具栏、绘图区、坐标系、命令行、布局选项卡、状态栏和工具选项板等组成。

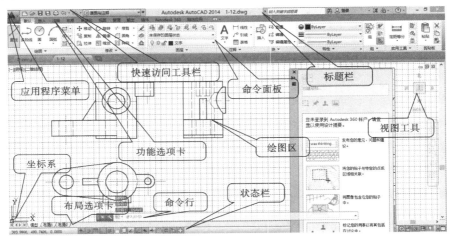

图 1-19　草图与注释界面

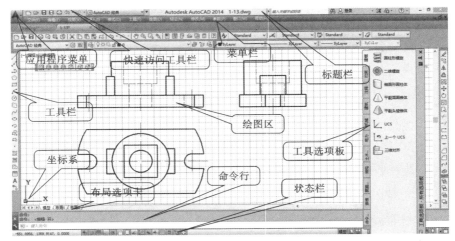

图 1-20　AutoCAD 经典界面

1.2.2　草图与注释界面介绍

1．应用程序菜单

单击左上角应用程序菜单按钮 ，可以使用常用的文件操作命令，如图 1-21 所示。

2．快速访问工具栏

快速访问工具栏如图 1-22 所示，工具栏中包含经常使用的命令。单击快速访问工具栏最右边的 按钮，可以展开下拉菜单，如图 1-23 所示。在展开的下拉菜单中定制快速访问工具栏中要显示的工具，也可以删除已经显示的工具。下拉菜单中被勾选的命令为在快速访问工具栏中显示的，鼠标单击已勾选的命令，可以将其勾选取消，此时快速访问工具栏中将不再显示该命令。反之，单击没有勾选的命令项，可以将其勾选，在快速访问工具栏显示该命令。

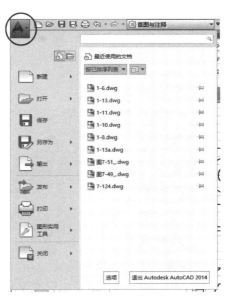

图 1-21　应用程序菜单

图 1-22　快速访问工具栏

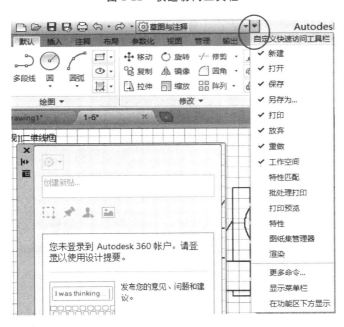

图 1-23　快速访问工具栏下拉菜单

3．标题栏

标题栏位于界面的顶部，如图 1-24 所示。左边显示当前正在运行的 AutoCAD 应用程序及版本和打开的当前文件名称。CAD 图形文件的扩展名为".dwg"，Auto CAD 缺省文件名为"Drawingl.dwg"。右边显示控制按钮，包含最小化、还原（或最大化）、关闭按钮，可分别实现

AutoCAD 窗口及所有打开文件的最小化、还原(或最大化)、关闭等操作。

图 1-24　标题栏

4. 命令面板

命令面板位于界面的第二行下方,如图 1-25 所示。每一个按钮就是一个命令,相当于 Windows 工具栏上的按钮。

图 1-25　默认命令面板

5. 功能选项卡

功能选项卡位于界面的第二行,如图 1-26 所示,用于改变命令面板的显示项目。单击不同选项卡时,命令面板将作相应的变化。图 1-25 所示命令面板是 默认 选项卡的命令面板,当单击 参数化 选项卡时,命令面板变成如图 1-27 所示。

默认　插入　注释　布局　参数化　视图　管理　输出　插件　Autodesk 360　精选应用

图 1-26　功能选项卡

图 1-27　参数化命令面板

6. 绘图区

绘图区位于主界面的主体区域处,用户在这里绘制和编辑图形。AutoCAD 的绘图区实际上是无限大的,用户可以通过缩放、平移等命令在有限的屏幕范围内观察绘图区中的图形。

7. 状态栏

状态栏位于屏幕的最底端,如图 1-28 所示。分别对应相关的辅助绘图工具。

图 1-28　状态栏

8. 命令行

命令行窗口位于绘图窗口下方,状态行的上方,如图 1-29 所示。命令行窗口也可称为人机对话窗口,它有两项功能:① 接收键盘输入命令;② 显示后续操作提示信息。

9. 坐标系

坐标系位于绘图区左下角,用来描述平面中点的参照系统,表示当前所使用的坐标系形式以及坐标方向等。

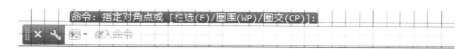

图 1-29 命令行

10. 视图工具

视图工具位于绘图区的右上角,用以控制图形的显示和视角。一般在二维状态下,不用显示使用此工具。

11. 菜单栏

默认状态下是没有菜单栏的,如果习惯用菜单栏,可以将菜单栏显示出来,方法是修改快速访问工具栏的项目,具体操作如下:

单击快速访问工具栏最右边的▼按钮,展开下拉菜单,在展开的下拉菜单中单击〖显示菜单栏〗,如图 1-30 所示。变化后的界面如图 1-31 所示。

图 1-30 快速访问工具栏修改显示菜单栏

1.2.3 AutoCAD 经典界面介绍

1. 应用程序菜单

单击左上角应用程序菜单按钮，即可以使用常用的文件操作命令,如图 1-32 所示。

2. 快速访问工具栏

快速访问工具栏如图 1-33 所示,它包含经常使用的命令。

3. 标题栏

标题栏位于主界面的顶部,如图 1-34 所示。左边显示当前正在运行的 AutoCAD 应用程序及版本和打开的当前文件名称,可以观察到 CAD 图形文件的扩展名为".dwg"。

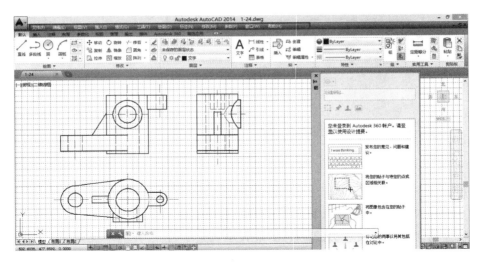

图 1-31　显示菜单栏的草图与注释界面

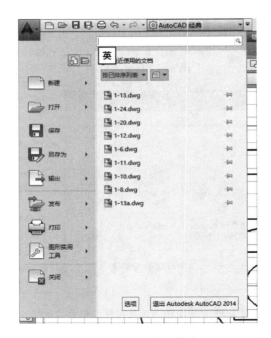

图 1-32　应用程序菜单

图 1-33　快速访问工具栏

Autodesk AutoCAD 2014　1-13.dwg　　▶ 键入关键字或短语　　　　　　　　　🔍 👤 登录　　・ 💥 🔒・ ⑦・ ─ 🗖 ✕

图 1-34　标题栏

4．菜单栏

菜单栏位于标题栏下方，AutoCAD 2014 默认菜单栏共有 12 个菜单。每个菜单栏都有下拉菜单，单击主菜单中的某一项，会引出相应的下拉菜单，如图 1-35 所示。

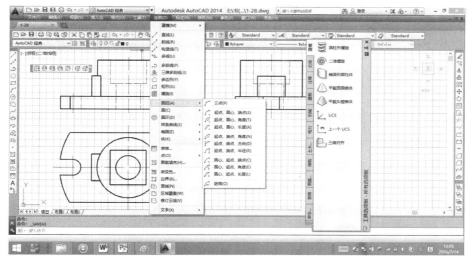

图 1-35 菜单栏

5. 工具栏

菜单栏下方和左右两边是部分常用的工具栏。工具栏是 AutoCAD 为用户提供的一种快速启动命令的方式,单击相应的工具按钮,启动相应命令。

6. 绘图区

绘图区是界面的主体区域,用户在这里绘制和编辑图形。AutoCAD 的绘图区实际上是无限大的,用户可以通过缩放、平移等命令在有限的屏幕范围内观察绘图区中的图形。

7. 坐标系

坐标系位于绘图区左下角。坐标系表示当前所使用的坐标系形式以及坐标方向等。AutoCAD 软件有坐标系,可以精确绘图,因此广泛用于绘制工程图。用 AutoCAD 绘制工程图时,使用的默认坐标系为世界坐标系,其缩写为 WCS。世界坐标系的默认坐标原点(0,0)位于图纸左下角;X 轴为水平轴,向右为正;Y 轴为垂直轴,向上为正。

8. 命令行

命令行窗口位于绘图区下方,也称人机对话窗口,如图 1-36 所示。命令行窗口有两项功能:① 接收键盘输入命令;② 显示历史命令和提供信息,及最近输入的命令;显示后续操作提示信息。输入命令后,命令行窗口会有下一步操作的相关提示信息,因此初学者不用记命令的操作步骤,可把学习重点放在命令的选择和提示信息的理解上。初学者一定要学会看命令行窗口的提示信息,这对降低学习难度会有很大的帮助。

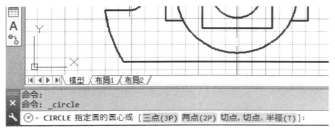

图 1-36 命令行

9. 状态栏

状态栏位于屏幕的最底端,如图 1-37 所示。状态栏从左向右依次排列着多个按钮,分别对应相关的辅助绘图工具。状态栏分为应用程序状态栏和图形状态栏。应用程序状态栏在状态栏的左半部分,如图 1-38 所示,显示光标所在位置的坐标值以及辅助绘图工具的状态;图形状态栏在状态栏的右半部分,如图 1-39 所示。状态栏的按钮是开关按钮,单击按钮,按钮变蓝色,表示打开状态,则起相应作用;再单击此按钮,按钮变灰色,表示关闭状态,则不起相关作用。这些按钮能够帮助用户快速精确绘图,是常用的按钮。

图 1-37   状态栏

图 1-38   应用程序状态栏

图 1-39   图形状态栏

图 1-40   工具选项板

10. 选项板

选项板是一种可以在绘图区域中固定或浮动的界面元素。AutoCAD 2014 的选项板包括"工具选项板"、"特性"、"图层"、"设计中心"和"外部参照"等 14 种选项卡,每个选项卡面板又包含多种相应的工具按钮、图块、图案等。"工具选项板"是选项板的一种,它包含了多个类别的选项卡,如图 1-40 所示。

AutoCAD 经典界面是传统的 AutoCAD 界面,为兼顾绘图人员使用各种版本的 AutoCAD 的需要,本书后续内容以 AutoCAD 经典界面为界面介绍。熟悉了 AutoCAD 经典界面,草图与注释界面的使用也容易掌握。

1.2.4　AutoCAD 2014 的操作基础

1. 鼠标操作和功能

鼠标在 AutoCAD 操作中起着非常重要的作用,灵活使用鼠标,对于加快绘图速度有着非常重要的作用。进行 AutoCAD 操作时应尽量使用带滚轮的三键鼠标,即带左键、中键滚轮、右键的鼠标。以下是鼠标的操作和功能。

(1) 移动鼠标和光标指向   移动鼠标就是不操作鼠标任何键时让鼠标变动位置。移动鼠标时,屏上的光标会同时移动,把光标移动到某一个项目上,称光标指向某项目。若把光标移动到某一个按钮上,即当光标指向某按钮时,系统会自动显示出该按钮的名称和说明信息。如当光标指向〖修订云线〗按钮时,系统会自动显示出〖修订云线〗按钮的名称和简要的说明信息,如图 1-41(a)所示;当光标在〖修订云线〗按钮上停留时间超过 3 秒时,系统会自动显示出〖修订云线〗按钮的名称和详细的说明信息,如图 1-41(b)所示。

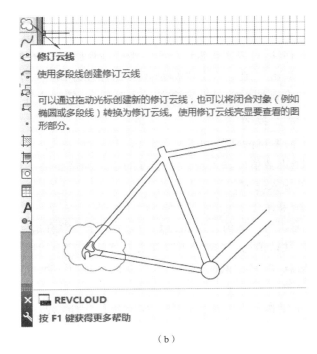

（a）　　　　　　　　　　　　　　（b）

图 1-41　"修订云线"按钮的名称和说明信息

（2）单击　单击是指把光标移动到某一个对象,单击鼠标左键。单击的主要功能如下：

① 在图形对象上单击,即选择对象。

② 在命令按钮上单击,执行相应命令。

③ 在菜单上单击,启动菜单命令。

④ 在对话框中命令按钮上单击,执行相应命令。

⑤ 输入点。当提示输入点时,光标在绘图区内单击,或者在捕捉的一个特征点上单击。

⑥ 确定光标在绘图区的位置。光标在绘图区内单击,可确定光标在绘图区的位置。

（3）单击右键　单击右键是指把光标指向某一个对象上,按一下右键。单击右键的主要功能如下：

① 结束选择对象。

② 终止当前命令。

③ 弹出快捷菜单。光标指向不同对象上,按下右键,快捷菜单是不一样的。

（4）拖动　拖动是指在某对象上按住鼠标左键,移动光标,在适当的位置释放。光标放在工具栏上拖动可以移动工具栏到合适的位置。

（5）双击　双击是指把光标指到某一个对象或图标上,快速按鼠标左键两次。双击可以激活对象,使之处于编辑状态,如在文字上双击,文字框变成可修改的状态。

（6）间隔双击　间隔双击是指在某一个对象上单击鼠标左键,间隔一会再单击一下,这个间隔要超过双击的间隔。间隔双击主要应用于文件名或层名的修改。在文件名或层名上间隔双击后就会进入编辑状态,这时就可以改名了。

（7）滚动中键　滚动中键是指向前或向后滚动鼠标的中键滚轮。当光标在绘图区时,滚动中键可以实现对视图的显示缩放。向前滚动鼠标的中键滚轮,放大视图;向后滚动鼠标的中键滚轮,缩小视图。如图 1-42 所示。

（8）拖动中键 拖动中键是指按住鼠标中键移动鼠标。当光标在绘图区时,拖动鼠标中键上下左右移动,可以实现视图的实时平移,即改变图形在窗口中的显示位置。如图 1-43 所示。

（9）双击中键 双击中键是指当光标在绘图区时,双击鼠标中键滚轮。双击中键可以将所绘制的全部图形缩放后完全显示在屏幕上,使其全部可见。如图 1-44 所示。

2．键盘操作

（1）回车键的功能如下。

① 结束数值的输入或结束字母的输入。需要输入数值或字母时,一旦按回车键就表示数值或字母输入完成。

② 结束命令。

③ 确认用默认值。绘图过程中,命令行中常有指示信息引导下一步操作,其中"〈〉"中的内容就是默认值,此时按回车键就表示确认"〈〉"中的数值或字母。若命令行有如图 1-45 所示的提示信息,"〈〉"中的内容是"I",即默认值是"I",此时直接按回车键,与先输入"I"再按回车键是一样的。

④ 重复执行上一次的命令。如刚执行完绘制圆命令,再按回车键,表示再次执行绘制圆命令。

（2）空格键的功能与回车键的功能相同。由于绘图时,需要同时操作键盘和鼠标,因此,绘图的人员一般是左手操作键盘,右手控制鼠标,这时使用左手拇指操作空格键很方便,所以使用空格键是更方便的一种操作方法。因此后续内容中,要求按回车键的操作,均可按空格键来完成。

（3）〖esc〗键的功能:取消命令。

（4）〖delete〗键的功能:选择对象后,按下该键将删除被选择的对象。

【示例与训练 1-2】 操作基本示例

【示例 1-2-1】 启动 AutoCAD 2014,将工作空间转换为 AutoCAD 经典界面,绘制如图 1-46 和图 1-47 所示图形,然后退出 AutoCAD 2014 界面。

方法如下:

（1）启动 AutoCAD 2014,将工作空间转换为 AutoCAD 经典界面,绘制直线、圆、矩形。

（2）滚动鼠标滚轮,调整图形的显示大小。拖动鼠标滚轮,调整图形的显示位置,如图 1-46 所示。

（3）让光标指向左边"圆弧"命令按钮,单击左键,移动光标到绘图区单击左键,向右下移动光标单击左键,向左下移动光标单击左键,完成一个圆弧的绘制。重复上述操作,再绘制其他圆弧,如图 1-46 所示。

（4）滚动鼠标滚轮,调整图形的显示大小。拖动鼠标滚轮,调整图形的显示位置,如图 1-47 所示。

（5）让光标指向左边"修订云线"命令按钮,单击左键,移动光标到绘图区单击左键,重复移动光标直到回到起点,完成一个云图形的绘制。重复上述操作,再绘制其他云图形,如图 1-47 所示。在左边"修订云线"命令按钮上单击左键,移动光标到绘图区单击左键,重复移动光标,没有回到起点时,按回车键,再按回车键,绘制不封闭的云图形,如图 1-47 所示。退出 AutoCAD 2014 界面。

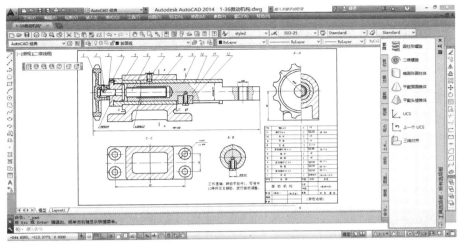

（a）原始图

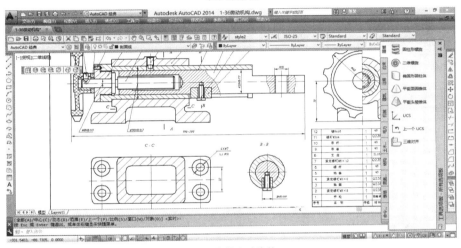

（b）向前滚动滚轮

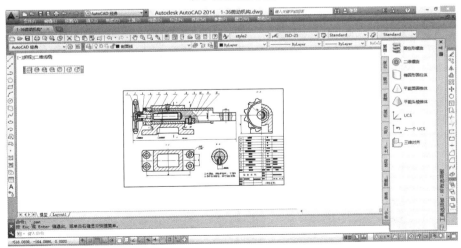

（c）向后滚动滚轮

图 1-42　滚动中键滚轮

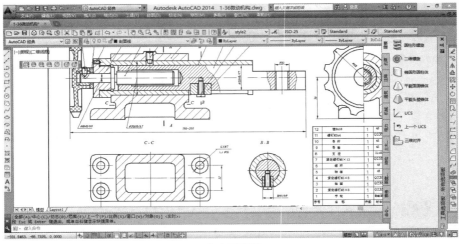

（a）原始图

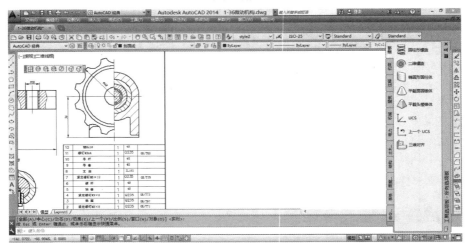

（b）向左拖动滚轮

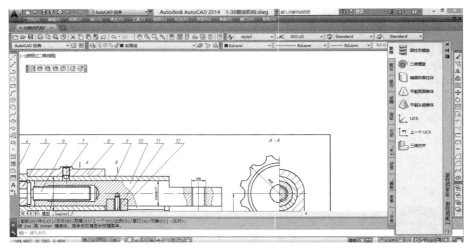

（c）向下拖动滚轮

图 1-43 拖动中键滚轮

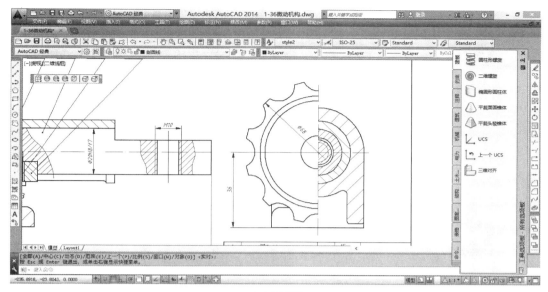

（a）原始图

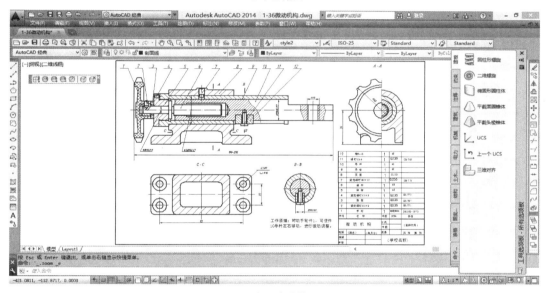

（b）双击滚轮

图 1-44　双击中键滚轮

POLYGON 输入选项 [内接于圆(I) 外切于圆(C)] <I>:

图 1-45　默认值的输入

"圆弧"命令按钮和"修订云线"命令按钮所在的左边工具栏就是"绘图"工具栏。

【示例 1-2-2】　图形缩放、移动、选择、删除操作。

（1）重复示例 1-2-1 的绘图操作,操作鼠标中键,进行图形缩放、移动的操作。

（2）光标放在图形对象上,单击左键,选择对象。按〖esc〗键,取消选择对象命令。

（3）光标放在图形对象上,单击左键,选择对象。按下〖delete〗键,删除被选择的对象。

图 1-46　直线、圆、矩形和圆弧

图 1-47　修订云线

1.3　命令的操作方法、快捷菜单与选项操作

1.3.1　命令的输入方式

使用 AutoCAD 绘制图形,必须对系统下达命令,系统通过执行命令,在命令行出现相应提示,根据提示输入相应指令,完成图形绘制。一般可以通过单击工具栏图标按钮输入命令、选择下拉菜单输入命令、从键盘输入 AutoCAD 命令并按回车键或空格键输入命令。

1. 工具栏命令的输入

在工具栏中单击图标按钮,则输入相应命令。例如,单击〖绘图〗工具栏→〖直线〗,即可输入"直线"命令。当光标位于工具栏的按钮上时,会显示相应命令信息。这个方法最简单,学习起来也很轻松。

2. 菜单命令的输入

单击某个菜单,在下拉菜单中单击需要的菜单命令,即可输入对应命令。例如,单击下拉菜单【绘图】→【直线】,即可输入"直线"命令。

3. 键盘命令的输入

在 AutoCAD 命令行中的命令提示符"命令:"后,输入命令名并按回车键或空格键以输入命令。例如,在命令行窗口中键入命令"LINE",再按回车键即可输入"直线"命令。

输入命令后,命令行一般会有提示信息,有选项或者对话框出现,可按提示用键盘输入坐标值或有关参数后再按回车键或空格键,即可执行相关操作。

一般根据自己的习惯选用命令的输入方式。工具栏命令方式最容易,初学时一般主要用这种方式;键盘命令方式最难,但键盘命令方式绘图最快,所以专业人员一般用这种方式。

1.3.2 命令的简写方式

在命令行键入 AutoCAD 命令时,可以输入命令的全称,也可以输入命令的简写。常用命令的简写如表 1-1 所示。

表 1-1 常用命令的简写

命令名全称	命令名简写	命令名全称	命令名简写
LINE	L	ERASE	E
CIRCLE	C	ARC	A
ZOOM	Z	REDO	R
TEXT	T	MTEXT	MT
MOVE	M	PLINE	PL

例如,在命令行中键入命令"LINE"并回车是输入"直线"命令,在命令行中键入命令"L"并回车也是输入"直线"命令。

1.3.3 命令的终止方法

命令的终止方法如下:

(1)一条命令正常完成后将自动终止。

(2)按空格键、回车键或单击鼠标右键,在弹出的快捷菜单中单击确定〗菜单。

(3)从菜单栏或工具栏中输入另一非透明命令时,将自动终止当前正在执行的绝大部分命令。

(4)在执行命令过程中按〖 esc 〗键可终止该命令。

【示例与训练 1-3】 命令的执行方法

【示例 1-3-1】 绘制如图 1-48 所示任意直线图形。

方法如下:

(1)启动 AutoCAD 2014,将工作空间转换为 AutoCAD 经典界面。

(2)单击〖绘图〗工具栏→〖直线〗,即输入"直线"命令;在绘图区内单击左键,移动光标单

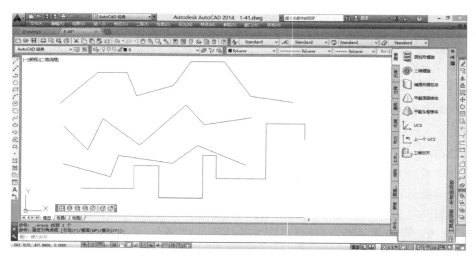

图 1-48　绘制任意直线图形

击左键,重复移动光标单击左键绘制不同的线段,按回车键即结束"直线"命令。

（3）单击下拉菜单【绘图】→【直线】,即输入"直线"命令;在绘图区内单击左键,移动光标单击左键,重复移动光标单击左键绘制不同的线段,按回车键即结束"直线"命令。

（4）从键盘上输入〖L〗,按回车键,即输入"直线"命令;在绘图区内单击左键,移动光标单击左键,重复移动光标单击左键绘制不同的线段,按回车键即结束"直线"命令。

（5）单击界面下方状态栏"正交"按钮 ,使其变蓝色,即处于打开模式。单击〖绘图〗工具栏→〖直线〗,即输入"直线"命令;在绘图区内单击左键,移动光标单击左键,重复移动光标单击左键绘制不同的线段,按回车键即结束直线命令。单击界面下方状态栏"正交"按钮 ,使其变灰色,即处于关闭模式。

（6）退出 AutoCAD 2014 界面。

【示例 1-3-2】　绘制如图 1-49 所示任意圆图形。

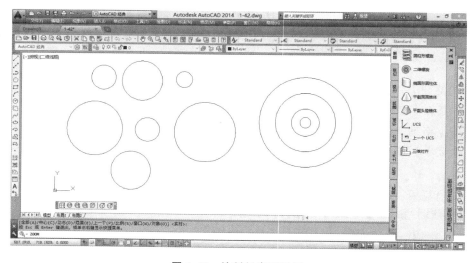

图 1-49　绘制任意圆图形

方法如下：

（1）启动 AutoCAD 2014，将工作空间转换为 AutoCAD 经典界面。

（2）单击〖绘图〗工具栏→〖圆〗，即输入"圆"命令，在绘图区内单击左键，移动光标再单击左键，完成一个圆的绘制并结束"圆"命令。重复执行，可绘制多个圆。

（3）单击下拉菜单【绘图】→【圆】→【圆心、半径】，即输入"圆"命令，在绘图区内单击左键，移动光标再单击左键，完成一个圆的绘制并结束"圆"命令。重复执行绘制多个圆。

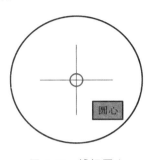

图 1-50　捕捉圆心

（4）从键盘上输入"C"，按回车键，即输入"圆"命令，在绘图区内单击左键，移动光标再单击左键，完成一个圆的绘制并结束"圆"命令。重复执行，可绘制多个圆。

（5）单击界面下方状态栏"对象捕捉"按钮 ，使其变蓝色，即处于打开模式。单击〖绘图〗工具栏→〖圆〗，即输入"圆"命令，移动光标到图上圆的圆心处，光标附近出现如图 1-50 所示提示信息时，单击左键，再向外移动光标单击，完成同心圆的绘制。

（6）退出 AutoCAD 2014 界面。

1.3.4　快捷菜单命令

AutoCAD 还提供了另外一种菜单，即快捷菜单。光标在屏幕上不同的位置或不同的进程中单击右键，将弹出不同的快捷菜单，如图 1-51 所示。在菜单中单击鼠标左键，可选择执行相应命令。菜单中显示的命令与右击的对象和 AutoCAD 当前的工作状态有关，如图 1-51（a）所示为执行"圆"命令进程中单击右键的效果，图 1-51（b）所示为"圆"命令结束后单击右键的效果。

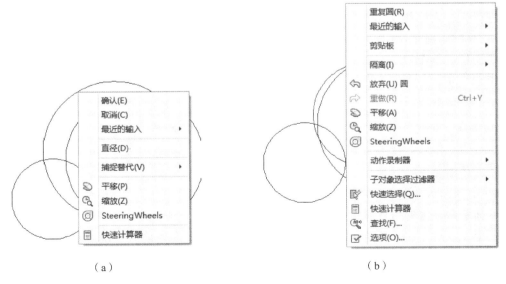

（a）　　　　　　　　　　　　　　（b）

图 1-51　快捷菜单

1.3.5　命令的取消、放弃、重做和重复

"标准"工具栏中的〖放弃〗和〖重做〗按钮如图 1-52 所示。

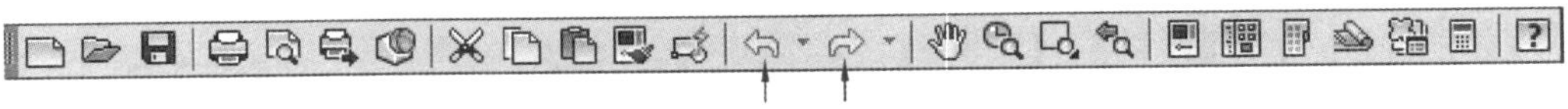

放弃　重做

图 1-52　"标准"工具栏中的〖放弃〗和〖重做〗按钮

1．取消命令

绘图时也有可能会选错命令，需要中途取消命令或取消选中的目标。取消命令的方法有两种。

按键盘〖esc〗键：〖esc〗键功能非常强大，无论命令是否完成，都可通过按键盘〖esc〗键取消命令，回到命令提示状态下。在编辑图形时，也可通过按键盘〖esc〗键取消对已激活对象的选择。

使用快捷菜单：在执行命令过程中，鼠标右键单击，在出现的快捷菜单中选择【取消】选项即可结束命令。

2．放弃命令

【功能】　放弃命令可以实现从最后一个命令开始，逐一撤销前面已经执行了的命令。

【方法】　输入命令的方式如下：

● 工具栏命令：〖标准〗→〖放弃〗按钮 ↩ ▾。

● 〖快速访问工具栏〗→〖放弃〗。

● 菜单命令：【编辑】→【放弃】。

● 键盘命令：输入〖U〗并按回车键。

进行完一次操作后如发现操作失误，可以使用放弃命令，撤销上一个命令的操作。如连续执行放弃命令，将依次向前撤销命令，直至起始状态。每执行放弃命令一次，则撤销前面一个命令的操作。单击〖快速访问工具栏〗按钮右侧列表箭头，可以在列表中选择一定数目要放弃的操作。

3．重做命令

【功能】　重做命令可以恢复刚执行放弃命令所放弃的操作。

【方法】　输入命令的方式如下：

● 工具栏命令：〖标准〗→〖重做〗按钮 ↪ ▾。

● 〖快速访问工具栏〗→〖重做〗。

● 菜单命令：【编辑】→【重做】。

如果多执行了一次放弃命令，可执行一次重做命令来恢复最后一次放弃命令的操作。每执行重做命令一次，则恢复前面一个放弃命令的操作。单击〖快速访问工具栏〗按钮右侧列表箭头，可在列表中选择一定数目要重做的操作。

4．重复命令

重复执行命令即将刚执行完的命令再次执行。按回车键或空格键即可再次执行刚才执行

的命令。比如要绘制几个圆,在启动"圆"命令绘制完一个圆后,按回车键或空格键,即可再次调用"圆"命令。使用该方式能快速调用刚执行完的命令,因此可以提高操作速度。

1.3.6　透明命令

AutoCAD 中有些命令可以插入到另一条命令的执行过程中执行,即执行透明命令不会中断原命令的执行。常用的辅助绘图工具命令一般都是透明命令,例如,状态栏中的开关命令以及"标准"工具栏中用于控制图形显示的一些命令。例如:使用"直线"命令绘制一条折线到一半时,单击状态栏中的正交命令,又可回到画直线状态;单击快捷菜单中的"平移"命令,则光标变为手形光标,此时按下鼠标左键并拖动鼠标,可以移动显示对象,用〖 esc 〗键取消"平移"命令后,又回到画直线状态。类似这样的命令称为透明命令。

1.3.7　命令行信息与命令选项操作

1. 命令行信息

用 AutoCAD 绘图时,一般不需要用手工几何作图的方法。在 AutoCAD 中,执行命令后,系统会列举各种已知条件可以直接绘图的选项,如图 1-53 所示,绘图时,只需根据已知条件选择相应的选项输入原始条件,即可完成图形绘制,所以,学习者要能理解命令行提示信息的含义。

命令行信息基本格式如图 1-54 所示。

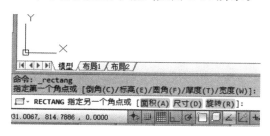

图 1-53　选项信息

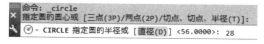

图 1-54　命令行信息基本格式

信息如下:

"〔 〕"中为系统提供的选项,用"/"分开。

"( )"中为执行选项的快捷键。

"〈 〉"中为系统提供的默认值,是上一次使用该命令时输入的数值。默认值如果正是所需数值,按回车键即可,而不需要重新输入数值。

2. 命令选项的操作

绘图过程中,系统会不断提供下一步要进行的操作,如图 1-53 所示的"指定另一个角点或〔面积(A)/尺寸(D)/旋转(R)〕:",可以直接按"或"前面的要求操作,但如果"或"前面要求的条件未知,而是知道"或"后面选项中的其他条件,则可以改变选项,再输入已知的条件。选项输入的方法是:输入每项"( )"中的字母,再按回车键。如图 1-53 所示,若需输入"另一个角点"则直接输入,若想先修改"尺寸"值则先输入〖 D 〗,再按回车键,若想先修改"旋转"值则先输入〖 R 〗,再按回车键。

1.4　图形的显示

用 AutoCAD 绘图时,为了绘图操作方便,需要不断改变图形的显示效果,即改变图形的观看尺寸和观看位置。图形的显示包括图形的缩放、图形的平移、图形的窗口缩放、全屏显示和回到上一次显示等。缩放就是缩小或放大屏幕上对象的显示尺寸,而图形的实际尺寸保持不变。平移就是移动全图,使图纸的特定部分位于当前的显示屏幕中,改变屏幕上对象的显示位置,而图形之间的实际位置保持不变。"窗口缩放"就是将选定的窗口图形缩小或放大成全屏。"缩放上一个"显示就退回到上一次显示的图形状态。

1.4.1　用鼠标中键滚轮改变图形显示的方法

在进行图形实时移动、实时缩放和显示全部的操作中,最快捷的方法是通过鼠标中键滚轮进行操作。用鼠标中键滚轮的操作方法:按住中键滚轮并拖动鼠标,可以实时移动图形;向前或向后滚动中键滚轮可以进行实时缩放;双击中键滚轮可以全屏显示全部图形。

1.4.2　用〖标准〗工具栏命令改变图形显示的方法

用鼠标左键单击〖标准〗工具栏上的缩放和移动按钮,再在绘图区拖动鼠标也可以实现图形窗口实时动态缩放和平移,如图 1-55 所示。"标准"工具栏中的图形显示按钮命令为透明命令,可以在其他命令的使用过程中使用。

缩放上一个
窗口缩放
实时缩放
实时平移

图 1-55　"标准"工具栏中的显示按钮

1．实时缩放

工具栏命令:〖标准〗→〖实时缩放〗按钮 。

执行命令后,屏幕上会出现一个类似放大镜的标记,可以按住鼠标左键拖动,进行实时缩放。按下鼠标左键,同时向上方拖动鼠标,则屏幕图形放大,向下方拖动鼠标,则屏幕图形缩小。按〖esc〗键或回车键退出该命令,也可单击鼠标右键,在弹出的快捷菜单中单击〖退出〗命令退出操作。

2．实时平移

工具栏命令:〖标准〗→〖实时平移〗按钮 。

执行命令后,屏幕上出现一个小手,按住鼠标的左键并拖动可以实现实时平移。按〖esc〗键或回车键,结束命令执行。

3．窗口缩放

工具栏命令:〖标准〗→〖窗口缩放〗按钮 。

执行命令后,按下鼠标左键并拖动鼠标选择矩形范围,再单击鼠标左键,即可将选择的矩形中的图形放大为全屏显示。按〖esc〗键或回车键则退出。

4. 退回到上一次显示

工具栏命令:〖标准〗→〖缩放上一个〗按钮 。

执行命令后,界面自动变化并自动退出命令。

1.4.3　用菜单命令改变图形显示的方法

图形显示的命令在【视图】菜单中。【缩放】视图菜单如图 1-56 所示,【平移】视图菜单如图 1-57 所示。

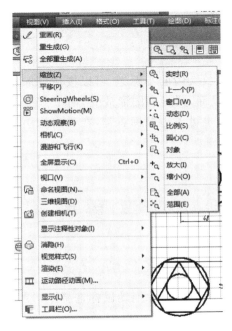

图 1-56　【缩放】视图菜单

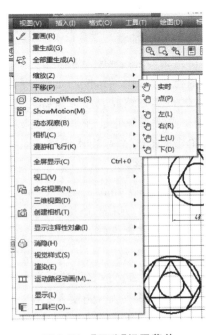

图 1-57　【平移】视图菜单

1. 实时缩放

菜单命令:【视图】→【缩放】→【实时】。

执行菜单命令后,屏幕上会出现一个类似放大镜的小标记,可以按住鼠标左键拖动,进行实时缩放。按下鼠标左键,同时向上方拖动鼠标,则屏幕图形放大,向下方拖动鼠标,则屏幕图形缩小。按〖esc〗键或回车键退出该命令;也可单击鼠标右键,在弹出的快捷菜单中单击〖退出〗命令退出操作。

2. 实时平移

菜单命令:【视图】→【平移】→【实时】。

执行命令后,屏幕上出现一个小手,按住鼠标的左键并拖动可以实施平移。按〖esc〗键或回车键,结束命令执行。

3. 窗口缩放

菜单命令:【视图】→【缩放】→【窗口】。

执行菜单命令后,按下鼠标左键并拖动鼠标选择矩形范围,再单击鼠标左键,即可将选择的矩形中的图形放大为全屏显示。按〖esc〗键或回车键则退出。

4. 退回到上一次显示

菜单命令:【视图】→【缩放】→【上一个】。

执行菜单命令后,界面自动变化并自动退出命令。

5. 全屏显示全部图形

菜单命令:【视图】→【缩放】→【范围】。

执行菜单命令后,界面自动变化并自动退出命令。

1.4.4 用键盘命令改变图形显示的方法

1. 实时缩放

键盘命令:Z↙或 ZOOM↙。

执行键盘命令后,按回车键,屏幕上会出现一个类似放大镜的小标记,可以按住鼠标左键拖动,进行实时缩放。按下鼠标左键,同时向上方拖动鼠标,则屏幕图形放大,向下方拖动鼠标,则屏幕图形缩小。按〖esc〗键或回车键退出该命令;也可单击鼠标右键,在弹出的快捷菜单中单击〖退出〗命令退出操作。

2. 实时平移

键盘命令:Pan↙。

执行命令后,屏幕上出现一个小手,按住鼠标的左键并拖动可以实施平移。按〖esc〗键或回车键,结束命令执行。

3. 窗口缩放

键盘命令:Z↙或 ZOOM↙。

执行键盘命令后,先输入〖W〗,并按回车键,再按下鼠标左键并拖动鼠标选择矩形范围,单击鼠标左键,即可将选择的矩形中的图形放大为全屏显示。

4. 恢复到上一次显示

键盘命令:Z↙或 ZOOM↙。

执行键盘命令后,先输入〖P〗,再按回车键,界面自动变化并自动退出命令。

5. 全屏显示全部图形

键盘命令:Z↙或 ZOOM↙。

执行键盘命令后,输入〖E〗,再按回车键,则可以全屏显示当前窗口中的所有图形。

1.5 修订云线与绘制无限长的线

1.5.1 修订云线

【功能】 绘制云线,如图 1-58 所示。云线主要用于圈出 CAD 图上想突出指明的内容。在纸质的图样上审核图时,强调内容习惯于用红色笔圈出,在计算机上审核时,就可以用修订云线命令来圈出要强调的内容。

【方法】　输入命令的方式如下：

● 工具栏命令：〖绘图〗→〖修订云线〗按钮 。

● 菜单命令：【绘图】→【修订云线】。

● 键盘命令：Revcloud ↙。

图 1-58　绘制云线示例

【操作步骤】　输入命令→系统提示"指定起点或〔弧长（A）/对象（O）/样式（S）〕〈对象〉："→单击左键指定起点→移动鼠标，可按移动的路径画出云线→按回车键停止移动，进行选项→按回车键结束。

1.5.2　构造线

【功能】　利用"构造线"命令可以绘制通过给定点的双向无限长的直线，常用于作辅助线，如图 1-59 所示。

【方法】　输入命令的方式如下：

● 工具栏命令：〖绘图〗→〖构造线〗按钮 。

● 菜单命令：【绘图】→【构造线】。

● 键盘命令：XL ↙ 或 XLINE ↙。

【操作步骤】　输入命令→指定第一点→指定通过点，得到构造线→回车结束。也可继续指定通过点，从而绘制多条经过第一点的多条构造线。打开状态栏"正交"模式，可以绘制无限长的水平线和竖直线。

1.5.3　射线

【功能】　用"射线"命令可以绘制一端固定，另一端无限长的直线，常用于作辅助线，如图 1-60 所示。

【方法】　输入命令的方式如下：

● 菜单命令：【绘图】→【射线】。

● 键盘命令：RAY ↙。

【操作步骤】　输入命令→指定射线的起点→指定射线的通过点，即可绘制一条射线，可回车结束，也可继续指定通过点，从而绘制多条经过第一点的多条射线。打开状态栏"正交"模式，可以绘制一端无限长的水平线和竖直线。

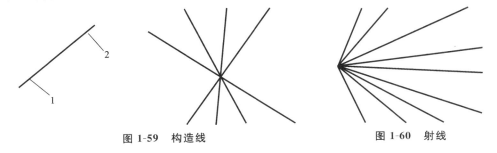

图 1-59　构造线　　　　　图 1-60　射线

1.6　点 的 绘 制

【功能】　利用"点"命令可以在指定位置绘制一个或多个点。

1.6.1　点的命令输入方式

● 工具栏命令:〖绘图〗→〖点〗按钮 ▫ 。
● 菜单命令:【绘图】→【点】→【单点】或【多点】。
● 键盘命令:POINT ✓ 或 PO ✓ 。

执行点命令后,命令行会有提示信息,如图 1-61 所示。点的指定既可以通过使用光标在绘图区单击直接拾取来实现,也可以通过键盘输入来实现。

移动光标在绘图区单击左键拾取点,如图 1-62 所示,可以在绘图区重复单击左键,绘制多个点,直至按〖esc〗键退出。也可以利用对象捕捉辅助功能捕捉需要的特殊点,当光标在特殊点附近出现捕捉到点的图标时,再单击左键即可在特殊点位置绘制一个点,如端点、圆心等。

键盘输入即从键盘输入点的坐标,后面再详细介绍。

图 1-61　点命令提示信息　　　　　　　　　图 1-62　鼠标直接拾取点

1.6.2　点样式设置

在 AutoCAD 中绘制的点一般看起来很小,根据需要可以设置点的形状和大小,即设置点样式。输入命令的方式如下:

● 菜单命令:【格式】→【点样式】。
● 键盘命令:DDPTYPE ✓ 。

执行"点样式"命令后,出现"点样式"对话框,如图 1-63 所示。单击选择所需样式后,再单击〖确定〗按钮,即可完成点样式的设置。如图 1-64 所示为点的不同显示形式。

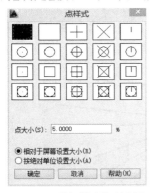

图 1-63　"点样式"对话框

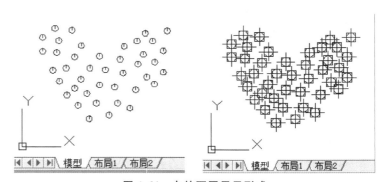

图 1-64　点的不同显示形式

1.6.3　点的绘制

(1)绘制任意点　执行点命令,将光标移到所需位置,单击鼠标左键点取即可。

（2）绘制特殊点　执行"点"命令，打开状态栏"对象捕捉"功能，利用"对象捕捉"功能，可以捕捉到一些特殊点，如端点、中点、圆心点、切点、交点、垂足点、对象上的任意点等，将光标移到对象相应位置附近，出现提示时单击鼠标左键，即可绘制这些特殊点。通过"点"命令绘制的点，捕捉时称为节点，即捕捉到这样的点，是通过捕捉节点来实现的。

（3）输入点的坐标确定点　当执行"点"命令后提示输入点时，可以通过键盘输入点的坐标来确定点。

1.6.4　点坐标的输入

点在空间的位置是通过坐标确定的。坐标有直角坐标和极坐标两种表示法，并有绝对坐标和相对坐标之分。

1. 绝对直角坐标

绝对直角坐标是表示某点相对于当前坐标原点的坐标值。通过直接输入 X、Y、Z 坐标值来表示，如果是绘制平面图形，Z 坐标默认为 0，可以不输入。即平面图坐标为 (X,Y)，三维坐标为 (X,Y,Z)。X 坐标向右为正，向左为负；Y 坐标向上为正，向下为负。如"$(-29,67)$"表示输入了一个相对于坐标原点向左移 29，向上移 67 的点。输入坐标数据后，必须按回车键或空格键结束坐标输入。

2. 相对直角坐标

相对直角坐标用相对于上一已知点之间的绝对直角坐标值的增量来确定输入点的位置。输入 X、Y 增量时，其前必须加"@"。二维坐标格式为"@$\Delta X,\Delta Y$"，如"@$39,-67$"；三维坐标格式为"@$\Delta X,\Delta Y,\Delta Z$"。$\Delta X$、$\Delta Y$ 表示相对于前一点的 X、Y 方向的变化量。如"@$35,20$"，表示输入了一个相对于前一点向右移 35，向上移 20 的点，如图 1-65 所示。

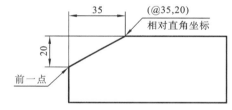

图 1-65　相对直角坐标输入示例

提示：若从键盘正确输入"@"但不能正确显示时，或者在输入坐标值后，系统提示"输入无效点"时，请将中文输入法关闭或更换为英文输入法。

3. 绝对极坐标

绝对极坐标使用"长度＜角度"来表示。这里的长度是指该点与坐标原点的距离，角度是指该点与坐标原点的连线与 X 轴正向之间的夹角，X 轴正向为 0，逆时针为正，顺时针为负，单位不用输入。当系统提示输入点时，可直接输入"长度＜角度"，再按回车键或空格键结束输入。如"$87<32$"，表示与原点的距离为 87、与 X 轴正向逆时针方向的夹角为 32°的点；"$68<-55$"表示该点距坐标原点的距离为 68，与原点的连线与 X 轴正方向顺时针的夹角为 55°。

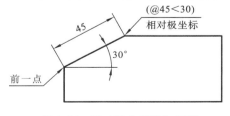

图 1-66　相对极坐标输入示例

4. 相对极坐标

用相对于上一已知点之间的距离及和上一已知点的连线与 X 轴正向之间的夹角来确定输入点的位置，格式为"@长度＜角度"。如"@$67<-40$"、"@$45<30$"。"@$45<30$"表示该点与前一点的距离为 45，两点连线与 X 轴正向之间的夹角为 30°，如图 1-66 所示。

说明：坐标有正负之分，角度正负之分，长度一定为正。

1.7　文件的管理

1.7.1　按指定名、指定路径保存文件

【功能】　"保存图形文件"即将当前的图形文件保存在磁盘中以保证数据的安全，或便于以后再次使用。绘图时，要养成保存文件的习惯，不要等到图形绘制完工后才开始保存。建议绘图前指定文件名保存，绘图中不定期即时保存文件。

【方法】　按指定名或指定路径保存文件输入命令方式如下：

● 〖快速访问工具栏〗→〖另存为〗按钮。

●【程序菜单】按钮→【另存为】。

● 菜单命令：【文件】→【另存为】。

● 键盘命令：SAVEAS✓或 SAVE✓。

"另存为"操作可对已保存过的当前图形文件，更换文件名、保存路径、文件类型来保存。执行【另存为】命令后会弹出"图形另存为"对话框，如图1-67所示。

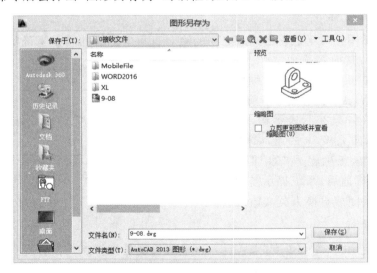

图 1-67　"图形另存为"对话框

在"保存于"的下拉列表中浏览并选择保存路径；在"文件名"右边的文本框中输入文件名称（如"图1-67"等）；在"文件类型"右方下拉列表中选择适当的文件格式或不同的版本，如图1-68所示。普通的图形文件为 AutoCAD 2013 的 *.dwg，即 AutoCAD 2013 及以上版本可以打开此文件；".dwt"是样板格式。

然后单击〖保存〗按钮，保存文件，系统返回到绘图状态。

若当前图形文件需要在低版本的 AutoCAD 中使用，则可在如图1-68所示"文件类型"下拉列表框中选择保存文件的格式为低版本，如"AutoCAD 2004/LT2004 图形（*.dwg）"。如果需要将当前文件保存为样板文件，也可在此处选择".dwt"格式。

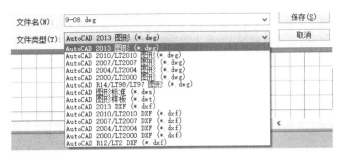

图 1-68　选择文件的类型

1.7.2　保存文件

【功能】　只更新内容,文件名、文件路径和文件类型都不变,保存文件也称同名保存文件。

【方法】　输入命令方式如下。

● 工具栏命令:〖标准〗→〖保存〗按钮 。

● 〖快速访问工具栏〗→〖保存〗按钮 。

● 【程序菜单】按钮 →【保存】。

● 菜单命令:【文件】→【保存】。

● 键盘命令:QSAVE↙。

● 快捷键 Ctrl+S。

如果文件不是第一次执行"保存"命令,执行"保存"命令时,系统以原名保存而不会弹出"保存"对话框,只在 AutoCAD 的命令窗口中有显示,在文本窗口中有记录。

绘图中应养成不定期执行"保存"命令的习惯。

1.7.3　关闭文件

单击右上角的关闭按钮 ,关闭所有打开的文件,退出 AutoCAD;单击右上角第二行的关闭按钮 ,关闭当前打开的一个文件,不退出 AutoCAD。关闭当前文件时,一般不要关闭 AutoCAD 程序的主窗口。需要打开其他文件时,可以不关闭 AutoCAD 文件,只需将 Auto-CAD 窗口最小化。

1.7.4　打开文件

【功能】　打开图形文件即将原来已保存的图形文件打开以进行操作。

【方法】　输入命令方式如下。

● 工具栏命令:〖标准〗→〖打开〗按钮 。

● 〖快速访问工具栏〗→〖打开〗按钮。

● 【程序菜单】按钮 →【打开】。

● 菜单命令:【文件】→【打开】。

● 键盘命令:OPEN↙。

输入"打开"命令后,系统弹出"选择文件"对话框,如图 1-69 所示。选择一个或多个文件后单击右下角〖打开〗按钮即可打开文件。也可以在〖打开〗按钮右边下拉列表中选择打开类型。

图 1-69 "选择文件"对话框

也可以通过"资源管理器"找到所需文件后,双击文件名,打开图形文件。即使 AutoCAD 没有启动,也可以打开图形文件。

1.7.5 新建文件

【功能】 "新建图形文件"即从无到有创建一个新的图形文件。输入命令方式如下:

【方法】 输入命令方式如下。

- 工具栏命令:〖标准〗→〖新建〗按钮 。
- 〖快速访问工具栏〗→〖新建〗按钮 。
- 【程序菜单】按钮 →【新建】。
- 菜单命令:【文件】→【新建】。
- 键盘命令:NEW ✓ 或 QNEW ✓。

输入"新建"命令后,系统弹出如图 1-70 所示"选择样板"对话框。

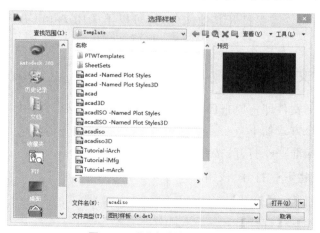

图 1-70 "选择样板"对话框

在 AutoCAD 给出的样板文件名称列表框中,选择某个样板文件,双击或者再单击右下角〖打开〗按钮,即可以相应的样板文件创建新的图形文件。

acadiso.dwt 样板文件是默认值,所以一般执行新建命令后直接单击〖打开〗按钮完成新建文件的过程,选择的样板文件就是 acadiso.dwt。若没有指明,一般就选择 acadiso.dwt 作为样板文件,再单击〖打开〗按钮。本书后续内容选用的就是 acadiso.dwt 样板文件。

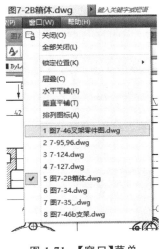

图 1-71　【窗口】菜单

1.7.6　多文件的切换

AutoCAD 可同时打开多个文件,但可以编辑的当前文件只有一个。若已打开多个文件,通过主菜单的【窗口】菜单,选择相应文件,单击文件名,可切换该文件为当前文件,如图 1-71 所示。

1.7.7　备份文件和自动保存

绘图时,可以设置自动保存文件和保存时自动产生备份文件,备份文件不能直接打开进行编辑,但可以"重命名"换成图形文件后再打开进行编辑。操作方式如下:

单击【工具】菜单→【选项】,出现"选项"对话框,在"选项"对话框中选择"打开和保存"选项卡,如图 1-72 所示。此选项卡中可以设置默认保存文件的类型,是否"自动保存"文件和设置自动保存文件的时间,保存时是否自动产生备份文件等。在左上方〖另存为〗下方选框中,选择默认保存文件的类型。在左下方〖文件安全措施〗的选项中,选择自动保存文件的时间和是否自动创建备份副本。设置完成后单击〖确定〗按钮。

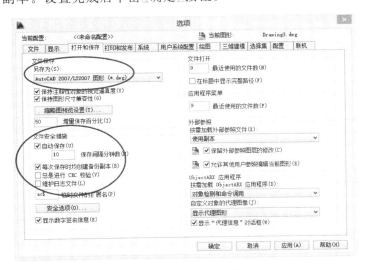

图 1-72　"选项"对话框

保存产生的备份文件扩展名为". bak",若图形文件破坏了,将备份文件扩展名改为". dwg"后变成图形文件就可编辑了。

1.8 复制、粘贴与计算器

标准工具栏上有许多常用按钮,如图 1-73 所示,使用率很高。

新建　打开　保存　打印　剪切　复制　粘贴　放弃　取消　窗口缩放　缩放上一个　特性　快速计算器

图 1-73 "标准"工具栏上常用按钮

图 1-74 "快速计算器"对话框

1.8.1 复制与粘贴

"标准"工具栏上的"剪切"按钮 ✂、"复制"按钮 🗐、"粘贴"按钮 📋,是操作系统通用按钮,操作方法相同,用来在当前文件中或者文件之间交换信息。

1.8.2 计算器

单击标准工具栏上的"快速计算器"按钮 🔢,弹出"快速计算器"对话框,如图 1-74 所示。可以用来计算。

1.9 状态栏上辅助工具按钮组的设置与使用

状态栏辅助工具按钮组如图 1-75 所示,每个按钮对精确绘图有相应的辅助作用。状态栏上的按钮是开关按钮,每单击按钮一次,按钮在打开模式/关闭模式之间切换一次。当按钮为打开模式时,发挥相应的作用;再单击按钮一次,按钮切换为关闭模式,则不起相应作用。按钮状态是打开状态还是关闭状态,除了根据按钮显示情况来辨别外,也可以在命令行中观察。

图 1-75 状态栏辅助工具按钮

这些按钮命令都是透明命令,即在其他命令执行过程中可以单击按钮,改变打开或关闭模式,再到绘图区继续执行原来的命令。

1.9.1 栅格显示按钮

栅格显示按钮 是绘图区网格点显示开关。"栅格显示"打开时,绘图区显示有网格点,相当于坐标纸,如图 1-76 所示。"栅格显示"关闭时,绘图区不显示网格点,相当于白图纸。按尺寸绘制图形时,"栅格显示"一般选择关闭模式。

1.9.2 捕捉模式按钮

捕捉模式按钮 是光标捕捉网格点的开关。当"捕捉模式"打开时,光标移动的最小单元

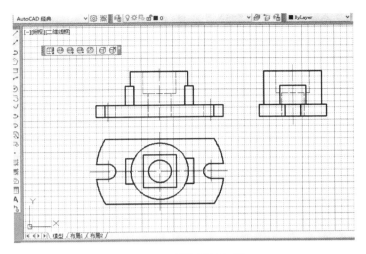

图 1-76　栅格显示打开

就是一个网格,而且光标移动在绘图区时是跳动的。所以,当"捕捉模式"打开时,不论"栅格显示"是否处于打开状态,在绘图区单击左键时,光标总是停留在网格点上。"捕捉模式"与"栅格显示"配合使用,可方便绘制没有尺寸的图。

1.9.3　正交模式按钮

正交模式按钮 用来捕捉坐标轴方向,二维绘图时即捕捉水平方向和竖直方向,即"正交模式"打开时,光标总是沿水平方向或者竖直方向移动。打开"正交模式"可方便绘制水平线和竖直线,所以"正交模式"使用率很高。例如,打开"正交模式",用"构造线"命令绘制无限长的线,如图 1-77 所示,观察第二点的位置。

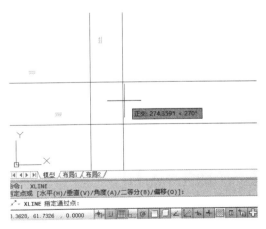

图 1-77　"正交模式"打开时用"构造线"命令绘图

1.9.4　极轴追踪按钮

极轴追踪按钮 用来捕捉一定角度的方向,即按事先设置的角度来追踪此角度整数倍的直线方向。"极轴追踪"打开,在系统要求指定一个点时,按预先设置的角度增量显示一条无限延伸的辅助虚线,这时用户可以沿辅助线追踪得到所需点。

角度设置方法:当光标位于"极轴追踪"按钮上,单击鼠标右键,在弹出的快捷菜单中,将光标指向〖设置〗命令,再单击鼠标左键,出现如图 1-78 所示的对话框。在左边〖增量角〗文本框中输入角度值,再单击下方〖确定〗按钮。例如,角度设置为"29","极轴追踪"关闭时不能追踪到角度线方向,"极轴追踪"打开时,移动光标可追踪到 0°、29°、58°、87°、116°等 29°整数倍角度线方向。角度设置为"29"后,打开"极轴追踪",用"构造线"命令绘制无限长的线,如图 1-79 所示,观察第二点的位置。

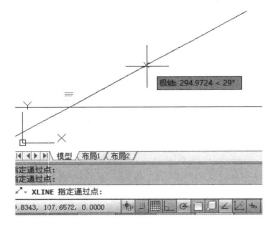

图 1-78 极轴设置　　　　　图 1-79 "极轴追踪"打开时,用"构造线"命令绘图

"正交模式"与"极轴追踪"是单项选择项,打开"极轴追踪"会自动关闭"正交模式"。

1.9.5 对象捕捉按钮

1. 对象捕捉的功能

在状态栏上,"对象捕捉"按钮为 ⬜ 。对象捕捉功能可以迅速、准确地定位于图形对象的端点、圆心、交点、圆的切点、垂足点、中点、象限点等特殊点。绘图时,需要哪些点,可先进行设置。当设置完成后,"对象捕捉"打开且绘图提示输入点时,系统可以自动捕捉设置的特殊点,单击即可确定点。因此,用 CAD 绘图时,这些特殊点不需要像手工绘图那样求,而是直接用"对象捕捉"来确定。

需要注意的是,状态栏中的"对象捕捉"与"捕捉模式"是完全不同的两种功能按钮,初学者一定要注意区分它们。

图 1-80 对象捕捉设置

2. "对象捕捉"特殊点设置方法

将光标指向"对象捕捉"按钮,单击鼠标右键,在弹出的快捷菜单中,将光标指向【设置】,再单击鼠标左键,出现如图 1-80 所示"草图设置"对话框。

〖对象捕捉〗选项卡的各项内容及操作如下:

（1）〖启用对象捕捉〗复选框　该选项控制固定捕捉的打开与关闭。一般取默认的打开模式。

（2）〖启用对象捕捉追踪〗复选框　该选项控制对象追踪的打开与关闭。一般取默认的打开模式。

（3）〖对象捕捉模式〗区　该区内有 13 种特殊点捕捉模式，可以从中选择一种或多种特殊点捕捉模式形成一个固定模式。在特殊点左边框□按钮内，单击左键进行选中设置，显示☑表示已选中设置；在特殊点左边框☑按钮内，单击左键取消选中设置，显示□表示取消设置，再单击〖确定〗按钮完成所有特殊点的设置。特殊点边框□左边的图标△、○、╳等，是绘图时自动捕捉到相应点时显示的标记符号。

图 1-80 所示为选中了"端点"、"圆心"、"象限点"、"交点"、"垂足"、"切点"和"最近点"7 种常用的特殊点为固定对象捕捉的模式。

如果要清除掉所有特殊点的选择，可单击对话框中的〖全部清除〗按钮。如果单击〖全部选择〗按钮，则把 13 种特殊点全部选中（尽量不要全部选择）。

3．特殊点捕捉的含义

端点：捕捉直线、圆弧、椭圆弧、样条曲线等对象两端的点。

中点：捕捉直线、圆弧、椭圆弧、样条曲线等对象的中点。也可用于查找中点。

圆心：捕捉圆、椭圆、圆弧、椭圆弧的圆心。也可用于查找圆心。

节点：捕捉由"点"命令等绘制的点。

象限点：捕捉圆、椭圆或圆弧上 0°、90°、180°、270°位置上的点。

交点：捕捉直线、圆弧、圆等对象之间产生的交点。

延长线：用于捕捉已有直线、圆弧延长一定距离后的对应点。捕捉延长线时，会有一条虚线作为辅助线显示。

插入点：捕捉文字、属性、图块等对象的插入点。

垂足：捕捉所绘制直线与已绘制的直线或其延长线垂直的点。常用于绘制垂线。

切点：捕捉所画直线与某圆或圆弧的切点。常用于绘制圆的切线。

最近点：捕捉图形对象上靠光标最近的点。常用于在对象上捕捉任意点，使用率很高。

外观交点：用于捕捉直线、圆弧、圆、椭圆等对象延长之后产生的交点。

平行线：用于确定与已有直线平行的线。

4．对象捕捉的使用

打开对象捕捉按钮后，在进行绘图或图形编辑过程中，系统提示输入点时，当光标靠近某个特殊点时，会发现此点加亮成绿色亮点并出现标记符号和文字信息，此时只要单击左键，系统就会自动捕捉到该点。在绘图需要点且"对象捕捉"处于打开模式时，可自动捕捉设置的特殊点，否则，不能捕捉到相应的点。绘图时一般要将"对象捕捉"按钮打开，以便捕捉设置的特殊点。

例如：如图 1-80 所示设置后，打开状态栏"对象捕捉"，用"构造线"命令绘制如图 1-81 所示的线，执行"构造线"命令后，移动光标观察起点的位置，如图 1-81（a）所示，出现圆心时单击左键，移动光标观察第二点的位置，如图 1-81（b）所示，出现圆心时单击左键。如图 1-80 所示设置后，打开状态栏"对象捕捉"，打开状态栏"正交模式"，用"构造线"命令绘制如图 1-82 所示线,执行"构造线"命令后,移动光标观察起点的位置,如图 1-82(a)所示,单击左键,移动光标观察第二点的位置如图 1-82(b)所示,单击左键。绘图时,需要绘制通过某点的水平线或者竖直线来作为辅助线时,一般可以用打开状态栏"对象捕捉"、打开状态栏"正交模式"和"构造线"命令来绘制。

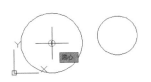

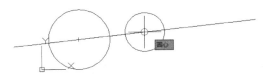

（a）捕捉圆心　　　　　　　　　　　　　（b）捕捉圆心

图 1-81　"对象捕捉"打开时,用"构造线"命令绘图(一)

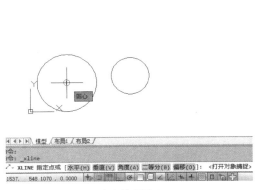

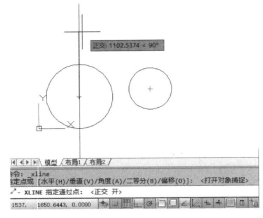

（a）捕捉圆心　　　　　　　　　　　　　（b）捕捉竖直方向

图 1-82　"对象捕捉"打开时,用"构造线"命令绘图(二)

1.9.6　对象捕捉追踪按钮

打开"对象捕捉追踪"按钮 ∠ ,在系统要求指定一个点时,可捕捉特殊点,并过这点显示一条无限长的虚线作为辅助线,这时可以沿辅助线移动光标追踪到辅助线上的点,单击即可得到辅助线上的一个点。通过捕捉对象上的关键点,并沿正交方向或极轴方向拖动光标,可以显示光标当前的位置与捕捉点之间的关系。若找到符合要求的点,直接单击即可确定点;也可以输入数值,按回车键,数值表示两点之间在辅助线方向的距离。

1.9.7　显示/隐藏线宽按钮

打开"显示/隐藏线宽"按钮 ✚ 时,线宽将按设置分粗线细线显示;关闭"显示/隐藏线宽"时,将不分线宽粗细,全部显示为细线。

建议绘图时,状态栏"显示/隐藏线宽"设置为打开模式。若图形显示全为细线,可能是图形本身没有设置粗线,也可能是"显示/隐藏线宽"按钮是关闭模式。线宽显示比例也可进行调整,右击"显示/隐藏线宽"按钮,在弹出的快捷菜单中,将光标指向【设置】,单击左键,出现"线宽设置"对话框,如图 1-83 所示,在对话框中可完成设置。

1.9.8　动态 UCS 和动态输入

1.允许/禁止动态 UCS 按钮

"允许/禁止动态 UCS"按钮用于打开或关闭动态用户坐标系。

2.动态输入按钮

"动态输入"按钮用于打开或关闭动态输入。打开"动态输入"时,在绘图命令状态下,光标所在处会出现当前点的坐标、长度或角度的标注值信息,可以在此提示中直接从键盘上输入新的值,而不需要在命令行中去输入,如图 1-84 所示。

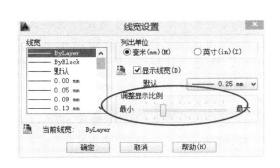

图 1-83　调整线宽显示比例

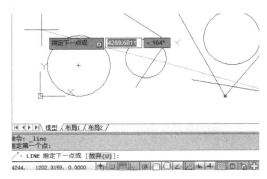

图 1-84　动态输入

1.9.9　其他按钮

1.推断约束按钮

打开"推断约束"时,系统会自动在正在创建或者编辑的对象与对象捕捉的关联对象之间应用约束。

2.三维对象捕捉按钮

"三维对象捕捉"按钮用于捕捉三维对象中的端点、中点、圆心、交点等特殊点。

3.显示/隐藏透明度按钮

"显示/隐藏透明度"按钮用于控制对象和图层的透明度级别。

4.快捷特性按钮

"快捷特性"按钮用于禁止和开启快捷特性选项板。

5.选择循环按钮

"选择循环"按钮用于提示选择重叠的对象。打开"选择循环",在重叠对象上选择对象时,会有"选择集"对话框出现,提示选择的对象。单击左键,"选择集"对话框中高亮显示的对象有变动。如图 1-85 所示。

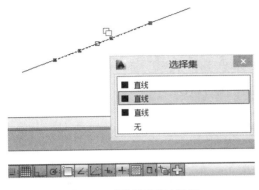

图 1-85　"选择集"对话框

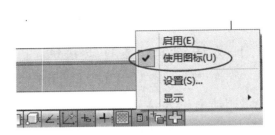

图 1-86　状态栏快捷菜单

1.9.10　状态栏的显示样式

默认状态栏的显示样式是图标形式,传统的显示样式是文字形式,若习惯看传统样式的,可以进行转换。方法是:让光标指向状态栏,单击右键,弹出快捷菜单如图 1-86 所示,让光标指向【使用图标】,单击左键,状态栏变成图 1-87 所示。重复上述操作,状态栏又回到图标样式。

| INFER | 捕捉 | 栅格 | 正交 | 极轴 | 对象捕捉 | 3DOSNAP | 对象追踪 | DUCS | DYN | 线宽 | TPY | QP | SC | AM |

图 1-87　文字形式显示的状态栏

1.9.11　状态栏的显示项目

默认状态栏的显示项目是全部的 15 个,可以根据自己的习惯,减少项目或者增加项目。方法是:让光标指向状态栏,单击右键,弹出快捷菜单如图 1-88 所示;让光标指向【显示】,单击左键,出现菜单如图 1-89 所示;单击某项,如【三维对象捕捉】,状态栏变成图 1-90 所示。重复上述操作,状态栏又回到默认形式。

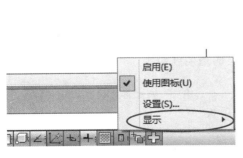

图 1-88　状态栏快捷菜单

图 1-89　状态栏显示菜单

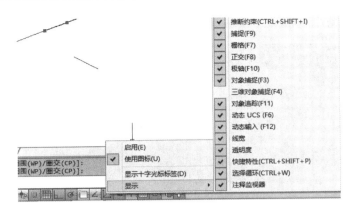

图 1-90 调整的状态栏

1.10 功能键、特性设置与绘图比例

1.10.1 功能键

AutoCAD 提供的功能键即键盘上的〖F1〗~〖F12〗键,功能键是控制键,功能键的功能如表 1-2 所示,〖F3〗、〖F4〗、〖F6〗~〖F12〗是控制状态栏按钮模式的,例如:按一次〖F8〗键,状态栏正交模式处于打开状态,若再按一次〖F8〗键,状态栏正交模式处于关闭状态;按一次〖F2〗键,"文本窗口"将打开,"文本窗口"将显示命令行中的当前信息和历史信息,如图 1-91 所示。

表 1-2 功能键

键	功 能	键	功 能
F1	AutoCAD 帮助	F7	状态栏"栅格显示"打开/关闭
F2	"文本窗口"打开/关闭	F8	状态栏"正交模式"打开/关闭
F3	状态栏"对象捕捉"打开/关闭	F9	状态栏"捕捉模式"打开/关闭
F4	状态栏"三维对象捕捉"打开/关闭	F10	状态栏"极轴追踪"打开/关闭
F5	等轴测图绘制时的平面转换	F11	状态栏"对象捕捉追踪"打开/关闭
F6	状态栏"允许/禁止动态 UCS"打开/关闭	F12	状态栏"动态输入"打开/关闭

1.10.2 特性的设置

"特性"工具栏如图 1-92 所示。通过更换特性工具栏上"颜色控制"、"线型控制"、"线宽控制"选项,可以绘制不同颜色、不同线型、不同线宽的图形。"特性"工具栏上"颜色控制"、"线型控制"、"线宽控制"的选项如图 1-93 所示。

1. 换当前颜色

单击"特性"工具栏上"颜色控制"右边下弹按钮,单击选择某个颜色,再次绘图时,将以所选颜色显示图形。

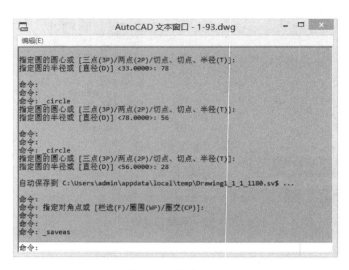

图 1-91　文本窗口

图 1-92　"特性"工具栏

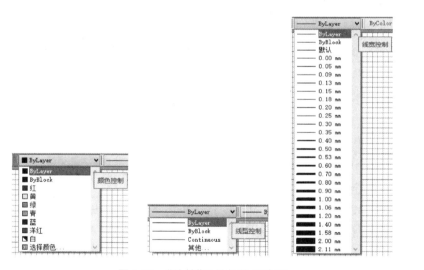

图 1-93　"特性"工具栏控制选项

【示例 1-6】　绘制不同颜色的图。

【操作步骤】　先换当前颜色为"红",再用"修订云线"命令绘制图,观察到图的颜色为红色。换当前颜色为"蓝",再用"修订云线"命令绘制图,观察到图的颜色为蓝色。换当前颜色为"ByLayer",再用"修订云线"命令绘制图,观察到图的颜色为黑色。

2. 换当前线宽

单击"特性"工具栏上"线宽控制"右边下弹按钮,单击选择某个线宽,再次绘图时,将以此线宽显示图形。线宽在 0.30 mm 以上才会显示为粗线(提示:状态栏中"显示/隐藏线宽"要处于打开模式才能分粗线细线显示,否则,粗线还是会显示为细线)。

【示例 1-7】 绘制不同线宽的图。

【操作步骤】 先设置状态栏中"显示/隐藏线宽"处于打开模式。再用"修订云线"命令绘制图,观察到图的线宽为细线。换当前线宽为"1.06 mm",再用"修订云线"命令绘制图,观察到图的线宽为粗线,如图 1-94 所示。换当前线宽为"ByLayer",再用"修订云线"命令绘制图,观察到图的线宽为细线。

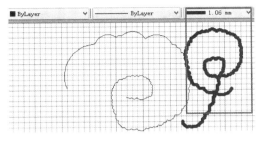

图 1-94 换当前线宽

3. 换当前线型

单击"特性"工具栏上"线型控制"右边下弹按钮,单击选择某个线型,再次绘图时,将以此线型显示图形。

默认线型不够时,可以增加线型,方法是:单击"特性"工具栏上"线型控制"右边下弹按钮,单击选择"其他⋯",出现"线型管理器"对话框,如图 1-95 所示。单击〖加载〗按钮,出现"加载或重载线型"对话框,如图 1-96 所示。在线型名称上单击便可选择所需线型,单击〖确定〗按钮,就可以将所选线型加入到"线型管理器"对话框中。单击〖确定〗按钮,退出"线型管理器"对话框。

图 1-95 "线型管理器"对话框

图 1-96 "加载或重载线型"对话框

【示例 1-8】 绘制不同线型的图。

【操作步骤】 操作步骤如下:

(1) 用"构造线"命令绘制图,观察到图的线型为实线。

(2) 单击"特性"工具栏上"线型控制"右边下弹按钮,单击选择"其他⋯",出现"线型管理器"对话框;单击〖加载〗按钮,出现"加载或重载线型"对话框;让光标指向"CENTER",单击左键,再单击〖确定〗按钮,可观察到"CENTER"加入到"线型管理器"对话框中了;单击〖确定〗按钮,退出"线型管理器"对话框。

(3) 单击"特性"工具栏上"线型控制"右边下拉菜单按钮,单击选择"CENTER",即换当前线型为"CENTER"。

(4) 用"构造线"命令绘制图,观察到图的线型为点画线,如图 1-97 所示。

(5) 单击"特性"工具栏上"线型控制"右边

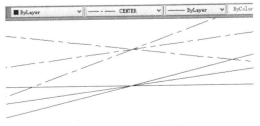

图 1-97 换当前线型

下弹按钮,单击选择"ByLayer",即换当前线型为"ByLayer"。

(6) 用"构造线"命令绘制图,观察到图的线型为实线。

4. 更换对象的颜色特性

在要更换的对象上单击左键即选择对象;单击"特性"工具栏上"颜色控制"右边下弹按钮,单击选择某个颜色,对象就以此颜色显示。按〖esc〗键取消选择。

【示例1-9】 更换对象的颜色为洋红。

【操作步骤】 用"修订云线"命令绘制图;让光标指向刚绘制云线,单击左键,观察到云线上出现了一些蓝色小方框,如图 1-98 所示,即表示云线被选中;单击"特性"工具栏上"颜色控制"右边下弹按钮,让光标指向"洋红",单击左键,发现云线就变成洋红色了;按〖esc〗键取消选择。

5. 更换对象的线型特性

选择要更换的对象,单击"特性"工具栏上"线型控制"右边下弹按钮,单击选择某个线型,对象就以此线型显示,按〖esc〗键取消选择。

【示例1-10】 更换对象的线型。

【操作步骤】 操作步骤如下:

(1) 单击"特性"工具栏上"线型控制"右边下弹按钮,单击选择"其他…",出现"线型管理器"对话框;单击〖加载〗按钮,出现"加载或重载线型"对话框;让光标指向"CENTER",单击左键,再单击〖确定〗按钮,可观察到"CENTER"加入到"线型管理器"对话框中了;单击〖确定〗按钮,退出"线型管理器"对话框。

(2) 用"构造线"命令绘制图,观察到图的线型为实线。

(3) 让光标指向刚绘制的构造线,单击左键,观察到构造线上出现了一些蓝色小方框,即表示构造线被选中。

(4) 单击"特性"工具栏上"线型控制"右边下弹按钮,单击 "CENTER",构造线就变成点画线了,如图 1-99 所示。

(5) 按〖esc〗键取消选择。

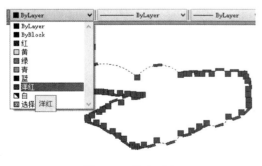

图 1-98 选中对象

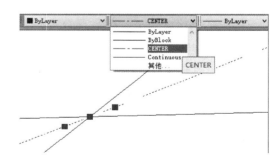

图 1-99 更换对象的线型

6. 更换对象的线宽特性

选择要更换的对象,单击"特性"工具栏上"线宽控制"右边下弹按钮,单击选择某个线宽,对象就以此线宽显示,按〖esc〗键取消选择。

【示例1-11】 更换对象的线宽。

【操作步骤】 步骤如下。

（1）先设置状态栏中"显示/隐藏线宽"处于打开模式。

（2）再用"修订云线"命令绘制图，观察到图的线宽为细线。

（3）让光标指向刚绘制的云线，单击左键，观察到云线上出现了一些蓝色小方框，即表示云线被选中。

（4）单击"特性"工具栏上"线宽控制"右边下拉菜单按钮，单击选择"1.58 mm"，观察到云线变成粗线了，如图 1-100 所示。

（5）按〖esc〗键取消选择。

1.10.3　绘图比例

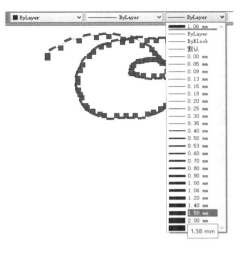

图 1-100　更换对象的线宽

绘图 AutoCAD 时，采用 1∶1 的比例绘制，让 AutoCAD 中的图保存为 1∶1，以方便相关测量。绘制时按图的实际尺寸绘制，但绘图时是可以任意改变图的显示大小和位置，以方便观看的，因此，当绘图时，发现显示的图尺寸与输入的尺寸不一致，是正常的。绘图尺寸必须按 1∶1 输入，但如果图形显示太大或者太小，不方便观看时，可通过图形显示缩放和平移进行调整。

在绘图输入数值时，一般不用输入单位，单位是提前设置好的。图纸上所需要的比例，可以在打印或输出时选择。

1.11　直线的绘制

1.11.1　"直线"绘制命令的操作方法

1.　"直线"命令的输入方法

● 工具栏命令：〖绘图〗→〖直线〗按钮。

● 菜单命令：【绘图】→【直线】。

● 键盘命令：L↙或 Line↙。

2.　"直线"命令的操作

绘制直线实际就是指定点的位置。执行"直线"命令后，会出现"直线"命令提示信息，如图 1-101(a)所示。根据命令行提示信息，指定点位置，可依次指定直线的第 1 点、第 2 点……第 n 点位置，直至按回车键结束，如图 1-101 (b)所示。

指定点位置时，可以用光标在屏幕中单击左键拾取点，也可以输入点的坐标值按回车键确定。绘图过程中，按回车键可以退出命令；输入〖C〗，按回车键，即与第一点连线形成闭合图形并退出命令；输入〖U〗，按回车键，则取消最近的一步操作并退回到上一步；按〖esc〗键，则取消"直线"绘图命令。

系统将每两点之间的连线计算为一个对象。

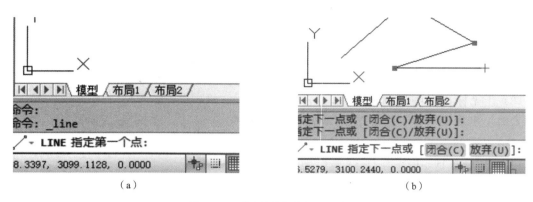

（a）　　　　　　　　　　　　　　（b）

图 1-101　"直线"命令提示信息

1.11.2　不同已知条件的直线绘制

1. 绘制任意直线

【方法】　输入"直线"命令，用光标在屏幕中单击左键拾取点，按回车键结束。

2. 绘制任意多边形（见图 1-102(a)）

【方法】　输入"直线"命令，用光标在屏幕中单击左键拾取点，至少拾取 3 个点，系统提示："指定下一点或[闭合(C)/放弃(U)]:"时，输入〖C〗，按回车键结束。

3. 绘制任意水平线和垂直线

【方法】　打开正交模式，输入"直线"命令，移动光标，在屏幕中单击左键拾取点。

4. 绘制已知长度的水平线和垂直线（见图 1-102(b)）

【方法】　打开状态栏"正交模式"，输入直线命令，用光标在屏幕中单击左键拾取一个点，移动光标指定方向，输入距离数值，按回车键（向右移动，输入"47"，按回车键；向上移动，输入"50"，按回车键）；按回车键结束。

5. 绘制垂线（见图 1-102(c)）

【方法】　利用"对象捕捉"捕捉垂足的功能。输入"直线"命令，用光标在屏幕中单击左键拾取第一点，再移动光标到垂足点附近，出现"垂足"标记后单击左键。

若不能出现"垂足"标记，可能是状态栏"对象捕捉"没有设置捕捉"垂足"。

6. 在特殊点之间连线

特殊点之间连线如图 1-102(d)所示，它包括中点与中点的连线、端点与中点的连线等。

【方法】　打开对象捕捉，输入"直线"命令，移动光标到所需特殊点附近，出现捕捉标记后单击左键。

7. 绘制圆的切线（见图 1-102(e)）

【方法】　利用"对象捕捉"捕捉"切点"的功能。输入"直线"命令，用光标在屏幕中单击拾取点（圆外的点），移动光标到切点附近，出现"切点"标记后单击左键，按回车键结束。

如图 1-103 所示公切线，无法使用状态栏捕捉功能完成，需要用"对象捕捉"工具栏。绘制方法如下：先绘制圆（从键盘输入〖C〗，按回车键，在绘图区单击，移动光标再单击左键绘制一

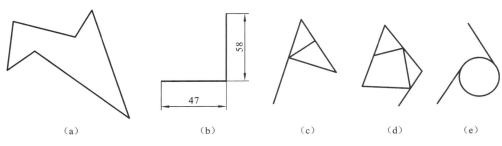

|(a)|(b)|(c)|(d)|(e)|

图 1-102　不同条件的直线

个圆;重复执行,绘制两个圆)。打开"对象捕捉"工
具栏,输入"直线"命令,单击"对象捕捉"工具栏上
【捕捉到切点】按钮,移动光标到切点附近,出现"切
点"标记后单击左键;再次单击"对象捕捉"工具栏
上【捕捉到切点】按钮,移动光标到另一切点附近,
出现"切点"标记后单击左键,按回车键结束,完成
一条切线的绘制。

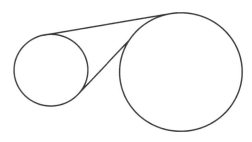

图 1-103　公切线的绘制

移动光标到切点的位置,确定了切线样式。

8. 绘制已知坐标的直线

例如,绘制 AB 直线,已知 $A(10,20)$,$B(76,89)$,其绘制方法为:

【方法】　输入相对坐标。输入"直线"命令;输入"10,20",按回车键;输入"@66,69",按回
车键;按回车键结束。

9. 绘制已知角度的直线

例如,绘制与 X 轴正方向成 55°的线,其绘制方法有以下两种。

【方法 1】　应用"极坐标"输入方式指定下一个点。输入"直线"命令;用光标在屏幕中单
击左键拾取点,指定第一个点;输入"@99<55",按回车键;再按回车键结束。"@99<55"中的
"55"是要求的角度,是不能变的;"99"是长度,由于没有指定具体值,是任意取的一个数值,可
以改变。

【方法 2】　应用状态栏"极轴追踪"功能。设置极轴角度增量为"55";输入"直线"命令;用
光标在屏幕中单击左键拾取点,指定第一个点;打开"极轴捕捉"模式,将光标移到极轴角度附
近,当在极轴角度方向上出现一条临时追踪辅助虚线,并提示追踪方向以及当前光标点与前一
点的距离时,如图 1-104(a)所示,单击直接拾取点,也可以输入距离值指定点。如图 1-104(b)
所示为"对象追踪"和"极轴追踪"的交点。

在绘图过程中,可以随时打开或关闭"极轴追踪"功能,其方法有以下 3 种。

- 工具栏命令:单击状态栏上的"极轴追踪"。
- 键盘命令:功能键〖 F10 〗。
- 快捷菜单:右击状态栏上的【极轴追踪】→【设置】→【极轴追踪】→选中(或不选中)"启用
极轴追踪"复选框。

【示例与训练 1-4】　绘制直线图形

用"直线"命令绘制如图 1-105 所示图形。

分析:此图全部由直线组成,因此只需要"直线"命令就能完全绘制。图上尺寸只有 A 点

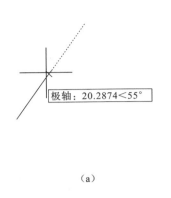

（a）

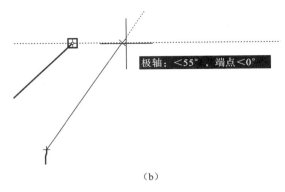

（b）

图 1-104　极轴追踪

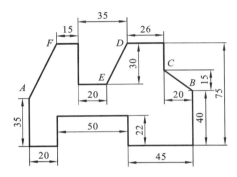

图 1-105　直线命令绘制图形示例

与 F 点之间不能直接知道，所以可以先从 A 点开始，按逆时针方向依次绘制。

操作步骤如下（也可用其他方法）：

① 新建文件，另存为文件。

② 输入"直线"命令，系统提示"Line 指定第一点："，移动光标在绘图区单击左键，即确定 A 点位置，系统提示"指定下一点或［放弃(U)］："。

③ 打开状态栏"正交模式"；向下移动光标给出指引方向，用键盘输入"35"，按回车键，系统提示"指定下一点或［放弃(U)］："；向右移动光标给出指引方向，用键盘输入"20"，按回车键，系统提示"指定下一点或［放弃(U)］："；向上移动光标给出指引方向，用键盘输入"22"，按回车键，系统提示"指定下一点或［放弃(U)］："；向右移动光标给出指引方向，用键盘输入"50"，按回车键，系统提示"指定下一点或［放弃(U)］："；向下移动光标给出指引方向，用键盘输入"22"，按回车键，系统提示"指定下一点或［放弃(U)］："；向右移动光标给出指引方向，用键盘输入"45"，按回车键，系统提示"指定下一点或［放弃(U)］："；向上移动光标给出指引方向，用键盘输入"40"，并按回车键，系统提示"指定下一点或［放弃(U)］："；按回车键结束直线命令。如图 1-106(a)所示。调整图形显示大小。

④ 用相对直角坐标绘制 BC 直线：打开状态栏"对象捕捉"；输入"直线"命令，系统提示"Line 指定第一点："，捕捉 B 点；系统提示："指定下一点或［闭合(C)/放弃(U)］："；用键盘输入"@-20,15"，按回车键。

⑤ 用直接距离给出 D 点：向上移动光标给出指引方向，从键盘输入"20"（75－40－15＝20），按回车键，系统提示"指定下一点或［闭合(C)/放弃(U)］："；向左移动光标给出指引方向，用键盘输入"26"，并按回车键，系统提示"指定下一点或［放弃(U)］："；按回车键结束直线命令。如图 1-106(b)所示。

⑥ 用相对直角坐标给出 E 点：按回车键重复直线命令；系统提示"Line 指定第一点："，捕捉 D 点；系统提示"指定下一点或［闭合(C)/放弃(U)］："；用键盘输入"@-15,-30"（35－20＝15），按回车键；按回车键结束直线命令。

⑦ 用直接距离给出 F 点：按回车键重复直线命令；系统提示"Line 指定第一点："，捕捉 E 点；系统提示"指定下一点或［闭合(C)/放弃(U)］："；向左移动光标给出指引方向，用键盘输

入"20"，并按回车键，系统提示"指定下一点或[闭合(C)/放弃(U)："；向上移动光标给出指引方向，用键盘输入"30"，并按回车键，系统提示"指定下一点或[闭合(C)/放弃(U)："；向左移动光标给出指引方向，用键盘输入"15"，并按回车键，系统提示"指定下一点或[闭合(C)/放弃(U)："。

⑧ 封闭图形：捕捉到 A 点时单击左键；系统提示"指定下一点或[闭合(C)/放弃(U)："；按回车键结束"直线"命令。如图 1-106(c)所示。

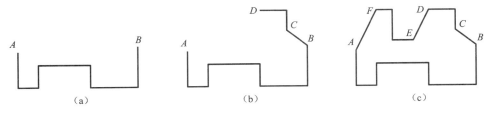

图 1-106　绘制过程

⑨ 保存文件。

【训练习题 1-3】　绘制由直线组成的图形。

【习题 1-3-1】　用红色 0.50 mm 的线，按 1：1 比例绘制如图 1-107 所示的平面图形，并以"直线图形习题 1-3-1"为文件名保存，不用标注。

提示 1：若按尺寸输入，图形显示太小或太大，需通过图形显示缩放功能调整，不要改变输入的尺寸；若图形占满了屏幕，请通过图形显示平移功能调整。

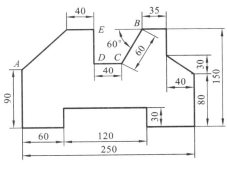

图 1-107　直线图形

提示 2：将"特性"工具栏上"颜色控制"、"线宽控制"分别更换为"红"、"0.50 mm"，如图 1-108 所示。让状态栏中"显示/隐藏线宽"处于打开模式。

图 1-108　更换"特性"工具栏

提示 3：① 以 A 点为起点，按照逆时针方向依次绘制。② 由 B 点确定 C 点时，用相对极坐标，即输入"@60<240"或"@60<−120"。③由 D 点确定 E 点时，用对象追踪和极轴追踪的方法。

【习题 1-3-2】　用绿色、0.50 mm 的线宽，按 1：1 比例绘制如图 1-109 所示的平面图形，并以"直线图形习题 1-3-2"为文件名保存，不用标注。

【示例与训练 1-5】　新建文件，绘制直线图形

新建文件，绘制如图 1-110 所示直线图形，并用自己的姓名作为文件名保存在 D 盘。

提示：若按尺寸输入，图形显示太小或太大，请通过图形显示缩放功能调整，不要改变输入的尺寸；若图形占满了屏幕，请通过图形显示平移功能调整。

分析：图形全部是直线，且尺寸全部已知，所以，以 A 点为起点，用直线命令绘制。DE 线的已知条件是长度和角度，需要用相对极坐标输入。

步骤如下：

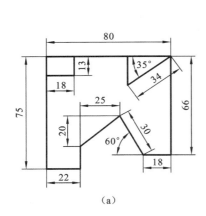 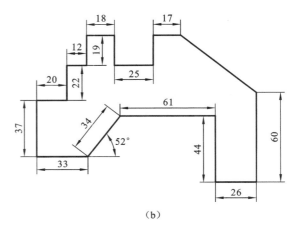

(a)　　　　　　　　　　　　　　　　(b)

图 1-109　直线图形

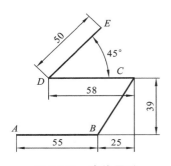

图 1-110　直线图形

(1) 执行"新建"命令,系统弹出"选择样板"对话框,选择"acadiso.dwt"样板文件,再单击〖打开〗按钮。这样完成了新建文件的过程,进入到绘图界面。

(2) 执行"另存为"命令,系统弹出"图形另存为"对话框,在"保存于"右边下拉列表中选择保存路径"D:";在"文件名"的右边空格处输入自己的姓名,如"李奉香1",单击〖保存〗按钮,保存文件,系统返回到绘图界面。

(3) 从键盘上输入〖L〗,按回车键,即启动直线命令;从键盘上输入"20,50",按回车键,即将 A 点定在"20,50"点上;打开状态栏"正交模式"处于打开状态,光标指向右,输入"55",按回车键,即确定 B 点;从键盘上输入"@25,39",按回车键,即确定 C 点;将光标指向左,再从键盘上输入"58",按回车键,即确定 D 点;从键盘上输入"@50<45",按回车,即确定 E 点;按回车键结束直线命令。

(4) 转动鼠标滚轮,调整图形大小。

(5) 执行"保存"命令,同名保存文件。

(6) 单击窗口右上角下方的关闭按钮,关闭当前的一个文件,不退出 AutoCAD。

1.12　绘　制　圆

【功能】　绘制各种圆。

圆命令提供了 6 种绘制圆的方法:"圆心、半径"方式、"圆心、直径"方式、"两点"方式、"三点"方式、"相切、相切、半径"方式、"相切、相切、相切"方式,如图 1-111 所示。根据不同已知条件,选择相应的方式,输入条件即可方便绘制圆。绘制圆的 6 种方式的图示如图 1-112 所示。

1. 绘制圆命令的输入

输入命令的方式如下:

● 工具栏命令:〖绘图〗→〖圆〗按钮 ⊙。

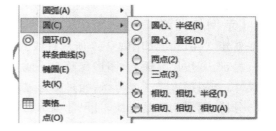

图 1-111　菜单"圆"命令的六种绘制方式

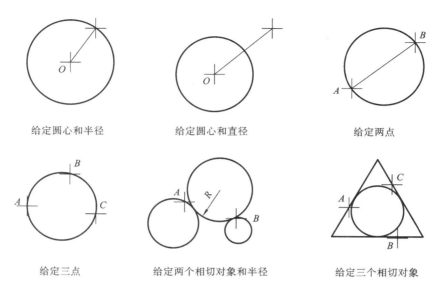

给定圆心和半径　　　　　给定圆心和直径　　　　　给定两点

给定三点　　　　　给定两个相切对象和半径　　　　　给定三个相切对象

图 1-112　绘制圆的六种方式的图示

● 菜单命令:【绘图】→【圆】。
● 键盘命令:C ↙ 或 CIRCLE ↙。

2. 操作和绘制方式选项说明

【方法】　执行"圆"绘制命令后,命令行中会有提示信息"CIRCLE 指定圆的圆心或〔三点(3P)/两点(2P)/切点、切点、半径(T)〕:",按提示信息进行选项,根据已知条件选择绘制圆的方式,再按提示信息输入相应的数据即可绘制圆。

选项说明:

1)"圆心、半径"方式(默认方式)

该方式通过指定圆心和圆半径绘制圆。若已知圆心和半径,则采用此默认方式绘制。先直接确定圆心的位置,再确定半径即可。

确定圆心的方法有两种:一是在屏幕中单击左键拾取一点为圆心,拾取点可以是任意点,也可以是捕捉的特殊点;二是输入圆心的坐标值。

确定半径的方法有两种:一是输入半径的值,按回车键;二是在屏幕中拾取一点,该点至圆心点的距离为半径值。

2)"圆心、直径"方式

该方式通过指定圆心和圆直径绘制圆。这种方式与第一种方式相似,不同的只是输入的数值为圆的直径。

若已知圆心和直径,则采用这种方式绘制。绘制时先确定圆心的位置;再输入〖D〗,按回车键进行选项;然后输入直径数据,按回车键。

3)"三点(3P)"方式

该方式通过指定圆周上的三个点绘制一个圆。

【方法】　若已知圆上的三个点,则采用这种方式绘制,依次输入三个点即可。执行"圆"命令后,先输入"3P"(即键盘〖3〗〖P〗),按回车键,选择采用三点法绘制;再按提示信息依次指定第一点、第二点、第三点。

指定三点的方法有:在绘图区单击左键拾取点;捕捉特殊点;输入点的坐标值(三点不得共

线）。

例如：绘制图 1-113 所示三角形的外接圆。

【方法】 先用直线命令绘制三角形 ABC；再输入"圆"命令→ 输入"3P"，按回车键→依次捕捉三角形 ABC 的三个顶点。

4）"相切、相切、半径（T）"方式

该方式选择与圆相切的两个对象，指定圆半径来绘制圆。若已知两个相切对象和圆的半径，则选择"相切、相切、半径"方式绘制，通过打开"对象捕捉"模式，依次选择两个相切对象，并输入圆半径即可。选择两个相切对象时，将光标靠近相切对象，相切的捕捉图标出现后，单击左键以指定相切对象。

如图 1-114 所示的中间圆的绘制方法：先绘制两边的图形；再输入"圆"命令→输入〖T〗，按回车键，以确定选择"相切、相切、半径"方式画圆→按提示信息捕捉一个相切对象→按提示信息捕捉第二个相切对象→输入半径，按回车键。

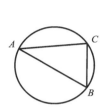 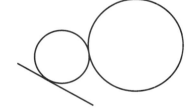 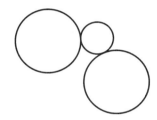

图 1-113 "三点"绘制圆   图 1-114 "相切、相切、半径"绘制圆

5）"两点（2P）"方式

该方式通过两个点确定一个圆，两点间的距离为圆的直径。若已知圆直径的两个端点，则选择"两点"画圆方式，依次输入两个端点即可。

6）"相切、相切、相切"方式

该方式在绘图工具栏"圆"命令中没有相应的选项，只能使用菜单命令。此方式是分别指定三个相切对象来绘制一个与指定三个对象相切的圆。若已知三个相切对象，则单击菜单中的【绘图】→【圆】→【相切、相切、相切】命令，通过打开"对象捕捉"模式，依次选择三个相切对象即可。

如图 1-115（a）所示，中间的圆分别与两个圆和一条直线相切，绘图时，打开"对象捕捉"模式，单击菜单中的【绘图】→【圆】→【相切、相切、相切】命令后，依次选择两个圆和直线即可。如图 1-115（b）所示绘制三角形的内切圆，绘制三角形 ABC 后，单击菜单中的【绘图】→【圆】→【相切、相切、相切】命令，用光标分别选择三角形 ABC 的三条边即可。

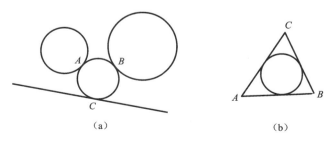

（a）　　　　　　　（b）

图 1-115 "相切、相切、相切"绘制圆

【训练习题 1-4】　绘制圆。

提示:若按尺寸输入,图形显示太小或太大,请通过图形显示缩放功能调整,不要改变输入的尺寸;若图形占满了屏幕,请通过图形显示平移功能调整。

（1）绘制任意圆(任意位置、任意大小、不同颜色、不同线宽的圆)。(提示:执行命令后,在屏幕上单击两点)

（2）绘制已知圆心和半径的圆。(提示:采用"圆心、半径"方式)

（3）绘制已知圆心和直径的圆。(提示:采用"圆心、直径"方式)

（4）用已知直线作直径绘制圆。(提示:采用"2P"方式)

（5）过三点绘制圆。如过三角形顶点作外接圆,如图 1-116(a)所示。

（6）绘制与三对象相切的圆。如三角形的内切圆,如图 1-116(b)所示。

（7）已知两直线,绘制与它们相切,半径为 58 mm 的圆,如图 1-117(a)所示。

（8）已知两圆,绘制与它们相切,半径为 68 mm 的圆,如图 1-117(b)所示。

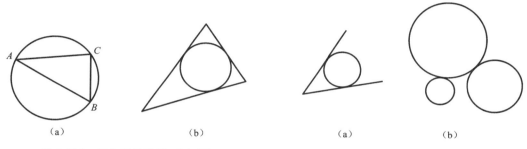

|（a）|（b）|（a）|（b）|

图 1-116　三角形外接圆、内切圆　　　　**图 1-117　相切圆**

（9）用红色,分线型绘制同心圆,如图 1-118 所示。

提示:先绘制中心直线,再绘制圆,且捕捉直线的交点作圆的圆心。用直线命令绘制公切线之前,将状态栏"对象捕捉"设置为只捕捉"切点"。

【示例与训练 1-6】　新建文件,绘制直线和圆组成的图

新建文件,绘制如图 1-119 所示直线和圆组成的图,并保存文件。图中 B 点是水平 AC 直线的中点。

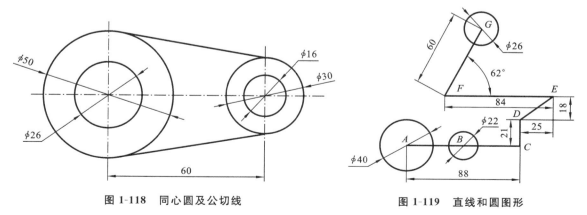

图 1-118　同心圆及公切线　　　　**图 1-119　直线和圆图形**

分析:图由直线和圆组成,需要用"直线"命令和"圆"命令分别绘制。

操作步骤如下:

（1）执行"新建"命令，系统弹出"选择样板"对话框，选择"acadiso.dwt"样板文件，再单击〖打开〗按钮。这样完成了新建文件的过程，进入到绘图界面。

（2）执行"另存为"命令，系统弹出"图形另存为"对话框，在"保存于"右边下拉列表中选择保存路径"D:"；在"文件名"的右边空格处输入图形文件名称，如"图1-120"，单击〖保存〗按钮，保存文件，系统返回到绘图界面。

（3）拖动鼠标滚轮，调整图形位置。

（4）从键盘上输入〖L〗，按回车键，即启动"直线"命令；移动光标到绘图区右边空白处，单击左键，即将 A 点定在任意点处；让状态栏"正交模式"处于打开状态，光标指向右，输入"88"，按回车键，即确定 C 点；光标指向上，输入"21"，按回车键，即确定 D 点；从键盘上输入"@25，18"，按回车键，即确定 E 点；将光标指向左，再从键盘上输入"84"，按回车键，即确定 F 点；从键盘上输入"@60<62"，按回车键，即确定 G 点；按回车键结束"直线"命令。如图1-120（a）所示。

（5）执行"保存"命令，同名保存文件。设置状态栏"对象捕捉"（至少有端点、中点），并打开"对象捕捉"。

（6）从键盘上输入〖C〗，按回车键，即启动"圆"命令；移动光标到绘图区 A 点，捕捉到端点，单击左键，移动光标，输入"20"，按回车键，即绘制了一个圆。从键盘上输入〖C〗，按回车键，即启动"圆"命令；移动光标到绘图区 AC 的中点附近，捕捉到中点，单击左键，移动光标，输入"11"，按回车键，即绘制了一个圆。从键盘上输入〖C〗，按回车键，即启动圆命令；移动光标到绘图区 G 点，捕捉到端点单击左键，移动光标，输入"13"，按回车键，即绘制了一个圆。如图1-120（b）所示。

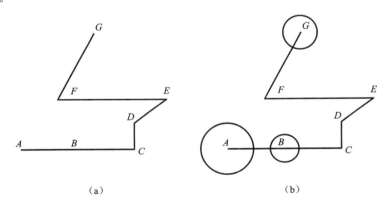

（a）　　　　　　　　　　　　　　　　　（b）

图1-120　直线和圆图形

（7）滚动鼠标滚轮，调整图形大小。

（8）执行"保存"命令，同名保存文件。

（9）单击窗口右上角下方的关闭按钮，关闭当前的一个文件，不退出 AutoCAD。

1.13　工具栏的操作

利用工具栏按钮输入命令是初学时最容易掌握的命令输入方法，因为将光标停留在工具栏按钮上，可显示该按钮的名称，单击按钮即可执行该按钮的命令。利用工具栏按钮输入命令时，相应的工具栏需要处于打开状态。

1.13.1 工具栏的打开方法

可利用快捷菜单打开工具栏。当光标移到某工具栏上,单击鼠标右键,或者单击菜单【工具】→【工具栏】→【AutoCAD】,弹出工具栏菜单,如图 1-121 所示。单击工具栏快捷菜单中的工具栏名,即可打开或关闭工具栏。快捷菜单名称前标记有"√"的表示该工具栏已打开,若再单击该工具栏名即关闭此工具栏。

1.13.2 认识常用工具栏

CAD 的工具栏较多,不同的工具栏针对不同的绘图任务。初学时,先认识最常用的工具栏,再逐渐学习,可降低学习的难度。启动 AutoCAD 2014 后,常用的工具栏一般在界面上,若界面上没有,或者无意中关闭了,可打开所需工具栏,但打开时,需要知道工具栏的名称。

(1)"绘图"工具栏如图 1-122 所示,一般在界面左方,竖放。

(2)"修改"工具栏如图 1-123 所示,一般在界面右方,竖放。

(3)"标准"工具栏如图 1-124 所示,一般在界面上方,横放。

(4)"样式"工具栏如图 1-125 所示,一般在界面上方,横放。

(5)"工作空间"工具栏,如图 1-126 所示。

(6)"图层"工具栏如图 1-127 所示。

(7)"特性"工具栏如图 1-128 所示。

(8)"对象捕捉"工具栏如图 1-129 所示。

(9)"标注"工具栏如图 1-130 所示。

图 1-121 工具栏

图 1-122 "绘图"工具栏

图 1-123 "修改"工具栏

图 1-124 "标准"工具栏

图 1-125 "样式"工具栏

图 1-126 "工作空间"工具栏

图 1-127 "图层"工具栏

图 1-128 "特性"工具栏

图 1-129 "对象捕捉"工具栏

图 1-130 "标注"工具栏

(10) "文字"工具栏如图 1-131 所示。

(11) "多重引线"工具栏如图 1-132 所示。

图 1-131 "文字"工具栏 　　　　图 1-132 "多重引线"工具栏

1.13.3 移动工具栏

为使界面便于操作,可对工具栏的位置进行调整。移动横放的工具栏时,将光标放在其左端两横线位置,拖动鼠标到合适的位置后放开。移动竖放的工具栏时,将光标放在其上端两横线位置,拖动鼠标到合适的位置后放开。各工具栏放置位置固定为好。调整后的界面如图 1-133 所示。

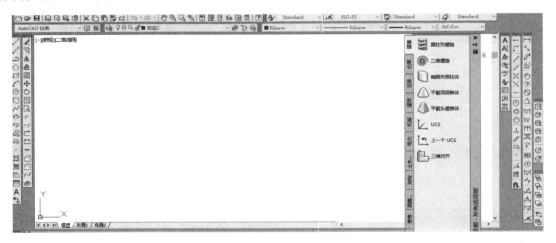

图 1-133 移动工具栏后的界面

1.13.4 关闭工具栏

单击界面右边关闭按钮 ，即可关闭该工具栏。

1.13.5　对象捕捉工具栏

1. 对象捕捉方式

对象捕捉包括固定对象捕捉和单一对象捕捉两种方式,在状态栏打开"对象捕捉"模式是固定对象捕捉方式,单击"对象捕捉"工具栏按钮是单一对象捕捉方式。一般情况下用固定对象捕捉即可捕捉到相应的点了,但在有些特殊情况下,即使打开状态栏"对象捕捉"模式且设置了相应的点,也仍不能捕捉到点,此时则可以用单一对象捕捉方式来获取。方法是:绘图中提示需要点时,单击"对象捕捉"工具栏上相应按钮后,移动光标到相应位置点附近(不要单击),会捕捉到相应的点,且显示相应的图标,再单击左键即可捕捉相应的点。这种点的捕捉方式每操作一次只能完成一次捕捉,若要多次捕捉同类的点,则要重复执行上述操作。对象捕捉是绘图中非常实用的确定特殊点的方法,也是精确绘图时不可缺少的方法。

"对象捕捉"工具栏功能如图 1-134 所示。

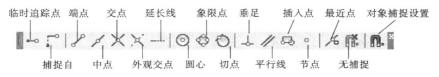

图 1-134　"对象捕捉"工具栏的功能

2. 对象捕捉快捷菜单

在绘图区任意位置,先按住〖Shift〗键,再单击鼠标右键,则弹出快捷菜单,如图 1-135 所示,可从该菜单中单击相应的捕捉菜单。

【示例 1-6】　如图 1-136 所示,绘制任意直线 *AB*,再过 *AB* 的中点画一长 47 mm 的水平直线 *CD*,然后绘制一条与 *AB* 平行的直线 *DE*,长度为 58 mm。

分析:直线 *DE* 要平行于直线 *AB*,用捕捉平行线的方式来绘制。

操作步骤如下:

① "新建"文件,"另存为"文件,用"图 1-136.dwg"作为文件名保存在"D"盘中。

② 打开"对象捕捉"工具栏,移动到右边。

③ 绘制 *AB* 直线:从键盘上输入〖L〗,按回车键,即输入"直线"命令,移动光标到绘图区,单击左键,向右上移动光标,单击左键,按回车键结束直线命令。

④ 利用"图形显示"功能调整图形大小和位置;同名保存文件。设置状态栏"对象捕捉"(至少有端点、中点),并打开"对象捕捉",打开状态栏"正交模式"。

⑤ 绘制 *CD* 直线:从键盘上输入〖L〗,按回车键,即输入"直线"命令,移动光标到直线 *AB* 的中点附近,出现中点标记后

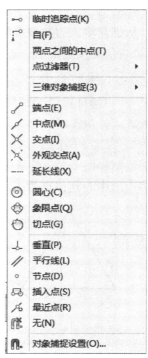

图 1-135　对象捕捉快捷菜单

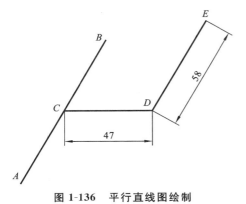

图 1-136　平行直线图绘制

单击左键；向右移动光标，从键盘输入"47"后按回车键；按回车键结束直线命令。

⑥ 绘制 *DE* 直线：从键盘上输入〖L〗，按回车键，即输入"直线"命令，移动光标到直线 *D* 点附近，出现端点标记后单击左键；单击"对象捕捉"工具栏中的捕捉到平行线图标 ✎ ；将光标左移到 *AB* 线上，出现平行线标记后再向右上方移动光标，出现一条追踪线（虚线），并提示"平行"时，输入"58"，按回车键；按回车键结束直线命令。

⑦ 同名保存文件，结果如图 1-136 所示。

1.14　正多边形的绘制

【功能】　"正多边形"命令可按照指定方式绘制具有 3～1024 条边的正多边形。

1. 命令的输入方法

- 工具栏命令：〖绘图〗→〖正多边形〗按钮 ⬠ 。
- 菜单命令：【绘图】→【正多边形】。
- 键盘命令：POL ↙ 或 POLYGON ↙ 。

2. 命令的操作

输入"正多边形"命令后，系统提示"POLYGON 输入侧面数<4>："。

从键盘输入边数数值后按回车键，系统提示"指定正多边形的中心点或〔边（E）〕："，此时，可以"指定正多边形的中心点"，也可以选择"边"，要根据所绘图形的已知条件而定。

3. 选项的操作方法

AutoCAD 提供了三种画正多边形的方式：内接于圆（I）方式 、外切于圆（C）方式和边长（E）方式。绘图时根据已知条件选择不同的方式。

1）内接于圆的正多边形画法

绘制如图 1-137 所示正多边形可选择此方法，该图中已知正多边形的外接圆半径为 30，即正多边形中心到顶点的距离已知为 30。

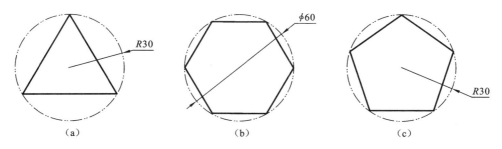

图 1-137　正多边形内接于已知圆

绘制如图 1-137（a）所示图的操作方法：输入"正多边形"命令→输入"3"，按回车键确认→

捕捉一点指定正多边形的中心点→输入〖Ⅰ〗,按回车键确认,即选择多边形内接于圆的画法→输入"30",按回车键确认,即确定正三边形外接圆的半径为 30。

(1)指定正多边形中心点的方法有两种:一是输入正多边形的中心点坐标值,按回车键确认;二是在屏幕上单击左键拾取一点,作为多边形的中心点。

(2)确定多边形外接圆的半径的方法有两种:一是输入正多边形外接圆的半径值,按回车键确认;二是在屏幕中单击左键拾取一点,该点与中心点之间的距离即为多边形外接圆的半径。

2)外切于圆的正多边形画法

绘制如图 1-138 所示正三角形和正六边形可选择此方法,该图中已知正三角形和正六边形的内切圆半径,即正多边形中心到各边中点的距离已知。

操作方法:输入"正多边形"命令 →输入多边形边数,按回车键确认→指定正多边形的中心点 →输入〖C〗选项,即选择多边形外切于圆的画法,按回车键确认 →输入多边形内切圆的半径,按回车键确认。

例如,绘制如图 1-138(b)所示正六边形的方法:输入"正多边形"命令→输入"6",按回车键确认→捕捉一点指定正多边形的中心点→输入〖C〗,按回车键确认→输入半径"26",按回车键,即可绘制出正六边形。

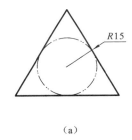
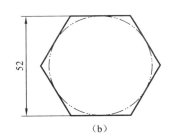
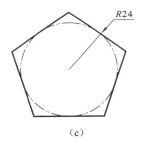

（a）　　　　　　　　　　　（b）　　　　　　　　　　　（c）

图 1-138　正多边形外切于已知圆

3)根据边长绘制正多边形

绘制如图 1-139 所示正三角形和正六边形可选择此方法,该图中已知正多边形的边长。

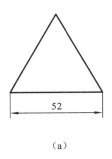
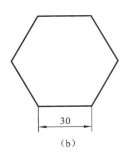
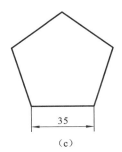

（a）　　　　　　　　　　　（b）　　　　　　　　　　　（c）

图 1-139　已知正多边形的边长

【操作方法】　启动"正多边形"命令 →给定多边形边数,按回车键确认→输入〖E〗选项来选择确定边的画法,按回车键确认 →指定多边形一条边的一个顶点 →指定多边形的另一个顶点。

指定边的顶点方法有两种:一是拾取点;二是输入点的坐标值。

例如,绘制如图 1-139(c)所示正五边形方法:启动多边形的命令→输入边数"5",按回车键→在绘图区单击左键,即指定边的第一个端点→将光标向右移动,从键盘输入边长"35",按回车键,即可绘制出正五边形。

4．应用

根据不同条件绘制正多边形时选择情况如下：

（1）已知正多边形中心到顶点的距离,选择正多边形内接于圆(I)方式。

（2）已知正多边形中心到各边中点的距离,选择正多边形外切于圆(C)方式。

（3）若已知正多边形的边长,选择正多边形的边(E)方式。

（4）若要绘制倾斜的正多边形,则可根据具体情况进行旋转。

在输入正多边形的内接或外切圆半径时,"@"后的数字为对应半径,"<"后的数字决定了正多边形的旋转角度,正值为逆时针旋转,负值为顺时针旋转。例如,用正多边形内接圆方式指定半径时,输入"@9<10",按回车键,得到如图 1-140(a)所示正六边形,若输入"@9<-10",按回车键,得到如图 1-140(b)所示正六边形。例如,用正多边形外切圆方式指定半径时,输入"@40<45",按回车键,得到如图 1-140(c)所示正六边形;用正多边形边长方式指定第二个顶点时,输入"@50<45",按回车键,得到如图 1-140(d)所示正六边形。

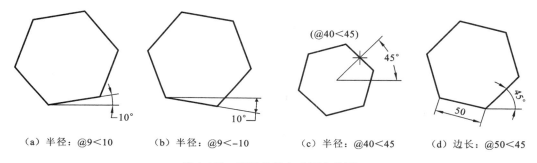

（a）半径：@9<10　　（b）半径：@9<-10　　（c）半径：@40<45　　（d）边长：@50<45

图 1-140　指定旋转角度正多边形

AutoCAD 把一个正多边形记为一个对象,即作为一个整体对象,如果要对某条边进行操作,则需先进行分解。

1.15　矩形的绘制

【功能】　直接绘制矩形,而不需要逐条线地绘制。矩形在 AutoCAD 中也是作为一个整体来处理的,如果要对某条边进行操作,则需先用"分解"命令修改为单个对象。

1．输入命令的方式

● 工具栏命令:"绘图"工具栏→〖矩形〗按钮 ⬚。

● 菜单命令:【绘图】→【矩形】。

● 键盘命令:REC↙或 RECTANG↙。

输入"矩形"命令后,命令行会有提示信息"指定第一个角点或［倒角(C)/标高(E)/圆角(F)/厚度(T)/宽度(W)］:",可按提示信息操作。默认绘制矩形的方法是指定角点的方法,即先确定矩形的一个角点,再输入另一个角点相对于第一个角点的相对坐标值或输入尺寸。如图 1-141(a)所示。

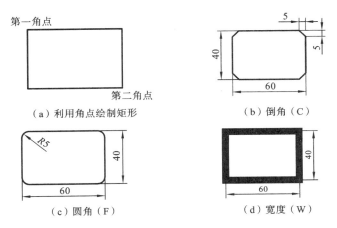

图 1-141　绘制矩形

"矩形"命令除了能绘制基本的矩形外,还可以绘制一些带修饰的矩形,如带倒角、圆角、有一定线宽的矩形。因此需要绘制带倒角或圆角的矩形,可直接利用相关选项绘制而不必等绘制完矩形后再来进行有关处理。

2. 选项

1)"倒角(C)"选项

该项用于绘制带倒角的矩形。启动"矩形"命令,在命令行输入〖C〗选项后,按回车键,再继续操作,如图 1-141(b)所示。

2)"圆角(F)"选项

该项用于绘制带圆角的矩形。圆角和倒角方法类似,只需按相应提示进行操作即可。输入"矩形"命令,在命令行输入〖F〗选项后,按回车键,再继续操作,如图 1-141(c)所示。

3)"宽度(W)"选项

按给定的宽度绘制矩形,此时需要指定矩形的线宽。输入"矩形"命令,在命令行输入〖W〗后,按回车键,再继续操作,如图 1-141(d)所示。

4)"尺寸(D)"选项

在指定了第一个角点后,命令行有提示信息"指定另一个角点[面积(A)/尺寸(D)/旋转(R)]:"。"尺寸(D)"是根据尺寸确定矩形第二个角点。在指定了第一个角点后,选择〖D〗选项,按回车键,给定长度和宽度,再选择将第一个角点放置在左上角或左下角,从而使矩形处在不同的位置。

5)"旋转(R)"选项

该项用于绘制倾斜放置的矩形。在指定了第一个角点后,选择〖R〗选项,按回车键,输入旋转角度,再可按前述方法绘制矩形,如图 1-142 所示。

注:执行"矩形"命令时,系统默认上一次的设置。若上一次设置了倒角、圆角或宽度,可重新设置相应参数。

图 1-142　指定角度旋转矩形

【训练习题 1-3】　按尺寸用 1∶1 比例绘制如图 1-143 所示图形。(自己选择线的颜色和线宽)

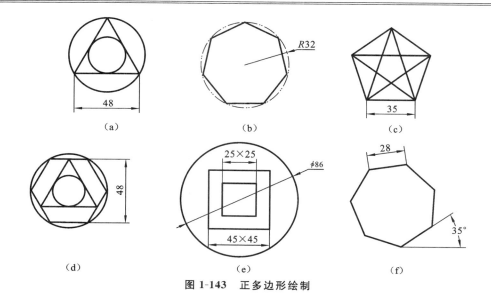

图 1-143　正多边形绘制

1.16　样条曲线的绘制

【功能】　通过一系列点创建光滑曲线。机械制图中经常用"样条曲线"命令来绘制波浪线。如图 1-144 所示。

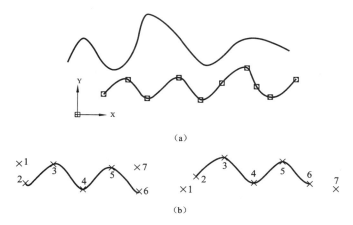

图 1-144　样条曲线

(1) 输入命令的方式如下:

● 工具栏命令:〖绘图〗→〖样条曲线〗 ～ 。

● 菜单命令:【绘图】→【样条曲线】。

● 键盘命令:SPL ↙ 或 SPLINE ↙ 。

(2) 操作步骤:输入命令→指定第一点→指定第二点→指定下一点,继续指定下一点,会出现一橡皮筋线,直到按回车键,结束"指定下一点";再确定起点和终点的切线方向,完成一条曲线的绘制,如图 1-144 (a)所示。

　　有时,虽然样条曲线各点相同,但起点与端点切线方向不同,样条线的形状也不尽相同。如图 1-144 (b)所示,图中的 1 点与 7 点是指定切线方向的点,2 点到 6 点是线经过的点。

1. 17　多段线的绘制

【功能】　绘制由直线和弧线组成的不同线宽的图形。多段线可以定义线宽,每段起点、端点的线宽可变,整条多段线是一个实体,用户可以通过多段线绘出有宽度的线,或起点与终点宽度不同的线。当某宽度为零时,可画出尖点。如图 1-145 所示。

【方法】　输入命令的方式如下:

● 工具栏命令:〖绘图〗→〖多段线〗按钮 ⌐⌐。

● 菜单命令:【绘图】→【多段线】。

● 键盘命令:PL ↙或 PLINE ↙。

【操作步骤】　输入命令→系统提示"指定起点:"→在绘图区指定一点来指定多段线的起始点→系统提示"指定下一点或［圆弧(A)/半宽(H)/长度(L)/放弃(U)/宽度(W)］:",指定下一点或选项→再根据命令行提示和选项操作,可完成多线段的绘制。直接指定下一点,绘制直线;输入〖A〗,按回车键绘制圆弧;输入〖W〗,按回车键修改宽度大小。

图 1-145　由直线段和弧线段组成的不同线宽的多段线图　　　图 1-146　多段线绘制示例

例如图 1-146 所示图形绘制步骤如下:输入"多段线"命令→系统提示"指定起点:"→在绘图区单击左键,指定一点作为多段线的起点→系统提示"指定下一点或［圆弧(A)/半宽(H)/长度(L)/放弃(U)/宽度(W)］:",向右移动光标,打开状态栏"正交模式",单击左键→系统提示"指定下一点或［圆弧(A)/半宽(H)/长度(L)/放弃(U)/宽度(W)］:"→输入〖W〗,按回车键→系统提示"指定起点宽度 ＜0.0000＞:"→输入"2",按回车键→系统提示"指定端点宽度 ＜0.0000＞:"→输入"2",按回车键→系统提示"指定下一点或［圆弧(A)/半宽(H)/长度(L)/放弃(U)/宽度(W)］:",向右移动光标单击左键→系统提示"指定下一点或［圆弧(A)/半宽(H)/长度(L)/放弃(U)/宽度(W)］:"→输入〖W〗,按回车键→系统提示"指定起点宽度 ＜0.0000＞:"→输入"5",按回车键→系统提示"指定端点宽度 ＜0.0000＞:"→输入"0",按回车键→系统提示"指定下一点或［圆弧(A)/半宽(H)/长度(L)/放弃(U)/宽度(W)］:",向右移动光标单击左键→系统提示"指定下一点或［圆弧(A)/半宽(H)/长度(L)/放弃(U)/宽度(W)］"→输入〖A〗,按回车键→输入〖W〗,按回车键→输入"3",按回车键→输入"6",按回车键→关闭状态栏"正交模式",移动光标单击左键→移动光标单击左键→输入"8",按回车键→输入"0",按回车键→移动光标单击左键→移动光标单击左键→按回车键结束。

1. 18　更换绘图区背景颜色

AutoCAD 2014 绘图区背景颜色默认设置为黑色,用户如果习惯在白色背景上绘图,可以通过"选项"对话框修改绘图区的背景颜色。

操作步骤如下。

（1）菜单命令：【工具】→【选项】，出现"选项"对话框。

（2）在"选项"对话框中单击"显示"选项卡。然后单击中部的〖颜色〗按钮，打开"图形窗口颜色"对话框，如图 1-147 所示。

（3）在"背景"区选择"二维模型空间"，在"界面元素"区选择〖统一背景〗，在〖颜色〗下拉列表中选择〖白〗，然后单击下方〖应用并关闭〗按钮，返回"选项"对话框。单击下方〖确定〗按钮。

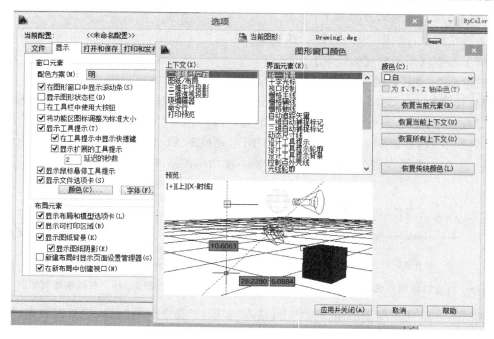

图 1-147 "图形窗口颜色"对话框

【训练习题 1-4】 修改绘图区的背景颜色为黄色，绘制图形。

（1）绘制如图 1-148 所示图形。绘制正五边形，外接圆半径是 50；绘制顶点间的直线；交点和中间处绘制点，并用图示的点样式显示。绘制一个样条曲线，样条曲线顶点经过绘制的点。

（2）绘制如图 1-149 所示图形。绘制两两相连的四条水平线，每条长度 40；直线交点处绘制点，并用图示的点样式显示。绘制多段线，其中：线宽在 B、C 两点处最宽，宽度为 10；A、D 两处宽度为 0。

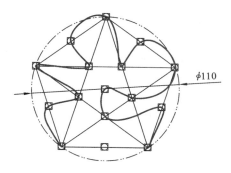

图 1-148 样条曲线绘制

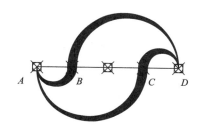

图 1-149 多段线绘制

第2章　编辑操作与绘制简单平面图

【本章学习内容】

1. 对象的选择方法。
2. 编辑命令的删除、镜像、偏移、修剪、复制、移动、旋转、延伸、分解命令的功能与使用方法。
3. 夹点编辑方法。

绘制图形时先用绘图命令绘制各基本几何要素,再用修改命令对图形进行编辑,从而得到所需图形。AutoCAD 提供了多个修改命令,有一些是绘制图形必须掌握的命令,可认为是基本修改命令,有一些是提高绘图速度的命令。编辑命令按钮主要集中在"修改"工具栏上,"修改"工具栏如图 2-1 所示。本章介绍部分修改命令。

图 2-1　"修改"工具栏的编辑命令

在编辑图形时,需要选择被编辑的对象,因此需要学会选择对象的操作。

2.1　选 择 对 象

2.1.1　直接拾取方式选择对象

当命令行出现"选择对象:"时,AutoCAD 处于让用户选择对象的状态,此时绘图区的十字光标就变成了一个活动的小方框,即可开始进行对象的选择,这个小方框称为对象拾取框。在命令行出现"选择对象:"或"命令:"提示时,移动光标,将对象拾取框移到所要选择的对象上,单击鼠标左键,该对象变为虚像显示或对象上出现蓝色小框时,即表示该对象已被选中。例如,将对象拾取框移到直线上,单击鼠标左键,如图 2-2 所示。

直接拾取方式是系统默认选择对象的方法,一般用于选择少量对象时。直接拾取方式每单击鼠标左键一次只选一个对象,可重复操

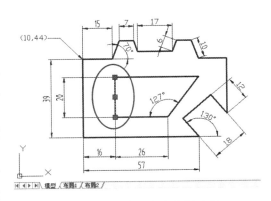

图 2-2　直接拾取方式选择对象

作来选择多个对象。

2.1.2 窗口方式选择对象

如果需要选择较多对象，且这些对象比较集中，使用直接拾取方式很烦琐，则可使用窗口方式。窗口方式是通过指定两个角点确定一矩形窗口，完全包含在窗口内的所有对象将被选中，与窗口相交的对象不在选中之列。一般用于精确选择对象时。

操作方法：在命令行出现"选择对象："或"命令："提示时，先单击鼠标左键给出窗口的左上或左下角点，再向右下或右上移动光标后，单击鼠标左键给出窗口的右下或右上角点，完全处于窗口内的对象变为虚像显示或出现蓝色小框，即被选中，如图 2-3 所示。

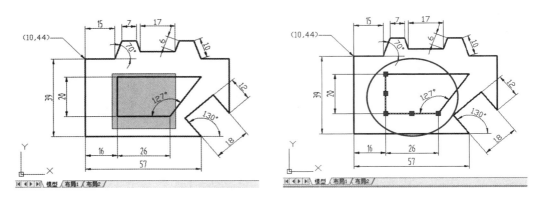

图 2-3 窗口方式选择对象

2.1.3 窗交方式选择对象

窗交方式也称交叉窗口方式。窗交方式下，与窗口相交的对象和窗口内的所有对象都在选中之列。在命令行出现"选择对象："或"命令："提示时，先单击鼠标左键给出窗口的右上或右下角点，再向左下或左上移动光标，单击鼠标左键给出窗口的左下或左上角点，完全和部分处于窗口内的所有对象都变为虚像显示或出现蓝色小框，即表示这些对象已被选中，如图 2-4 所示。窗交方式一般用于选择对象数量多时，也用于快速选择大量对象时。

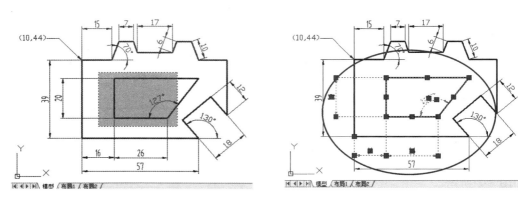

图 2-4 窗交方式选择对象

2.1.4　选择全部对象方式

使用"全部"方式可将图形中除冻结、锁定层上的所有对象选中。当命令行提示为"选择对象:"时,从键盘输入"ALL"(即〖A〗〖L〗〖L〗),按回车键即可选中所有对象。也可直接使用快捷键〖CTRL〗＋〖A〗进行全选。

注意:各种选取对象方式可在同一命令中交叉使用。

2.1.5　放弃选中对象

若想放弃已选中对象,则按〖esc〗键。

2.2　删 除 对 象

【功能】　删除绘图过程中产生的多余对象或错误对象。删除对象是删除一个整体对象,如删除一条直线、用圆命令绘制的一个整圆。若想去掉直线的一段或将圆变成圆弧,则不能用删除命令。

【方法】　输入命令的方式如下:

●　工具栏:〖修改〗→〖删除〗按钮 。

●　菜单命令:【修改】→【删除】或【编辑】→【删除】。

●　键盘命令:E✔或 ERASE✔。

【操作步骤】　执行"删除"命令后,系统提示"选择对象:",选择需要删除的对象,每次选择后,系统都会提示"选择对象:",可继续选择对象,当对象选择完毕后按回车键确认,所选对象即被删除掉。

运用 AutoCAD 的"删除"命令时,可以按上述方法,先输入命令再选择对象,也可以先选择对象再输入"删除"命令,即先选择对象,然后单击"删除"命令,同样可以执行删除。其他的 AutoCAD 编辑命令也与此相同。

要删除对象,还可以先选择对象,然后按键盘上〖Delele〗键或单击快捷菜单中的【删除】命令。

在执行"删除"命令后,系统提示"选择对象:"时,键入"ALL"(即〖A〗〖L〗〖L〗),按回车键,全部图形将被删除掉,所以可用来快速清理绘图区。

2.3　镜 像 对 象

对于对称的图形,运用 AutoCAD 绘图,一般只需要绘制一半,再用"镜像"命令复制得出另一半,从而提高绘图速度。

【功能】　将选中的对象按指定的两点作为对称轴进行对称复制。产生新的图形时,选中的源对象可删除也可以不删除,如图 2-5 所示。

【方法】　输入命令的方式如下:

●　工具栏:〖修改〗→〖镜像〗按钮 。

●　菜单命令:【修改】→【镜像】。

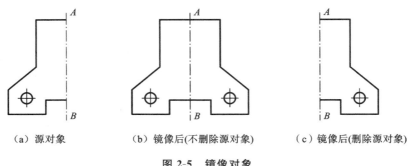

（a）源对象　　　　　　　（b）镜像后(不删除源对象)　　　　　（c）镜像后(删除源对象)

图 2-5　镜像对象

● 键盘命令：MI↙ 或 MIRROR↙ 。

【操作步骤】　该命令的操作步骤为：输入命令→选择镜像对象，可选择多个对象，选择完毕后按回车键确认，进入下一步；选定镜像线上一个点（需要在镜像线上拾取两点来确定）→选定镜像线上另一个点→选择是否删除源对象，默认是"否"，一般可直接按回车键。

【示例 2-1】　将如图 2-6(a)所示图形，用镜像命令，以线段 AB 为镜像线绘制下部分。

操作过程：

（1）执行"镜像"命令，系统提示"选择对象："。

（2）选择图 2-6(a)所示图形对象，点画线可以不选择，系统仍提示"选择对象："，可继续选择要镜像的对象，若对象选择完毕后，按回车键结束对象选择；系统提示"指定镜像线的第一点："。

（3）将光标指向 A 点处，单击左键拾取 A 点；系统提示"指定镜像线的第二点："。

（4）将光标指向 B 点处，单击左键拾取 B 点；系统提示"要删除源对象吗？〔是（Y）/否（N）〕＜N＞："。

（5）直接按回车键，选择不删除源对象，系统自动退出命令。镜像后如图 2-6(b)所示。

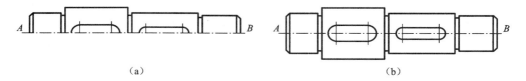

（a）　　　　　　　　　　　　　　　　　　（b）

图 2-6　镜像对象示例

2.4　偏 移 对 象

对于已知间距的平行直线或者较复杂的类似形图形，可只画出一个图形，其他的用"偏移"命令绘制。"偏移"命令在绘制图形时使用率非常高。

【功能】　用于绘制平行线、同心圆、类似形等。

图形上的平行线常用"偏移"命令来绘制。由于图形定位尺寸很多是指平行线之间的距离，因此命令用得很普及。该命令有两种条件方式：一是根据平行线之间的距离；二是根据通过某一点。

【方法】　输入命令的方式如下：

● 工具栏：〖修改〗→〖偏移〗按钮 ⚏。

● 菜单命令:【修改】→【偏移】。

● 键盘命令:O ✓或 Offset ✓。

【操作步骤】 执行"偏移"命令后,系统提示"指定偏移距离或〔通过(T)/ 删除(E)/ 图层(L)〕<8.0000>:",根据已知条件选项,再按提示信息完成图形绘制。

"指定偏移距离"即指定已知平行距离,是默认方式,也是常用方式。"通过"即指定通过的某点方式,输入〖 T 〗后按回车键即选择此方式。

1) 指定距离方式进行偏移

该方式是将已有对象按给定数值而产生新的对象。输入"偏移"命令→输入偏移距离值,按回车键→选择偏移对象(用直接拾取方式)→指定偏移所得对象在源对象的哪一侧(在源对象的一侧单击左键)→绘制相同间距的对象(重复操作:选择偏移对象→指定偏移侧)→按回车键结束绘制,并退出命令。

【示例 2-2】 如图 2-7(a)所示,在直线 AB 左侧作与直线 AB 距离 11 mm 的平行线。

操作过程:

(1) 绘制直线 AB。

(2) 输入"偏移"命令,系统提示"指定偏移距离或〔通过(T)/ 删除(E)/ 图层(L)〕:"。

(3) 输入"11",按回车键,即指定偏移距离,系统提示"选择要偏移的对象或〔通过(T)/ 退出(E)/ 放弃(U)〕:"。

(4) 单击选择 AB 线作为偏移对象,系统提示"选择要偏移的那一侧上的点或〔退出(E)/ 多个(M)/放弃(U)〕:"。

(5) 在 AB 线的左侧任意位置单击左键,指定偏移产生线的位置,即可产生所需直线。

(6) 按回车键结束,也可以重复选择直线并在其左侧任意位置单击左键,绘制多条与直线距离 11 mm 的 AB 平行线。

2) 用通过方式进行偏移

该方式是将已有对象通过指定的点而产生新的对象。

【示例 2-3】 如图 2-7(b)所示,过矩形左上角顶点绘制直线 AB 的平行线 CD。

操作过程:

(1) 绘制矩形和直线 AB。

(2) 输入"偏移"命令,系统提示"指定偏移距离或〔通过(T)/ 删除(E)/ 图层(L)〕:"。

(3) 输入〖 T 〗,按回车键,即选择"通过(T)"方式;系统提示"选择要偏移的对象,或〔退出(E)/放弃(U)〕<退出>:"。

(4) 选择 AB 线作为偏移对象,系统提示"指定通过点或〔退出(E)/多个(M)/放弃(U)〕<退出>:"。

(5) 捕捉矩形左上角点,即可产生所需直线 CD。

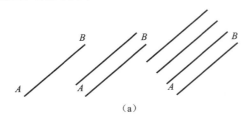
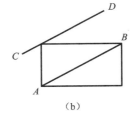

(a)　　　　　(b)

图 2-7 偏移对象

（6）按回车键结束。

3）其他

"删除（E）"选项是用来确定是否删除源对象；"图层（L）"选项是用来确定产生的新对象是放在源对象所在图层还是放在当前图层。"偏移"命令在选择对象时，只能用"直接拾取"方式，且对象选取之后，不会再提示"选择对象："，而是直接进入下一步。

【训练习题 2-1】 绘制如图 2-8 所示图形（提示：用"偏移"命令）。

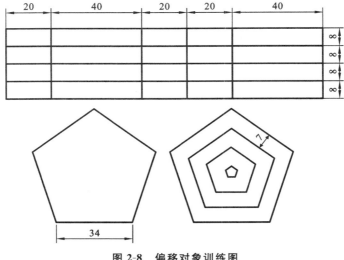

图 2-8 偏移对象训练图

2.5 修 剪 对 象

前面介绍，在绘图过程中产生的多余的整体对象，可用"删除"命令去掉，但若只需要删掉对象的一部分，则要用"修剪"命令。

【功能】 去掉对象上不要的部分，它利用边界对图形实体进行修剪。"修剪"命令是常用的一个命令，也是必须掌握的命令。

【方法】 输入命令的方式如下：

● 工具栏：〖修改〗→〖修剪〗按钮 ⊹⊹。

● 菜单命令：【修改】→【修剪】。

● 键盘命令：TR ↙ 或 TRIM ↙。

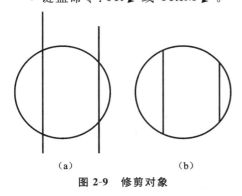

（a）   （b）

图 2-9 修剪对象

【操作步骤】 输入"修剪"命令→选择用来修剪的边界对象，可选择多个对象或全部，选择完毕后按回车键确认→选择需要修剪的部分，可选择多个对象，按回车键结束。

要去掉部分的对象是修剪对象，能与修剪对象形成交点来作为分界点的对象是边界对象。例如，若想将如图 2-9（a）所示图形修剪成如图 2-9（b）所示图形，两条直线是修剪对象，圆是边界对象，两条直线的上下线段即圆外部分是要修剪的部分。可以先输入"修剪"命令,再选择圆为边界,按回车键结束边界的选择;再将光标分别指向两条直线的上下线段后单击左键,共单击左键四次,按回车键结束修剪对象的选择,并退出命令。

【示例 2-4】　将如图 2-10(a)所示图形修剪成如图 2-10(c)所示图形。

操作过程如下:

(1)用直线命令绘制图 2-10(a)所示图形。

(2)输入"修剪"命令,系统提示"选择对象[或全部对象]:"。

(3)选择 AB 和 AC 线段为修剪边界对象,按回车键结束边界对象的选择。系统提示"选择要修剪的对象:"。

(4)将光标指向直线 DE 的中间段上,单击左键,直线 DE 的中间段消失,如图 2-10(b)所示;再将光标指向直线 FG 左段,单击左键,直线 FG 左段消失;将光标指向 FG 的右段,单击左键,FG 的右段消失,如图 2-10(c)所示,按回车键结束。

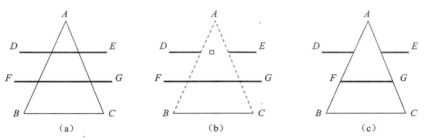

图 2-10　修剪对象示例(一)

在修剪边界对象选择时,若不是需要特别精确的边界,一般可用窗交方式选择多个对象,边界对象和修剪对象可以互为边界,从而快速修剪图形。例如,若要将如图 2-11(a)所示图形,修剪成如图 2-11(b)所示图形,执行修剪命令后,系统提示"选择对象[或全部对象]:",用窗交方式选择多个对象或按回车键选择全部对象,再在线段外侧不需要的线上单击左键,每单击左键一次即修剪一段,如图 2-11(b)所示,按回车键完成图形。

【示例与训练 2-1】　绘制手柄图

绘制如图 2-12 所示手柄,不用标注尺寸。

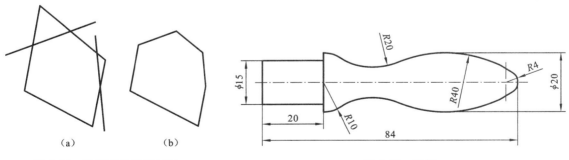

图 2-11　修剪对象示例(二)　　　　　　图 2-12　手柄

分析:此图上下对称,先绘制上半部分,再用"镜像"命令得到下部分。中间水平线是点画线,需要更换线型,轮廓线是粗实线,需要更换线宽。

绘制过程:

(1)新建图形文件,并保存文件。

(2)打开状态栏"正交模式",用直线命令绘制一条水平细实线,长度可取 99。用图形显示命令调整图形大小和位置。

（3）加载"点画线"线型。单击"特性"工具栏上"线型控制"右边下弹按钮,单击选择"其他…",出现〖线型管理器〗对话框;单击〖加载〗按钮,出现"加载或重载线型"对话框;让光标指向"ACAD_ISO04W100",单击左键,单击〖确定〗按钮,可观察到"ACAD_ISO04W100"加入到"线型管理器"对话框中了;单击〖确定〗按钮,退出〖线型管理器〗对话框。

（4）更换直线线型。移动光标指向刚绘制的直线,单击左键,即选中直线。单击"特性"工具栏上"线型控制"右边下弹按钮,单击"ACAD_ISO04W100",直线就变成点画线了。按〖esc〗键取消选中的对象。

（5）将"特性"工具栏中"线宽"改为"0.50 mm";打开状态栏"显示/隐藏线宽"模式。设置状态栏"对象捕捉"并打开"对象捕捉"。用直线命令绘制左部分线。如图 2-13 所示。

图 2-13　绘制左部分线

（6）用圆命令,以点 A 为圆心绘制 R10 的圆;用"偏移"命令向右绘制竖直线,平行左直线,偏移距离为"80"。用圆命令,以点 B 为圆心绘制 R4 的圆。用"偏移"命令向上绘制水平直线,偏移距离为"10"。如图 2-14 所示。

图 2-14　绘制 R10、R4 的圆

（7）用圆命令的"相切、相切、半径（T）"方式绘制 R40 的圆（与 R4 的圆相切、与上方偏移的直线相切、半径为 40）。用圆命令的"相切、相切、半径（T）"方式绘制 R20 的圆（与 R40 的圆相切、与 R10 的圆相切、半径为 20）。如图 2-15 所示。

（8）删除偏移的线。用"修剪"命令修剪 R40 的圆和 R20 的圆成圆弧,分别以相切圆为修剪边界。如图 2-16 所示。

（9）用直线命令在左边圆中间绘制超过圆上方的竖直线。将右边圆中间竖直线更换为"ACAD_ISO04W100"线型,如图 2-17 所示。

（10）用"修剪"命令修剪 R10 的圆和 R4 的圆和左边圆中间的直线,如图 2-18 所示。

（11）用"镜像"命令,以水平点画线为镜像线,得到下一半图形,如图 2-19 所示。

（12）保存文件,关闭文件。

【训练习题 2-2】　绘制图 2-20 所示图形（不用标注尺寸）。

【示例与训练 2-2】　绘制吊钩图

绘制如图 2-21 所示吊钩,不用标注尺寸。

分析:此图主要由圆和直线组成,先绘制直线确

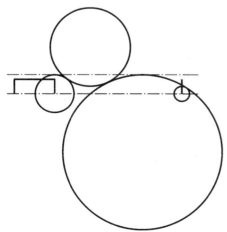

图 2-15　绘制 R40、R20 的圆

图 2-16　修剪 $R40$ 和 $R20$ 的圆弧

图 2-17　处理直线

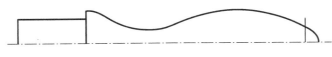

图 2-18　修剪圆弧和直线

图 2-19　镜像得到另一半图形

定圆心,再绘制圆。本题主要用到"直线"、"偏移"、"圆"、"修剪"等命令。

绘制过程:

(1) 新建图形文件,并保存文件。

(2) 设置状态栏"对象捕捉"(按常用设置)。

(3) 加载"点画线"线型。单击"特性"工具栏上"线型控制"右边的下弹按钮,单击选择"其他…",出现〖线型管理器〗对话框;单击〖加载〗按钮,出现"加载或重载线型"对话框;让光标指向"ACAD_ISO04W100",单击左键,单击〖确定〗按钮,可观察到"ACAD_ISO04W100"加入到"线型管理器"对话框中了;单击〖确定〗按钮,退出〖线型管理器〗对话框。

(4) 在适当位置绘制点画线。

① 打开状态栏"正交模式"。用"直线"命令绘制上方 $\phi14$ 与 $\phi8$ 同心圆的水平线和垂直线。水平线取长度 44 左右,垂直线取长度 60 左右。

② 用"显示"命令调整图形的大小和位置。

③ 更换直线线型特性为点画线。选择直线对象,单击"特性"工具栏上"线型控制"右边下弹按钮,单击 "ACAD_ISO04W100",直线就变成点画线了。按〖 esc 〗键取消选中的对象。如图 2-22(a)所示。

④ 用"偏移"命令将水平线向下方偏移 28 得到下方一条水平点画线,如图 2-22(b)所示。

(5) 用"圆"命令绘制 $\phi8$、$\phi14$、$R9$、$R18$ 的四个圆。

① 将"特性"工具栏中的"线宽"改为"0.50 mm";打开状态栏"显示/隐藏线宽"。

② 用"圆"命令绘制圆的"圆心,半径"方式绘制圆,重复"圆"命令,绘制 $\phi8$、$\phi14$、$R9$、$R18$

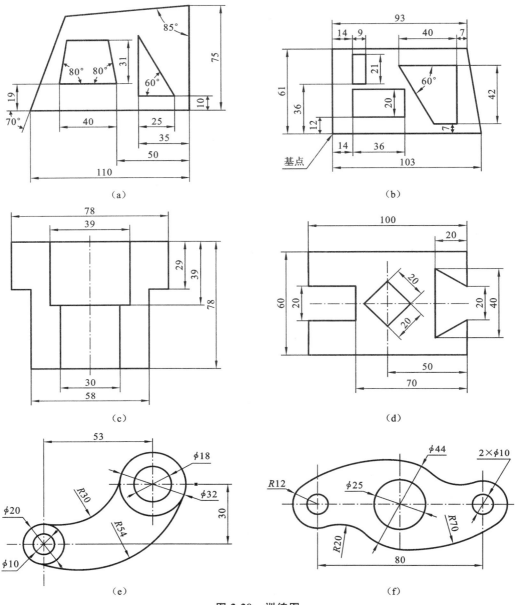

图 2-20　训练图

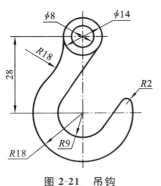

图 2-21　吊钩

的四个圆,如图 2-22(c)所示。

　　(6) 用直线命令绘制 $\phi 14$ 圆与 $R9$ 圆的公切线。输入"直线"命令后,第一点和第二点利用"对象捕捉"工具栏分别捕捉 $\phi 14$ 与 $R9$ 外圆的切点,退出命令。绘制如图 2-22(d)所示的公切线。

　　(7) 用偏移命令绘制下方公切线。将刚绘制的公切线向下方偏移 18,如图 2-23(a)所示。

　　(8) 用圆命令绘制右边 $R2$ 的圆和左边 $R18$ 的圆。用圆命令的"相切、相切、半径(t)"选项绘制,如图 2-23(b)所示。

　　(9) 用修剪命令剪去多余的图线,完成图形,如图 2-23(c)所

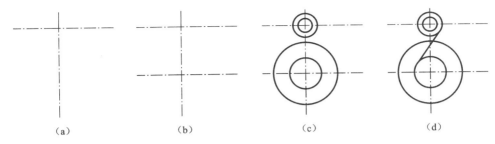

图 2-22　吊钩的绘制过程(一)

示。

（10）绘制辅助线作边界线，用修剪命令将上方的点画线剪短，如图 2-23（d）所示。

（11）保存文件。关闭文件。

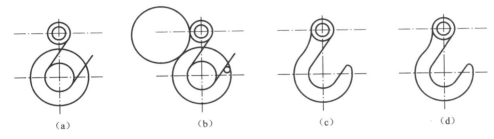

图 2-23　吊钩的绘制过程(二)

【训练习题 2-3】　绘制图 2-24 所示图形。

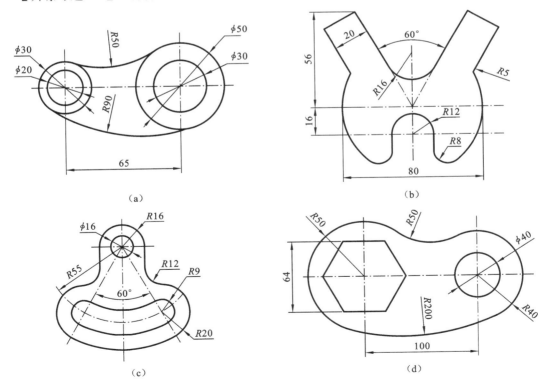

图 2-24　平面图形

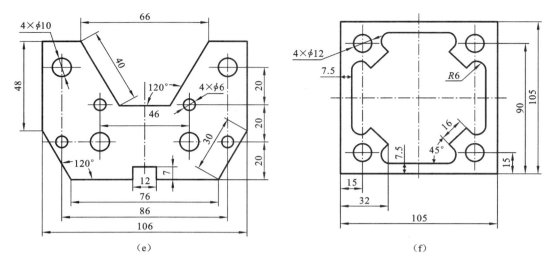

续图 2-24

2.6 复制对象

在 AutoCAD 绘图中,对于无规律分布的相同的图形,一般只需要绘制一个或一组,再用复制命令绘制其他相同图形。此处所指"复制"命令是指"修改"工具栏中的"复制"按钮,不是"标准"工具栏"复制"按钮。

【功能】 "复制"命令可以将选中的对象复制一个或多个到指定的位置,可精确定位复制。

【方法】 输入命令的方式如下:

● 工具栏:〖修改〗→〖复制〗按钮 ▣ 。

● 菜单命令:【修改】→【复制】。

● 键盘命令:CO✓、CP✓或 COPY✓。

【操作步骤】 输入命令→选择要复制的对象,并按回车键确认→指定基点→指定目标点→可继续指定目标点→按回车键结束指定目标点,并退出命令。

基点是复制的对象上的点,目标点是放置新对象的位置点。复制过程中产生的新对象在寻找目标点时,光标始终与基点位置重合。

复制对象有两种方式:一种是指定点方式;另一种是指定位移方式。

1) 指定点方式复制对象

该方式是先捕捉基点,再指定目标点,即以捕捉的两个点来确定复制的方向和距离。

【示例 2-5】 如图 2-25 所示,复制正五边形,使五边形的中心点 O 位于 A 点处。

【方法 1】 执行"复制"命令后,系统提示"选择对象:",选择正五边形并按回车键确定;系统提示"指定基点:",捕捉选取中心 O 点为基点;系统提示"指定第二点:",捕捉 A 点为目标点,按回车键退出命令。

【方法 2】 执行"复制"命令后,系统提示"选择对象:",选择正五边形并按回车键确定;系统提示"指定基点:",捕捉 O 点为基点;系统提示"指定第二点:",输入 A 点相对于 O 点的相对坐标值"@-50,20",按回车键退出命令。

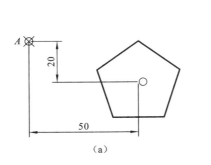
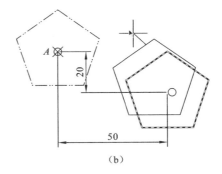

（a）　　　　　　　　　　　（b）

图 2-25　复制对象

2）指定位移复制对象

该方式是在打开状态栏"正交模式"时，直接输入被复制对象的位移（即相对距离）来定位的。系统提示"指定第二点："时，打开状态栏"正交模式"，移动光标指定一个方向，从键盘输入距离值，按回车键退出命令。

2.7　移　动　对　象

若绘制的图形定位不准确，不需要将其去掉重新绘制，只要用移动命令将图形移到所需位置。

【功能】　"移动"命令可以将选中的对象移到指定的位置。

【方法】　输入命令的方式如下：

● 工具栏：〖修改〗→〖移动〗按钮。

● 菜单命令：【修改】→【移动】。

● 键盘命令：M↙或 MOVE↙。

【操作步骤】　移动对象与复制对象的操作方法相同。但移动对象与复制对象应用情况不同，复制是要在新的位置上产生相同对象，原对象还在，而移动则是在新的位置上产生相同对象，原对象没有了。

"移动"命令与"平移"命令是不同的，区别是："平移"命令只是显示变化，图中各对象的相对位置以及它们的绝对坐标均不发生改变，而"移动"命令则是坐标和相对位置发生了改变。

2.8　旋　转　对　象

【功能】　利用"旋转"命令可将选定对象绕指定基点旋转一定角度，如图 2-26 所示。

【方法】　输入命令的方式如下：

● 工具栏：〖修改〗→〖旋转〗按钮。

● 菜单命令：【修改】→【旋转】。

● 键盘命令：RO↙或 ROTATE↙。

【操作步骤】　输入命令→选择要旋转的对象，可选择多个，选择完毕后，按回车键确认→捕捉点指定旋转基点→输入角度数值，按回车键来指定旋转角度。

输入角度数值时，不需要输入单位，但要注意旋转的方向。旋转方向与所输入旋转角度的正负号规定是：逆时针方向旋转的角度为正，顺时针方向旋转的角度为负。

【示例 2-6】 将如图 2-26(a)所示的图修改为如图 2-26(b)、(c)所示的图。

将如图 2-26(a)所示修改为如图 2-26(b)所示的方法:输入"旋转"命令后,系统提示"选择对象"时,选择所有要旋转的对象(即右边图形),并按回车键结束旋转对象的选择,按提示信息捕捉 O 点作为基点,再按提示信息从键盘输入正的旋转角度(如"50"),并按回车键,如图 2-26(b)所示。

将如图 2-26(a)所示修改为如图 2-26(c)所示的方法:输入"旋转"命令后,系统提示"选择对象"时,选择所有要旋转的对象并回车,再按提示捕捉 O 点作为基点,输入负的旋转角度(如"-35"),并按回车键,如图 2-26(c)所示。

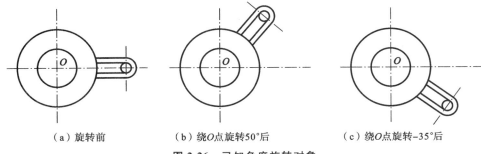

（a）旋转前　　　　　（b）绕 O 点旋转50°后　　　　　（c）绕 O 点旋转-35°后

图 2-26　已知角度旋转对象

如果需要的是旋转产生新的图形,且原图形保留,则执行捕捉点指定旋转基点后,先不输入数值指定旋转角度,而输入〖C〗,并按回车键,即选择复制选项(可查看在命令行中提示信息),再输入数值指定旋转角度并按回车键。例如,将如图 2-27(a)所示修改为如图 2-27(b)所示的方法:输入"旋转"命令后,系统提示"选择对象"时,选择所有要旋转的对象并按回车键;再按提示信息捕捉 O 点作为基点;再输入〖C〗,并按回车键;再输入旋转角度"120",并按回车键。

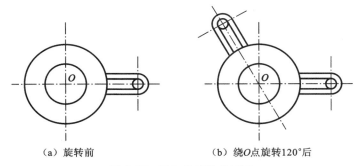

（a）旋转前　　　　　（b）绕 O 点旋转120°后

图 2-27　已知角度旋转对象

2.9　延　伸　对　象

"延伸"命令相当于修剪命令的逆命令。修剪是将对象沿某条边界剪掉,延伸则是将对象伸长至选定的边界。两个命令在使用操作方法上相同。

【功能】　"延伸"命令可以将指定的对象延伸到选定的边界,如图 2-28 所示。

【方法】　输入命令的方式如下:

● 工具栏:〖修改〗→〖延伸〗按钮 --/。

● 菜单命令:【修改】→【延伸】。

● 键盘命令:EX↙或 EXTEND↙。

【操作步骤】　输入命令→选择延伸到的边界,选择完毕后按回车键确认→移动光标指向需要延伸对象的一端,单击左键。

【示例 2-7】　将图 2-28(a)所示图修改为图 2-28(b)所示。

操作过程:输入"延伸"命令;选择 CD 为延伸边界,按回车键结束边界对象的选择;移动光标指向 AB 线靠近 B 点端并单击左键,移动光标指向圆弧的上端并单击左键,按回车键结束。

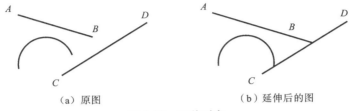

（a）原图　　　　　　　　（b）延伸后的图

图 2-28　延伸对象

2.10　夹 点 编 辑

夹点是选中对象后,对象上显示的一些特殊点。直接选取编辑对象时,夹点显示为矩形方框,这个矩形方框称为夹点,默认颜色为蓝色。夹点是控制编辑对象位置和大小的关键点。直线的夹点是两个端点和中点,圆弧的夹点是两个端点、中点和圆心,圆的夹点是圆心和四个象限点,椭圆的夹点是椭圆中心和椭圆长、短轴的端点。

提示行没有其他命令的情况下,选中对象后即可显示对象的夹点。将光标指向夹点时,矩形方框会变成红色,此时单击左键,使该夹点处于激活状态。选择对象后,将光标指向某夹点时,单击左键,进入编辑状态,拖动鼠标到目标位置后,单击左键,能完成拉伸、移动、旋转、缩放、镜像等编辑。

按〖esc〗键,退出选中对象和夹点操作。

2.10.1　使用夹点拉伸

选中直线、多边形、矩形、圆等,将光标指向直线两端的夹点或矩形(或多边形)的顶点或圆上的四个象限点,单击左键,拖动鼠标到目标位置后单击左键,可以拉长或缩短对象。

如图 2-29(a)所示,选择右边竖线,将光标指向直线上端夹点,单击左键,再向上拖动鼠标,当捕捉到上方水平线右端点,单击左键,结果如图2-29(b)所示。

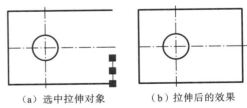

（a）选中拉伸对象　　　（b）拉伸后的效果

图 2-29　使用夹点拉长对象

如图 2-30(a)所示,选择水平点画线,将光标指向该直线右端夹点,单击左键,再向左拖动鼠标,当捕捉到最近点时,单击左键,结果如图 2-30(b)所示。

2.10.2　使用夹点缩放

选中圆对象,将光标指向圆上的四个象限点中的某个,单击左键,再拖动鼠标到目标位置后,单击左键,可以缩小或放大对象。如图 2-31 所示,选中圆等对象,将光标指向左象限点,单击左键,向左拖动鼠标,单击左键,即放大了圆对象。

（a）选中拉伸对象　　（b）拉伸后的效果

图 2-30　使用夹点缩短对象

图 2-31　使用夹点缩放

2.10.3　使用夹点移动

选中直线、圆、椭圆、构造线、文字、块等对象后,将光标指向直线或构造线的中间夹点或圆（或椭圆）的圆心夹点,使夹点处于激活状态,再单击左键,拖动鼠标到目标位置后,单击左键,即可以移动对象,如图 2-32 所示。

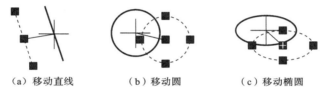

（a）移动直线　　　　（b）移动圆　　　　（c）移动椭圆

图 2-32　使用夹点移动

2.10.4　夹点的镜像

选中对象后,将光标指向镜像轴线上的某个夹点,单击左键,再单击右键,弹出快捷菜单,如图 2-33(a)所示,其中有很多选项,镜像、旋转、拉伸等功能均可根据选项来选择完成。从快捷菜单中选择"镜像"选项,捕捉镜像线上另一个点可完成镜像不复制,结果如图 2-33(b)所示。从快捷菜单中选择"镜像"选项后,先输入〖C〗并按回车键则选择同时复制对象选项(可

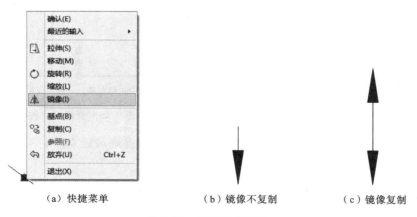

（a）快捷菜单　　　　（b）镜像不复制　　　（c）镜像复制

图 2-33　使用夹点镜像

在命令行中观看提示信息），再捕捉镜像轴线上的另一个点可完成镜像复制，结果如图 2-33（c）所示。

2.10.5 夹点的旋转功能

选中对象后，将光标指向旋转中心夹点，单击左键，再单击右键，弹出快捷菜单，如图 2-34（a）所示。从快捷菜单中选择"旋转"选项，输入旋转角度（如"－30"），按回车键完成旋转不复制，结果如图 2-34（c）所示。从快捷菜单中选择"旋转"选项后，先输入〖C〗并按回车键选择是否同时复制对象项，再输入旋转角度（如"－30"），按回车键完成旋转复制，结果如图 2-34（d）所示。

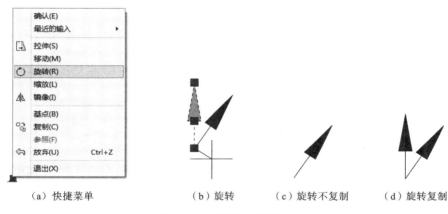

（a）快捷菜单　　　　（b）旋转　　　（c）旋转不复制　　　（d）旋转复制

图 2-34　使用夹点移动

2.11　分　解　对　象

【功能】　将一个整体对象分解成单个对象。如绘制的正多边形和矩形是当作一个整体对象的，如果需要分别对各条边进行操作，则需将其先行分解。

用正多边形命令、多段线命令绘制的对象及标注的尺寸、定义的块是一个整体对象。

【方法】　输入命令的方式如下：

● 工具栏：〖修改〗→〖分解〗按钮 🗇。

● 菜单命令：【修改】→【分解】。

● 键盘命令：EXPLODE ↙。

【操作步骤】　输入"分解"命令→选择对象，可选择多个对象→按回车键确认。

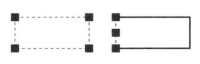

执行分解命令后，从显示上看不出任何变化，但对象特性已经由一个变成多个了。如图 2-35 所示，分解前为一个完整的矩形，分解后为四条单独的直线对象围成的矩形。

图 2-35　分解矩形

【示例与训练 2-3】　绘制斜板

绘制如图 2-36 所示的斜板，不用标注尺寸。

分析：图上有点画线，需要更换线型，轮廓线是粗实线，需要更换线宽。有倾斜线需要用极轴输入角度。右边圆中的正六边形有两边要删除，需要分解对象。本题主要用到"直线"、

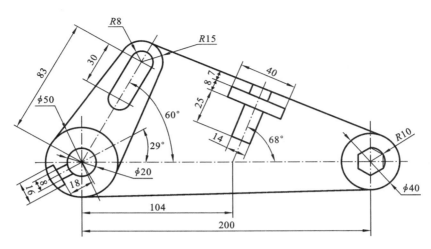

图 2-36　斜板图

"圆"、"正多边形"、"偏移"、"修剪"、"旋转"、"分解"等命令。

绘制过程：

（1）新建图形文件，并保存文件。

（2）设置状态栏"对象捕捉"（按常用设置），并打开"对象捕捉"。

（3）加载"点画线"线型。单击"特性"工具栏上"线型控制"右边下弹按钮，单击选择"其他…"，出现〖线型管理器〗对话框；单击〖加载〗按钮，出现"加载或重载线型"对话框；让光标指向"ACAD_ISO04W100"，单击左键，单击〖确定〗按钮，可观察到"ACAD_ISO04W100"加入到"线型管理器"对话框中了；单击〖确定〗按钮，退出"线型管理器"对话框。

（4）在适当位置绘制点画线。

①打开状态栏"正交模式"。用"直线"命令绘制水平线和垂直线，水平线可取长度 260 左右，垂直线可取长度 60 左右。

②用显示命令调整图形的大小和位置。

③更换直线线型特性为点画线。选择直线对象，单击"特性"工具栏上"线型控制"右边下弹按钮，单击 "ACAD_ISO04W100"，直线就变成点画线了。按〖esc〗键取消选中的对象。如图 2-37（a）所示。

（5）用 "偏移"命令在右边绘制竖直点画线，如图 2-37（b）所示。相对左竖直线的距离分别是 53、83、200。

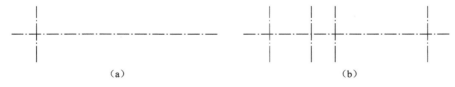

（a）　　　　　　　　　　　　　　　　　（b）

图 2-37　绘制点画线

（6）将"特性"工具栏中的"线宽"改为"0.50 mm"；打开状态栏"显示/隐藏线宽"。用"圆"命令，取直线交点为圆心，从左到右，依次绘制 $\phi50$ 与 $\phi20$ 的同心圆、R8 的圆、R15 与 R8 的同心圆、$\phi40$ 的圆，如图 2-38（a）所示。

（7）用"直线"命令借助"对象捕捉"工具栏绘制切线（共四条直线）；用"修剪"命令修剪中

间 $R15$ 与 $R8$ 的圆,如图 2-38(b)所示。

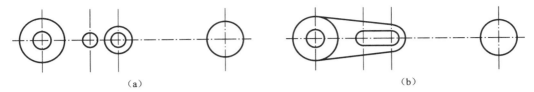

（a）　　　　　　　　　　　　　　　　（b）

图 2-38　绘制圆及切线

（8）用"旋转"命令,将中间图形以左边圆的圆心为基点旋转 $60°$。选择旋转对象时用窗交方式,如图 2-39(a)所示。结果如图 2-39(b)所示。

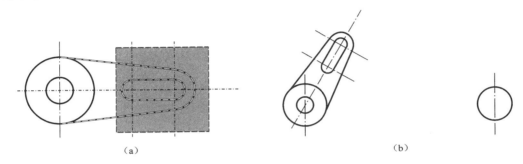

（a）　　　　　　　　　　　　　　　　（b）

图 2-39　绘制旋转图形

（9）用"直线"命令绘制水平线,并换成细点画线;水平线过圆心,如图 2-40(a)所示。用"夹点"命令将左上方的点画线剪短,如图 2-40(b)所示。

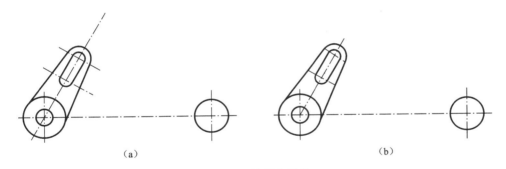

（a）　　　　　　　　　　　　　　　　（b）

图 2-40　处理点画线

（10）用"偏移"命令,在 $\phi20$ 的圆的正左方绘制倾斜部分图的辅助线,用"直线"命令和"对象捕捉"绘制需要的线,如图 2-41(a)所示。用"删除"命令删除"偏移"命令绘制的辅助线,如图 2-41(b)所示。用"直线"命令在 $\phi20$ 的圆的正左方绘制水平线,并换成细点画线。用"旋转"命令,将图形以左边圆的圆心为基点旋转 $29°$,选择旋转对象时用窗口方式,包含刚绘制的点画线,如图 2-41(c)所示。旋转后的图如图 2-41(d)所示。

（11）用"直线"命令借助"对象捕捉"工具栏绘制切线(共两条直线),如图 2-42(a)所示。

（12）用"圆"命令绘制右边中间的 $R10$ 圆,如图 2-42(b)所示。用"正多边形"命令绘制右边中间的正六边形,用"内接于圆（Ⅰ）"方式,如图 2-42(c)所示。用"分解"命令将正六边形分成六条线;用"删除"命令删除多余的两条边线;用"修剪"命令修剪 $R10$ 圆上多余的圆弧,如图 2-42(d)所示。

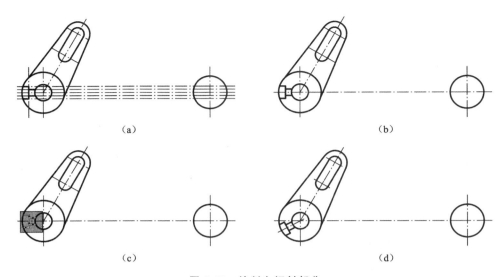

图 2-41　绘制左倾斜部分

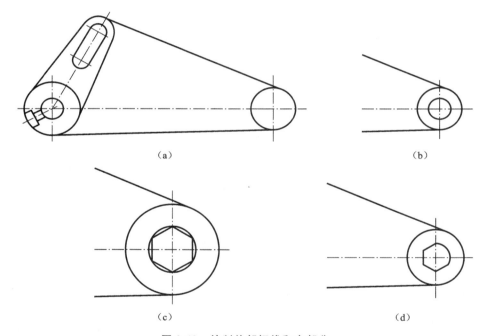

图 2-42　绘制外部切线和右部分

（13）用"偏移"命令，将左圆心竖直线向右绘制平行线，距离为 104。将状态栏"极轴追踪"角度设置为"68°"，并打开"极轴追踪"。用"直线"命令和"极轴追踪"绘制 68°的线，并换成细点画线，如图 2-43（a）所示。

（14）用"偏移"命令，作 68°点画线的平行线，距离分别为 7、20。用"偏移"命令，作右上方切线的平行线。如图 2-43（b）所示。

（15）用"直线"命令和"对象捕捉"绘制所需要的线，如图 2-43（c）所示。用"删除"命令删除"偏移"命令绘制的辅助线，如图 2-43（d）所示。

（16）用"夹点"命令整理线的长度。保存图形文件。

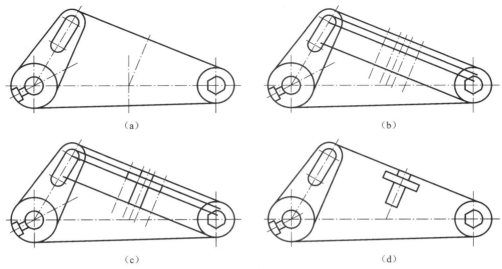

图 2-43　绘制中间部分图形

【训练习题 2-4】　绘制如图 2-44 所示的图。

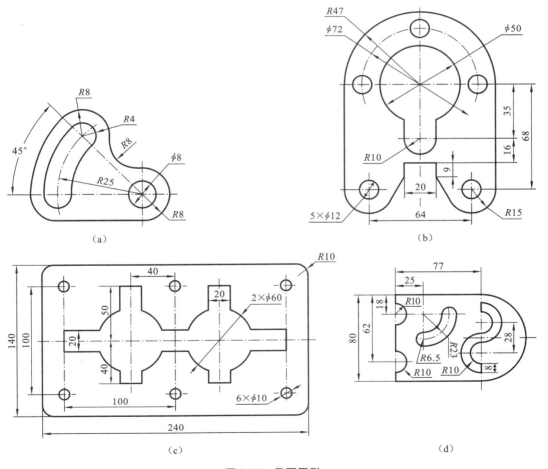

图 2-44　平面图形

第3章 图层操作与绘制复杂平面图

【本章学习内容】

1. 图层的设置与使用方法;分图层绘制平面图形的方法。
2. 线型比例因子、特性匹配的使用方法。
3. 编辑命令的打断、阵列、圆角、倒角、缩放、拉长、拉伸命令的功能与使用方法。
4. 绘制命令的点的等分、圆环、圆弧、椭圆的操作方法。
5. 图案填充的使用方法和编辑方法;合并、面域、布尔运算、多线命令的使用方法。
6. 图形单位、选项的设置方法。

3.1 图层的设置与使用

3.1.1 图层的概述

1. 图层介绍

AutoCAD 图形对象必须绘制在某一图层上,图层可以看成没有厚度的透明纸。绘图时将绘图区分成多张没有厚度的透明纸,并可为每张透明纸设置一定的特性,例如线型、线宽、颜色等。绘图时,可以将不同的图形对象绘制在不同的图层上,这样在绘制或修改图形对象特性时,只需修改对象所在图层的设置即可自动更新图形对象特性。

2. 图层的特点

(1) 文件中图层数目无限制,图层上对象数目没有限制。

(2) 用户可以为每个图层指定不同的颜色和线型,系统默认为白色和实线。

(3) 每一图层对应一个图层名,系统默认设置的图层为 0 层。

(4) 一个图层上的图形对象可以更换到另一个图层上去。

(5) 每个图层具有相同的坐标系统,可通过"图层特性管理器"命令或"图层"工具栏,进行图层操作。

3. 图层的特性

(1) 图层的名称 图层不能重名,名称最好能代表图层的特性。

(2) 图层的颜色 图层有多种颜色供选择。图形对象颜色特性若选择为"随层",则对象与图层的颜色一致,并在"图层的颜色"修改时对象颜色自动更新。

(3) 图层的线型 图层有多种线型供选择。图形对象线型特性若选择为"随层",则对象与图层的线型一致,并在"图层的线型"修改时对象线型自动更新。

（4）图层的线宽　图层有多种线宽供选择。图形对象线宽特性若选择为"随层"，则对象与图层的线宽一致，并在"图层的线宽"修改时对象线宽自动更新。

（5）可以利用"图层特性管理器"命令或"图层"工具栏，对图层进行"打开/关闭"、"冻结/解冻"、"锁定/解锁"等控制操作，以确定该图层的可见性和可编辑性。

3.1.2　"图层"命令的输入

"图层"命令的输入方法如下。

- 工具栏：〖图层〗→〖图层特性管理器〗按钮，如图 3-1 所示。
- 菜单命令：【格式】→【图层(L)…】。
- 键盘命令：LA ↙ 或 LAYER ↙。

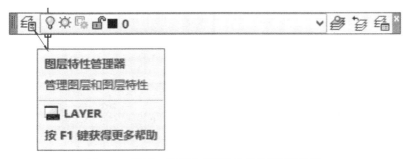

图 3-1　图层工具栏和"图层特性管理器"按钮

执行"图层"命令后，弹出"图层特性管理器"对话框，如图 3-2 所示。单击对话框上方中间的　　　　　　按钮可以进行图层的新建、删除与置为当前等操作。单击各项可以对每一个图层进行图层重命名、开关、冻结、锁定与解锁、颜色、线型与线宽等的设置。

图 3-2　"图层特性管理器"对话框

3.1.3　新建图层

执行图层命令并弹出"图层特性管理器"对话框后，单击上方新建图层按钮　　，在图层列表中可创建一个名为"图层 1"的新图层，进行相关项目设置；重复执行单击新建图层按钮，可新建多个图层。新建完成后，单击左上方关闭按钮 ，完成图层的创建，退出对话框。

单击新建图层按钮 后相关项目设置方法如下：

1. 设置图层名称

在"图层1"所在位置从键盘输入新的名称，再在框外单击左键，即完成图层名称的输入。一般不要取"图层1"这样的默认名称，可根据其特性来取名称，如"粗实线"、"细实线"、"尺寸层"、"文字层"等。

输入的图层名还可修改，其方法是在"图层名"上单击左键选中该图层，再移动光标指向"图层名"时，间隔双击左键，"图层名"处变成文字编辑框，输入新的图层名，然后移动光标指向"图层名"编辑框外单击左键。

2. 设置图层颜色

在图层特性列表框的"颜色"列表的图层对应颜色框上单击左键（而不是在上方"颜色"字上单击），打开"选择颜色"对话框，如图3-3所示，在所需颜色按钮上单击左键，单击下方〖确定〗按钮，即为该图层设置了新的颜色。

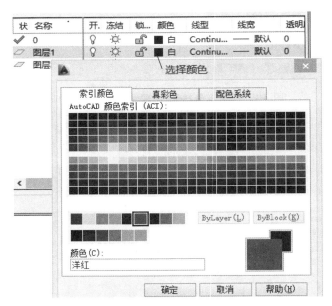

图 3-3 "选择颜色"对话框

3. 设置图层线型

在图层列表中图层对应的线型框"Continuous"单击左键，打开"选择线型"对话框，如图3-4所示，在所需线型上单击左键，再单击〖确定〗按钮，即为该图层设置了新的线型。

在"选择线型"对话框中默认的"已加载的线型"列表框中只有"Continuous"一种线型，若需要更多的线型，可以在下方〖加载（L）…〗按钮上单击左键，打开"加载或重载线型"对话框，如图3-5所示。在"线型"名称上单击选择所需线型，单击〖确定〗按钮，就可以加入到"选择线型"对话框。在"加载或重载线型"对话框中选择加载线型时，可以按住组合键〖ctrl〗或〖shift〗，再在"线型"名称上单击左键来选择多种线型。加载线型后的"选择线型"对话框如图3-6所示。

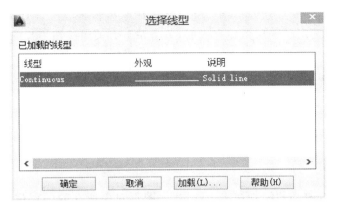

图 3-4 "选择线型"对话框

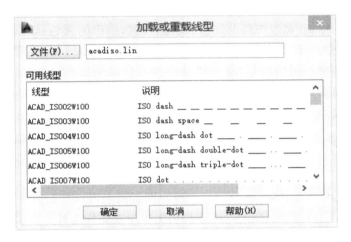

图 3-5 "加载或重载线型"对话框

4. 设置图层的线宽

在"图层特性管理器"对话框中图层对应的线宽框"默认"上单击左键,打开"线宽"对话框,如图 3-7 所示,在所需线宽上单击左键,再单击〖确定〗按钮,即为该图层设置了新的线宽。

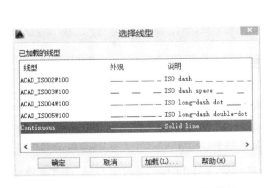

图 3-6 加载线型后的"选择线型"对话框

图 3-7 "线宽"对话框

当新建的图层名称、颜色、线型、线宽等项目设置完成,就表示一个图层的创建完成。重复以上操作可设置多个图层。图层新建完成后,单击左上方关闭按钮 ![x],完成图层的创建,退出对话框。

设置图层时,控制按钮设置为"打开"、"解冻"、"解锁"状态,即 🔆 🔆 🔓 ,否则绘制图形和编辑图形时会受影响。

3.1.4 图层的使用,更换当前层

1. 图层的使用

AutoCAD 图形对象必须绘制在某一图层上,图形对象所在的图层位置由当前图层确定,因绘图时,新增对象放置在当前图层上。图形对象的颜色、线型、线宽等属性由"特性"工具栏控制。绘图时,若"特性"工具栏均设置为"ByLayer",则绘制的图形颜色、线型、线宽将与图层的颜色、线型、线宽一样;若修改图层的颜色、线型、线宽,图形的颜色、线型、线宽将自动更新,即始终与图层的颜色、线型、线宽一致。若"特性"工具栏颜色、线型、线宽的某项没有设置为"ByLayer",则绘图和修改图层时,对象的属性不会随着图层变化而变化。因此,绘图时一般将"特性"工具栏均设置为"ByLayer"(或"随层")。

2. 更换当前层

绘图时,新增对象放置在当前图层上,而且一般情况下,"特性"工具栏的控制按钮设置为"ByLayer",那么新增对象的属性将与当前图层一致,所以,根据图形属性,绘图过程中需要不断更换当前图层。

更换当前图层操作方法如下:在"图层"工具栏图层列表窗口右边的下弹按钮上单击左键,会显示所有图层,如图 3-8 所示,在所要的图层名上单击左键即选择此图层为当前图层。若在"粗实线"上单击,如图 3-9 所示,当前图层更换为"粗实线",如图 3-10 所示。更换当前图层时,要在图层名上单击,不要在图层名前面的按钮上单击。

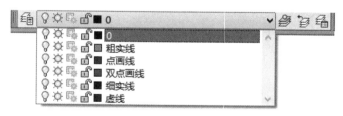

图 3-8 当前图层的更换(一)

图 3-9 当前图层的更换(二)

当前图层更换为"粗实线"后,绘制的图形显示如图 3-11 所示,再将当前图层更换为"细实线"后,绘制的图形显示如图 3-12 所示,再当前图层更换为"虚线",绘制的图形如图 3-13 所示。

图 3-10　当前图层的更换为"粗实线"

注意：若选择线宽为 0.30 mm 以上数据，打开状态栏上的"线宽"开关才能显示为粗线。

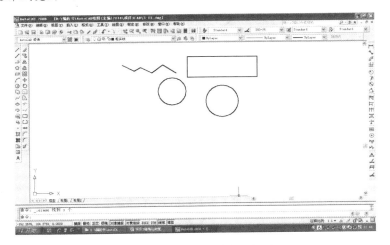

图 3-11　当前图层的使用(一)

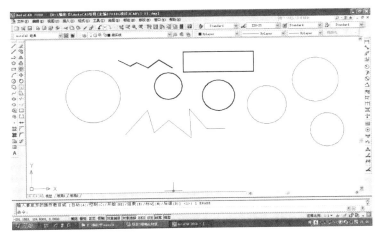

图 3-12　当前图层的使用(二)

3．将对象所在的图层更换为当前图层

　　当绘制的属性与图上某个对象属性一样时，就可直接将对象所在的图层更换为当前图层，再继续绘制，而不需要在图层工具栏中去找图层了。

　　方法如下：选定一个对象，再单击图层工具栏图层列表右边的"将对象的图层置为当前"按钮，如图 3-14 所示。

4．将上一个当前图层作为当前图层

　　单击图层工具栏图层列表右边的"上一个图层"按钮，即可将上一个图层设置为当前图层。

　　当更换了当前图层，已绘制对象的颜色、线型及线宽不会变化，新增对象的颜色、线型及线

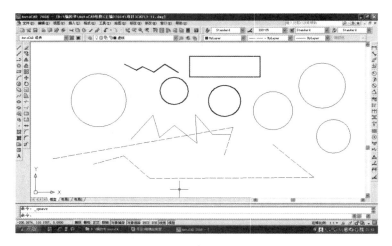

图 3-13　当前图层的使用(三)

图 3-14　将对象的图层置为当前

宽也不一定与当前图层一致,这与"特性"工具栏的设置有关。只有当"特性"工具栏选中〖颜色控制〗、〖线型控制〗及〖线宽控制〗选择"ByLayer"时,绘制的对象才与图层设定的一致。否则,绘制的对象会与"特性"工具栏设置一致。因此一般情况绘图时,"特性"工具栏选中〖颜色控制〗、〖线型控制〗及〖线宽控制〗选择"ByLayer"。

【示例与训练 3-1】　创建图层,使用图层

创建表 3-1 所示图层,并更换当前图层绘制图 3-15 所示的图形。

表 3-1　图层设置

图　层　名	颜　　　色	线　　　型	线　　　宽
粗实线	绿色	Continuous	0.50 mm
点画线	红色	ACAD_ISO04W100	0.25 mm

方法和步骤如下:

(1)新建图层。执行图层命令,弹出"图层特性管理器"对话框。

(2)单击上方新建图层按钮 ，在图层列表中创建一个名为"图层 1"的新图层,进行相关项目设置。在"图层 1"框中输入"粗实线",即设置了图层名称;单击颜色框,出现对话框,选择"绿",单击〖确定〗按钮,即设置了颜色;单击线型框,出现对话框,选择"Continuous",单击〖确定〗按钮,即设置了线型;单击线宽框,出现对话框,选择"0.50 mm",单击〖确定〗按钮,即设置了线宽。

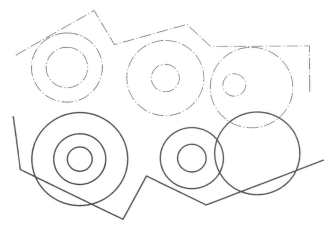

图 3-15　示例图

（3）再次执行单击新建图层按钮 ，在图层列表中创建一个名为"图层 2"的新图层，进行相关项目设置。在"图层 2"框中输入"点画线"，即设置图层名称；单击颜色框，出现对话框，选择"红"，单击〖确定〗按钮，即设置了颜色；单击线型框，出现"选择线型"对话框，单击下方〖加载（L）…〗按钮，出现"加载或重载线型"对话框，选择"ACAD_ISO04W100"，单击〖确定〗按钮，返回"选择线型"对话框，选择"ACAD_ISO04W100"，单击〖确定〗按钮，即设置了线型；单击线宽框，出现对话框，选择"0.25 mm"，单击〖确定〗按钮，即设置了线宽。

（4）将状态栏的"显示/隐藏线宽"设置为打开模式。

（5）"特性"工具栏的颜色、线型、线宽控制按钮都设置为"ByLayer"（或"随层"）。

（6）换"点画线"为当前图层。在"图层"工具栏图层列表窗口右边的下弹按钮上单击左键，在"点画线"上单击左键，即选择"点画线"图层为当前图层。

（7）绘制点画线。应用直线命令绘制直线，应用圆命令绘制圆，如图 3-15 所示。如果观察发现图线为细实线，则进行显示缩放，调整显示比例。

（8）换"粗实线"为当前图层。在"图层"工具栏图层列表窗口右边的下弹按钮上单击左键，在"粗实线"上单击左键即选择"粗实线"图层为当前图层。

（9）绘制粗实线。应用直线命令绘制直线，应用圆命令绘制圆，如图 3-15 所示。

【训练习题 3-1】　创建表 3-2 所示图层，并更换当前图层绘制任意图形（可以用直线命令、圆命令和正多边形命令等）。

表 3-2　图层设置

图　层　名	颜　　色	线　　型	线　　宽
粗实线	绿色	Continuous	0.50 mm
细实线	洋红	Continuous	0.25 mm
尺寸	蓝色	Continuous	0.25 mm
点画线	红色	ACAD_ISO04W100	0.25 mm
虚线	青色	ACAD_ISO02W100	0.25 mm
文本	紫色	Continuous	0.25 mm
双点画线	黄色	ACAD_ISO05W100	0.25 mm

3.2 图层的控制与编辑

3.2.1 图层的控制

图层的控制按钮 如图 3-16 所示,每个图层有独立的控制按钮,它们都是开关键。一般直接在"图层"工具栏上单击图层左边按钮来控制相应的图层,如图 3-16(a)所示;也可进入"图层特性管理器"改变图层设置来控制,如图 3-16(b)所示。新建图层时,尽量不要改变控制按钮状态,一般在绘图、修改和检查过程中才需要改变。

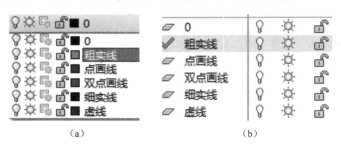

（a）   （b）

图 3-16   图层的控制按钮

1. 开/关图层

在"图层"工具栏图层列表窗口右边的下弹按钮上单击左键,再移动光标指向图层名称前面的灯泡按钮 ,单击左键,可以打开或关闭相应图层。关闭某图层时,隐藏此图层上的对象,使其不可见(但没有清除),在关闭图层上绘图时,看不见绘制的图;打开图层时,此图层上的对象变成可见。

【示例 3-1】 关闭图 3-17 所示中的粗实线图层。

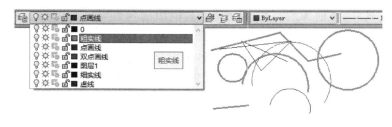

（a）粗实线图层关闭前

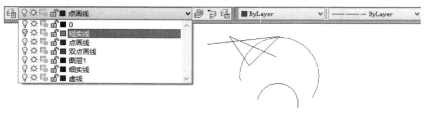

（b）粗实线图层关闭后

图 3-17   打开/关闭图层

方法：移动光标指向"图层"工具栏图层列表窗口右边的下弹按钮，单击左键；再移动光标指向"粗实线"图层名称前面的灯泡按钮，单击左键；然后移动光标指向图层框外绘图区，单击左键，如图 3-17 所示。

2．冻结/解冻图层

移动光标在图层名称前面的图标上单击左键，可以解冻（太阳）或冻结（雪花）相应图层。冻结指定的层，使其不可见，冻结的层不能在绘图仪上输出，当前层不能冻结。

3．锁定/解锁图层

移动光标在图层名称前面小锁图标上单击左键，可以使图层在解锁或锁定之间切换。锁定某图层后，在锁定层上，可以绘图，但无法编辑修改此图层上的对象。

【示例 3-2】　锁定图 3-18 所示中的粗实线图层。

方法：如图 3-18 所示，移动光标指向"图层"工具栏图层列表窗口右边的下弹按钮，单击左键；再移动光标指向"粗实线"图层名称前面的小锁按钮，单击左键；然后移动光标指向图层框外绘图区，单击左键，粗实线显示变暗，且不能进行编辑。

（a）粗实线图层锁定前

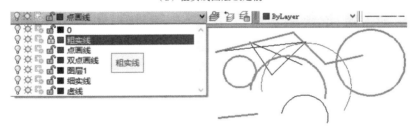

（b）粗实线图层锁定后

图 3-18　锁定/解锁图层

3.2.2　图层的编辑

1．修改已有图层的设置

同新建图层一样，输入"图层"命令，打开"图层特性管理器"对话框，可以看到所有的图层，可重新设置已有图层的各项目，包含颜色、线型、线宽、控制按钮和图层名。

修改图层名的方法为：移动光标指向要修改的图层名，间隔双击左键，图层名处变成可编辑的文字框，输入新的图层名，再移动光标指向"图层名"编辑框外单击左键。

修改颜色、线型、线宽的方法为：移动光标指向要修改的图层所对应项目框上，单击左键，打开对话框，选择所需项目，再单击〖确定〗按钮。例如，要修改图层颜色，移动光标指向要修改的图层所对应颜色框,单击左键,打开"选择颜色"对话框,如图 3-3 所示,移动光标指向所需颜色,单击左键,移动光标指向〖确定〗按钮,单击左键,即为该图层设置了新的颜色。

修改完成之后,移动光标指向"图层特性管理器"对话框左上角关闭 ✕ 按钮,单击左键,退出"图层特性管理器"对话框。图层修改后,图层上对象的颜色、线型、线宽将自动更新,不需执行其他命令。

【示例 3-3】 修改如图 3-19 所示中的粗实线图层的线宽为 2 mm。

方法如下:输入"图层"命令,打开"图层特性管理器"对话框;移动光标指向"粗实线"右边线宽框,单击左键,出现对话框,选择"2.00 mm",单击〖确定〗按钮;移动光标指向左上角关闭 ✕ 按钮,单击左键,退出"图层特性管理器"对话框,修改后的效果如图 3-19(b)所示,发现粗实线图形线宽已变。

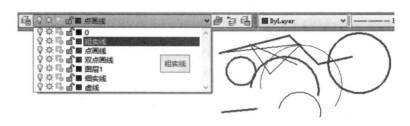

（a）粗实线图层线宽修改前

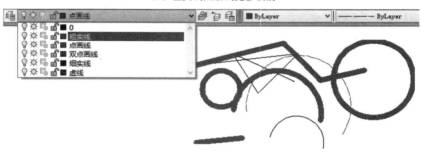

（b）粗实线图层线宽修改后

图 3-19 图层修改

2. 增加新的图层和删除已有的图层

同新建图层一样输入"图层"命令,打开"图层特性管理器"对话框,上方有操作按钮 。单击"新建"按钮 可以增加一个新的图层;选择没有使用的某图层后单击"删除"按钮 ,可删除此图层(已经有对象的图层和当前图层不能再删除);选择某图层后单击"置为当前"按钮 ,可将此图层置为当前图层。

3.2.3 更换对象的图层

绘图时,一般分图层绘制,方便修改和控制,但对于没有分图层绘制的图形,不必删除,可以通过更换对象的图层及特性来重新分图层管理。

若图形全部在某一层上想分开或对象所在图层错误,可更换对象到所需图层上,操作方法如下:选中要更换图层的对象,单击"图层"工具栏图层列表右边下弹按钮,出现所有图层列表,单击目标图层名,发现对象已到新的图层,并按新图层特性显示;按〖esc〗键去掉选中符号。

【示例 3-4】　将图 3-20 所示中的粗实线图层上的圆和圆弧对象更换到虚线图层。

操作方法如下:选中粗实线图层上的圆和圆弧对象,可以观察到圆和圆弧对象所在的图层名为"粗实线";单击"图层"工具栏图层列表右边下弹按钮,出现图层列表;单击"虚线"图层名;按〖esc〗键去掉选中符号,如图 3-20 所示。

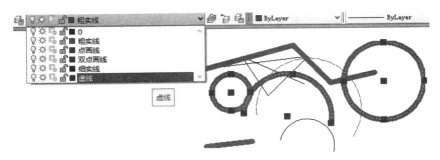

(a)选定粗实线图层上圆和圆弧对象

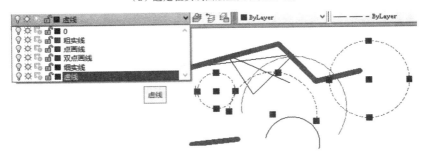

(b)粗实线图层上圆和圆弧更换后

图 3-20　更换对象图层

3.2.4　更换对象的特性

若图形所在的图层没有错误,但希望图形特性与图层设置完全一致,可以更换特性。更换方法如下:选中要改变的对象,单击"特性"工具栏控制按钮为"ByLayer"(或"随层"),对象已按新图层特性显示;按〖esc〗键去掉选中符号。图形的颜色、线型、线宽特性均可以更换为〖ByLayer〗。

【示例 3-5】　将图 3-21 所示中的圆弧对象线型更换为与图层设置完全一致。

操作方法如下:选中要更换的圆弧对象,可以观察到对象的"线型"为"Continous";单击"特性"工具栏〖线型控制〗按钮,出现线型列表;单击"ByLayer"(或"随层");按〖esc〗键去掉选中符号,如图 3-21 所示。

【示例 3-6】　将图 3-22 所示中的红色对象线宽更换为与图层设置完全一致。

操作方法如下:选中要更换的红色对象,可以观察到对象的"线宽"为"1.00 mm";单击"特性"工具栏〖线宽控制〗按钮,出现线宽列表;单击"ByLayer"(或"随层");按〖esc〗键去掉选中符号,如图 3-22 所示。

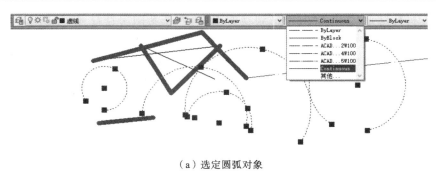

（a）选定圆弧对象

（b）线型更换后

图 3-21　更换对象线型特性

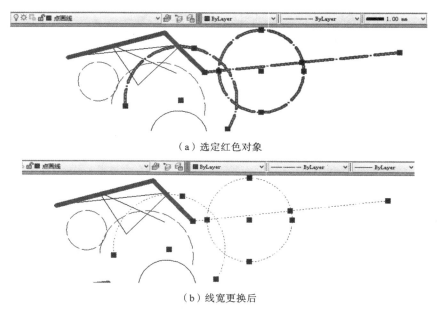

（a）选定红色对象

（b）线宽更换后

图 3-22　更换对象线宽特性

3.3　分图层绘制平面图形示例(一)

【示例与训练 3-2】　分图层绘制如图 3-23 所示图形

分析：图中线型有点画线和粗实线。点画线的交点是三组同心圆的圆心，外边直线与两圆相切，左下方圆弧与三圆相切，所以先绘制点画线，再绘制圆。

绘制步骤如下：

（1）新建文件；保存文件（可取文件名为"图 3-23"）；设置状态栏"对象捕捉"，打开"对象捕捉"，打开状态栏"显示/隐藏线宽"。

（2）新建图层，至少有"点画线"和"粗实线"两个（可参考表 3-2）。

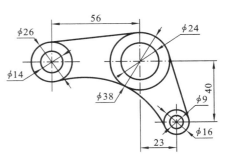

图 3-23　平面图

（3）绘制中心线。换"点画线"为当前图层；打开状态栏"正交模式"；用"直线"命令绘制左边 $\phi14$ 与 $\phi26$ 同心圆的中心线，水平线长度可取"111"左右，竖直线长度可取"66"左右。用"偏移"命令绘制中间 $\phi24$ 与 $\phi38$ 同心圆的中心线竖直线（距离为"56"）。用"偏移"命令绘制右边 $\phi9$ 与 $\phi16$ 同心圆的中心线（竖直距离为"40"，水平距离为"23"），如图 3-24 所示。利用夹点拉伸功能调整线的长度，如图 3-25 所示。

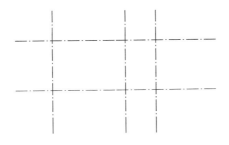

图 3-24　平面图中心线

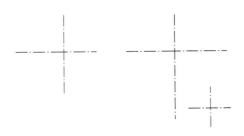

图 3-25　调整后平面图中心线

（4）用"圆"命令的"圆心、半径"方式绘制圆。换"粗实线"为当前图层；用"圆"命令，捕捉圆心，分别绘制 $\phi14$ 与 $\phi26$ 的同心圆，绘制 $\phi24$ 与 $\phi38$ 的同心圆，绘制 $\phi9$ 与 $\phi16$ 的同心圆，如图 3-26 所示。

（5）用"直线"命令绘制上方切线。打开"对象捕捉"工具栏。输入"直线"命令，第一点和第二点利用"对象捕捉"工具栏分别捕捉 $\phi26$ 与 $\phi38$ 外圆的切点，按回车键退出命令。

（6）用"直线"命令绘制右边切线。输入"直线"命令，第一点和第二点利用"对象捕捉"工具栏分别捕捉 $\phi16$ 与 $\phi38$ 外圆的切点，按回车键退出命令。

（7）绘制下方圆弧。选择菜单【绘图】→【圆】→【相切、相切、相切】，输入"圆"命令；分别拾取 $\phi26$ 外圆右下点、$\phi38$ 外圆左下点与 $\phi16$ 外圆左下点，完成绘制连接圆。用"修剪"命令修剪绘制的相切圆，选择 $\phi26$ 与 $\phi16$ 为修剪边界并按回车键确认；选择左下部分为需要修剪掉的部分，按回车键确认，完成绘图，如图 3-27 所示。

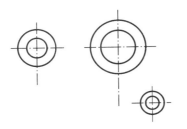

图 3-26　平面图的圆

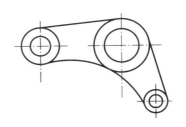

图 3-27　平面图图形

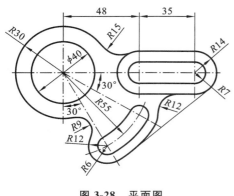

图 3-28　平面图

（2）绘制基准线、定位线，如图 3-29 所示。

① 换"点画线"图层为当前图层。

② 打开"正交模式"；选择绘图工具栏 命令，绘制左边水平线和竖直线；选择修改工具栏 命令，绘制右边竖直线。

③ 设置状态栏"极轴追踪"角度为"30°"，打开"极轴追踪"；选择绘图工具栏 命令，绘制"－30°"角度线和"－60°"角度线。

④ 选择绘图工具栏 命令，绘制 R55 的圆；选择修改工具栏 命令，将圆变成圆弧（可以绘制辅助线作为边界对象）。

（3）绘制轮廓圆。选择"粗实线"图层为当前图层；选择 命令，分别绘制出如图 3-30 所示的各圆。

（8）再次保存文件。

【示例与训练 3-3】　分图层绘制如图 3-28 所示图形

分析：图中线型有点画线和粗实线，图形主要由直线和圆组成。点画线的交点确定了圆的圆心，右下方直线与两圆相切，所以先绘制点画线，再绘制圆，最后绘制其余的线，同时进行修剪。

绘制步骤如下：

（1）新建图形文件，建立常用图层（参考表 3-2）。设置状态栏"对象捕捉"，另存为文件。

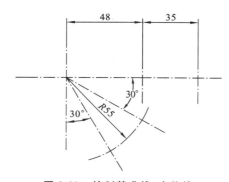

图 3-29　绘制基准线、定位线

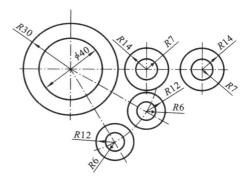

图 3-30　绘制轮廓圆

（4）修剪圆。选择"修改"工具栏 命令，依次单击选择如图 3-30 所示被修剪的图线（修剪不完的图形可选中后用 命令将其删除），修剪和删除后的图形如图 3-31 所示。

（5）绘制圆弧连接线。

① 继续用"粗实线"图层；打开"正交模式"；选择绘图工具栏 命令，在右边绘制出四条连接直线；选择绘图工具栏 命令，绘制三个同心圆，圆心都在左

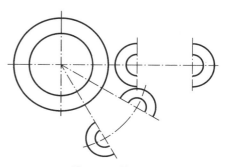

图 3-31　修剪圆

边圆的圆心,半径点过角度线与圆的交点,如图 3-32 所示。

② 选择"修改"工具栏 ╱ 命令,依次选择如图 3-32 所示要被修剪的图线,修剪后的图形如图 3-33 所示。

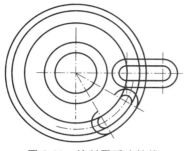

图 3-32 绘制圆弧连接线

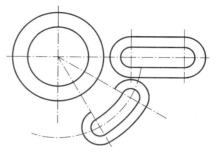

图 3-33 修剪圆弧连接线

(6) 绘制连接圆。继续选择"粗实线"图层为当前图层;选择绘图工具栏 ⊘ 命令,选用"相切、相切、半径(T)"方式,绘制 $R9$、$R12$、$R15$ 三个圆,如图 3-34 所示。

(7) 修剪图形。选择修改工具栏 ╱ 命令,依次选择如图 3-34 所示要被修剪的图线,修剪后的图形如图 3-35 所示。

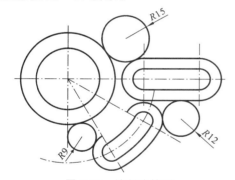

图 3-34 绘制连接圆

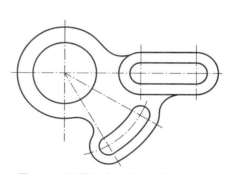

图 3-35 修剪多余图线、完成图形绘制

(8) 保存文件,关闭文件。

【训练习题 3-2】 创建图层,分图层绘制图 3-36 所示图形,不用标注尺寸,并训练图层的控制。

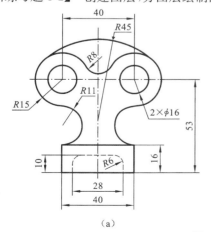

(a)

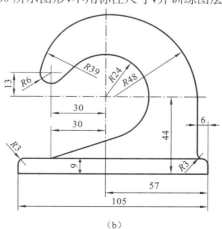

(b)

图 3-36 习题图

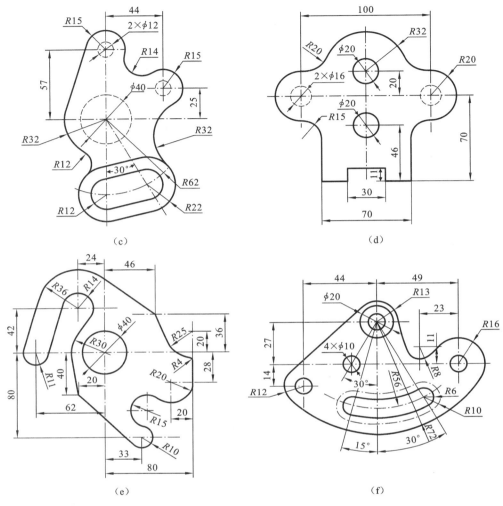

(c)　　　　　　　　　　　　　(d)

(e)　　　　　　　　　　　　　(f)

续图 3-36

3.4　线型比例与特性匹配

3.4.1　线型比例因子

【功能】　"线型比例因子"的大小是为了控制点画线、虚线的画线的长短和间隔。

【方法】　输入"线型比例因子"命令的方法如下：

● 菜单命令：【格式】→【线型】。

● 键盘命令：LINETYPE↙。

【操作步骤】　在菜单中选择【格式】→【线型】选项，弹出"线型管理器"对话框，单击〖显示细节〗按钮，此按钮变成〖隐藏细节〗。在该对话框右下角〖全局比例因子〗右边框中输入"全局比例因子"的值（如设置为"0.35"），如图 3-37 所示，单击〖确定〗按钮，完成设置。可观察图上点画线、虚线等线型的变化。"全局比例因子"的值越小，画线越短。

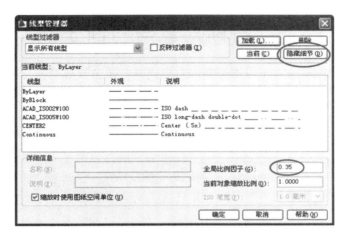

图 3-37　"线型管理器"对话框

3.4.2　特性匹配

【功能】　"对象特性匹配"主要用于将一个对象的特性传递给另一个对象,也常用于将图线特性变成相同特性,或将图案填充变成相同的。

【方法】　输入命令的方法如下:

- 工具栏:〖标准〗→〖特性匹配〗按钮 。
- 菜单命令:【修改】→【特性匹配】。
- 键盘命令:MA✓或 MATCHPROP✓。

【操作步骤】　输入"特性匹配"命令→选择修改后要与之相同特性的对象→选择需要修改特性的对象,可继续选择要修改特性的对象,直至按回车键结束。

【示例 3-7】　将如图 3-38(a)所示的圆特性修改为图 3-38(b)所示。

【操作步骤】　输入"特性匹配"命令;系统提示"选择源对象:",则选择图 3-38(a)上的粗实线小圆;系统提示"选择目标对象或〔设置(S)〕:",单击选取外部大圆,系统提示"选择目标对象或〔设置(S)〕:",依次单击选取另三个小圆;按回车键结束。结果如图 3-38(b)所示。

【示例 3-8】　将图 3-39(a)所示的圆特性修改为图 3-39(b)所示。

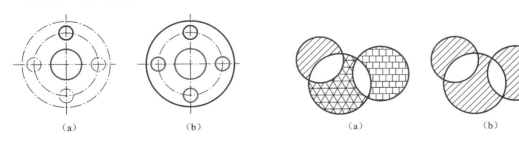

| (a) | (b) | | (a) | (b) |
图 3-38　线的特性匹配　　　　图 3-39　填充的特性匹配

【操作步骤】　输入"特性匹配"命令;系统提示"选择源对象:",则单击选取图 3-39(a)上的细实线剖面线;系统提示"选择目标对象或〔设置(S)〕:",单击选取中间网格的剖面线;系统提示"选择目标对象或〔设置(S)〕:",单击选取右边格子的剖面线;按回车键结束。结果如图 3-39(b)所示。

3.5 打断对象与打断于点

【功能】 利用"打断"命令可以部分删除对象或把对象分解成两部分。

【方法】 输入命令的方式如下：

- 工具栏：〖修改〗→〖打断于点〗按钮□ 或〖修改〗→〖打断〗按钮□。
- 菜单命令：【修改】→【打断】。
- 键盘命令：BR↙ 或 BREAK↙。

3.5.1 打断对象

"打断"命令的功能是指定两个打断点打断对象，该方式将对象两个打断点之间的部分删除，主要用于不需要精确边界的对象修剪。

【操作步骤】 输入"打断"命令→移动光标指向打断对象某点附近，单击左键（即选择了对象上的第一个打断点）→移动光标指向打断对象另一点附近，单击左键（即选择了第二个打断点）。两点之间的线消失，自动退出命令。

【示例 3-9】 将图 3-40(a)所示的直线修改为如图 3-40(b)所示。

【操作步骤】 输入"打断"命令→移动光标指向图 3-40(a)所示直线 A 点附近（对象捕捉的"最近点"），单击左键→移动光标指向图 3-40(a)所示直线 B 点附近，单击左键。结果如图 3-40(b)所示。

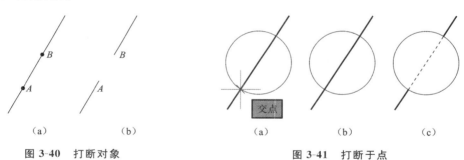

| (a) | (b) | (a) | (b) | (c) |

图 3-40 打断对象 　　　　　　　　　图 3-41 打断于点

3.5.2 打断于点

该方式将选择的对象以"打断点"为分界点分解成两个对象。显示上没有任何变化，但分开后可以作为两个对象，分别设置对象的特性。

【操作步骤】 输入"打断于点"点命令→移动光标指向打断对象，单击左键，即选择打断对象→移动光标指向打断对象"打断点"处，单击左键。

【示例 3-10】 将图 3-41(a)所示的一条直线修改为如图 3-41(c)所示。

【操作步骤】 输入"打断于点"命令→移动光标指向直线，单击左键，即选择打断对象→移动光标指向图 3-41(a)所示交点，单击左键；再次输入"打断于点"命令→移动光标指向直线，单击左键→移动光标指向图 3-41(b)所示上方交点，单击左键；选择中间线段，更换到"虚线"图层。结果如图 3-41(c)所示。

3.6　矩形阵列、环形阵列与路径阵列

【功能】　利用"阵列"命令可以将指定对象同时复制成多个相同图形,且这些复制对象能按一定规律排列(阵列或圆周均布)。阵列排列形式分为三类:矩形阵列、环形阵列和路径阵列。

"阵列"命令按钮在"修改"工具栏上,是一个组合按钮 ，当移动光标指向此按钮时,按住左键,出现按钮列表,如图 3-42 所示,分别是"矩形阵列"命令按钮、"路径阵列"命令按钮和"环形阵列"命令按钮。移动光标指向某个命令按钮时单击左键,即输入相应的命令。"阵列"菜单命令在"修改"菜单上,如图 3-43 所示。用"阵列"命令生成的对象是一个整体对象,可以通过"分解"命令分成单个对象。

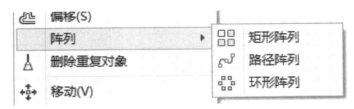

图 3-42　"阵列"命令按钮

图 3-43　"阵列"命令菜单

3.6.1　矩形阵列

【功能】　矩形阵列能将选定的对象按指定的行数和行间距、列数和列间距作矩形排列复制。如图 3-44 所示,行数为"2",行间距为"−20",列数为"3",列间距为"18"。

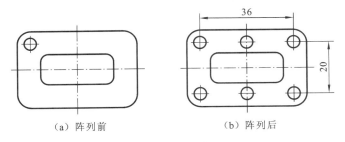

(a) 阵列前　　　　　　　　(b) 阵列后

图 3-44　矩形阵列

【方法】　输入命令的方式如下:
- 工具栏:〖修改〗→〖阵列〗按钮 。
- 菜单命令:【修改】→【阵列】→【矩形阵列】。
- 键盘命令:ARRAYRECT↙。

【操作步骤】　操作步骤如下:

(1) 输入"矩形阵列"命令,系统提示"选择对象:"。

(2) 选择要阵列对象,选择完成后,按回车键结束选择对象。

(3) 系统提示"选择夹点以编辑阵列或［关联(AS)/基点(B)/计数(COU)/间距(S)/列数(COL)/行数(R)/层数(L)/退出(X)］＜退出＞:"。此时,可以选择"选择夹点以编辑阵列"

后,在绘图区拖动夹点完成;可以按提示信息在命令行中选项继续输入值完成;可以按回车键结束后再编辑。

【示例 3-11】 绘制图 3-45(a)所示图形。

【操作步骤】 操作步骤如下:

(1) 绘制如图 3-45(b)所示图形。

(2) 输入"矩形阵列"命令,系统提示"选择对象:"。

(3) 选择左下角的图形,按回车键结束选择对象。

(4) 系统提示"选择夹点以编辑阵列或〔关联(AS)/基点(B)/计数(COU)/间距(S)/列数(COL)/行数(R)/层数(L)/退出(X)〕＜退出＞:",按回车键结束。结果如图 3-45(c)所示。

(5) 移动光标指向刚生成的对象,双击左键,出现编辑框,如图 3-45(d)所示。

(6) 在文本框中单击,修改行数和行间距、列数和列间距相应值,如图 3-45(e)所示。

(7) 关闭编辑框,按〔 esc 〕键取消夹点显示,如图 3-45(f)所示。

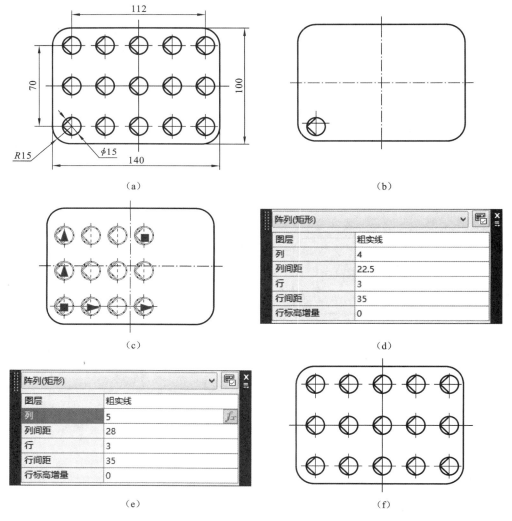

图 3-45 矩形阵列示例

3.6.2　环形阵列

【功能】　环形阵列能将选定的对象绕一个中心点作圆形或扇形排列复制,这个命令需要确定阵列的中心和阵列的个数,以及阵列图形所对应的圆心角等。如图 3-46 所示,阵列中心在圆心,阵列的个数为"6"。

【方法】　输入命令的方式如下:

- 工具栏:〖修改〗→〖阵列〗按钮 ▦。
- 菜单命令:【修改】→【阵列】→【环形阵列】。
- 键盘命令:ARRAYPOLAR ↙。

【操作步骤】　操作步骤如下:

(1) 输入"环形阵列"命令,系统提示"选择对象:"。

(2) 选择要阵列的对象,选择完成后,按回车键结束选择对象;系统提示"指定阵列的中心点或〔基点(B)/旋转轴(A)〕:"。

(3) 移动光标指向阵列的中心点(对象捕捉的点),单击左键,系统提示"选择夹点以编辑阵列或〔关联(AS)/基点(B)/项目(I)/项目间角度(A)/填充角度(F)/行(ROW)/层(L)/旋转项目(ROT)/退出(X)〕<退出>:"。

(4) 此时,可以选择"选择夹点以编辑阵列"后,在绘图区拖动夹点完成;可以按提示信息在命令行中输入选项后继续输入值完成;可以按回车键结束后再编辑。按回车键结束后,移动光标指向刚生成的对象,双击左键,出现编辑框,如图 3-47 所示;在文本框中单击,修改相应值,图形会自动修改;关闭编辑框,按〖esc〗键取消夹点显示,完成编辑。

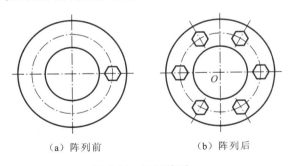

(a) 阵列前　　　　(b) 阵列后

图 3-46　环形阵列

阵列(环形)	
图层	0
方向	逆时针
项数	6
项目间的角度	60
填充角度	360
旋转项目	是

图 3-47　环形阵列编辑框

3.6.3　路径阵列

【功能】　路径阵列是沿着一条路径而实现的阵列,如图 3-48 所示。

阵列对象　　阵列路径

图 3-48　路径阵列

【方法】　输入命令的方式如下:

- 工具栏:〖修改〗→〖阵列〗▱。

- 菜单命令:【修改】→【阵列】→【路径阵列】。
- 键盘命令: ARRAYPATH ↙。

【操作步骤】 操作步骤如下:

(1) 输入"路径阵列"命令,系统提示"选择对象:"。

(2) 选择要阵列的对象,选择完成后,按回车键结束选择对象;系统提示"选择路径曲线:"。

(3) 单击选择路径曲线;系统提示"选择夹点以编辑阵列或［关联(AS)/方法(M)/基点(B)/切向(T)/项目(I)/行(R)/层(L)/对齐项目(A)/Z 方向(Z)/退出(X)］＜退出＞:"。

(4) 此时,可以选择"选择夹点以编辑阵列"后,在绘图区拖动夹点完成;可以按提示信息在命令行中输入选项后继续输入值完成;可以按回车键结束后再编辑。按回车键结束后,移动光标指向刚生成的对象,双击左键,出现编辑框,如图 3-49 所示;在文本框中单击,修改相应值,图形会自动修改;关闭编辑框,按〖esc〗键取消夹点显示,完成编辑。

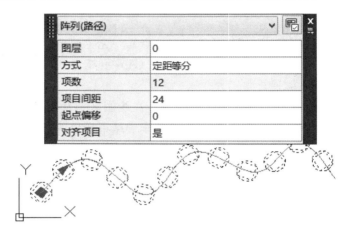

图 3-49 路径阵列编辑框

【训练习题 3-3】 分图层绘制如图 3-50 所示平面图。

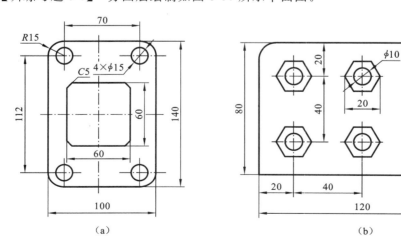

（a）   （b）

图 3-50 阵列习题图

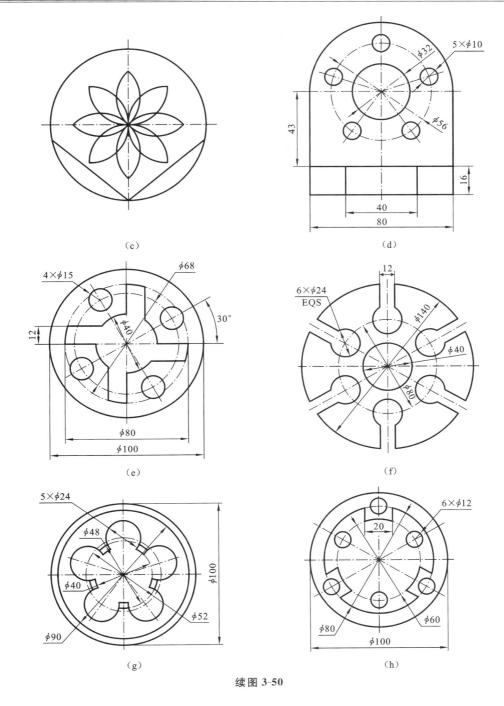

续图 3-50

3.7　圆角对象与倒角对象

3.7.1　圆角对象

【功能】　"圆角"命令的作用是用一段指定半径在两对象之间生成相切的圆弧。

【方法】 输入命令的方式如下。

● 工具栏:〖修改〗→〖圆角〗按钮 。

● 菜单命令:【修改】→【圆角】。

● 键盘命令:FILLET ↙。

【操作步骤】 输入命令→系统提示"选择第一个对象或[放弃(U)/多段线(P)/半径(R)/修剪(T)/多个(M)]:"→查看命令行中的信息,选择相应项目,按提示信息修改→再次提示"选择第一个对象或[放弃(U)/多段线(P)/半径(R)/修剪(T)/多个(M)]:"→选择要倒圆角的一条边→选择要倒圆角的另一条边。

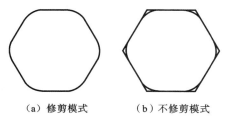

（a）修剪模式　　　（b）不修剪模式

图 3-51　圆角对象

【选项说明】

（1）半径:指连接圆弧的半径。

（2）修剪:设置生成圆弧时,切点之外的对象是否同时修剪,还是不修剪。修剪的结果如图 3-51(a)所示,不修剪的结果如图 3-51(b)所示。输入"圆角"命令后,输入〖T〗,按回车键;命令行提示"输入修剪模式选项[修剪(T)/不修剪(N)]<修剪>:";输入〖T〗,按回车键,即选择"修剪"模式;输入〖N〗,按回车键,即选择"不修剪"模式。

（3）多个:输入"圆角"命令后,输入〖M〗,按回车键,即可以多次选择对象,圆角多个,直到按回车键退出命令。

【技巧】 通过圆角对象可以绘制圆弧并自动修剪多余的对象,因此图上圆弧连接部分一般可以直接用圆角命令来绘制,可以不用"相切、相切、半径"绘制圆后用修剪命令修剪成圆弧的方式。"圆角"命令可以在圆弧和圆弧、直线和直线、直线和圆弧之间绘制圆弧连接,直线和直线之间绘制圆弧连接如图 3-52 所示。图 3-52(d)是用圆角命令以两条直线之间的距离为直径绘制半圆来连接平行两直线,输入"圆角"命令后,在直线左端依次单击选择两条直线即可,不用关注半径。直线和圆弧之间绘制圆弧连接如图 3-53 所示。对于不能用"圆"命令绘制的与椭圆相切的圆,可用"圆角"命令来绘制。

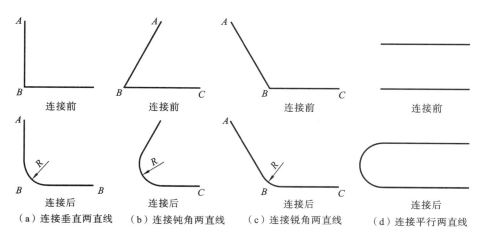

（a）连接垂直两直线　　（b）连接钝角两直线　　（c）连接锐角两直线　　（d）连接平行两直线

图 3-52　用圆弧连接已知直线

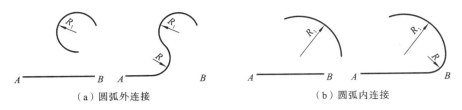

（a）圆弧外连接　　　　　　　　　　（b）圆弧内连接

图 3-53　用圆弧连接已知直线和圆弧

3.7.2　倒角对象

【功能】　利用"倒角"命令可以用一条斜线连接两不平行的直线对象。

【方法】　输入命令的方式如下：

- 工具栏：〖修改〗→〖倒角〗按钮 ◿。
- 菜单命令：【修改】→【倒角】。
- 键盘命令：CHA ✓ 或 CHAMFER ✓。

【操作步骤】　输入命令后，命令行中有提示"选择第一条直线或［放弃（U）/多段线（P）/距离（D）/角度（A）/修剪（T）/方式（E）/多个（M）］："，先查看命令行中的信息，再选择相应项目，按提示信息修改，再次出现上述提示信息时，选择倒角的两边。

倒角命令有修剪模式与不修剪模式。选用"修剪"模式倒角时，倒角后两直线末端被修剪；选用"不修剪"模式倒角时，直线末端不被修剪，如图 3-54 所示。

倒角命令有两种参数方式，一种是指定两边距离倒角，一种是指定距离和角度倒角。指定两边距离倒角方式是分别设置两条直线的倒角距离进行倒角处理，如图 3-55（b）所示。指定距离和角度倒角方式是分别设置第一条直线的倒角距离和倒角角度进行倒角处理，如图 3-55（c）所示。

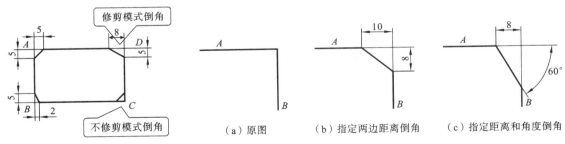

图 3-54　修剪模式与不修剪
　　　　　　模式倒角

（a）原图　　　（b）指定两边距离倒角　　　（c）指定距离和角度倒角

图 3-55　对两直线倒角

参数设置如下：

（1）倒角：已知两边的倒角距离，输入"倒角"命令后，输入〖D〗，按回车键，命令行先后提示第一个倒角距离和第二个倒角距离，输入倒角距离并按回车键。倒角距离的缺省值为上一次倒角所设置的值。命令行中所提示的倒角距离是指倒角后两个打断点与原角度顶点的距离，而不是倒角形成的斜线长度，如图 3-56（a）所示。两个倒角距离一般相等，但也有时不相等。当两个倒角距离不相等时，先选择的那一边形成的倒角距离为倒角距离 1，后选择的那一边形成的倒角距离为倒角距离 2。

（2）角度：通过指定第一个倒角边的倒角距离和倒角形成的斜线与第一条边的夹角来设定倒角。因为一般倒角的角度都是 45°，如工程图中经常标注的"C2"、"C1.5"等。输入"倒角"命令后，输入〖A〗，按回车键，根据命令行提示信息先后输入第一个倒角边的距离和角度，如图 3-56（b）所示。

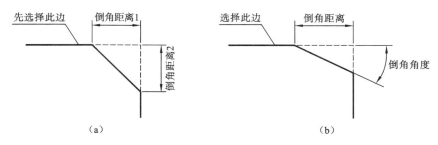

图 3-56　倒角距离和角度

（3）修剪：设置修剪模式。输入"倒角"命令后，输入〖T〗，按回车键，命令行提示"输入修剪模式选项［修剪（T）/不修剪（N）］＜修剪＞："；输入〖T〗，按回车键，选择"修剪"；输入〖N〗，按回车键，选择"不修剪"。

（4）多个：启动倒角命令后输入〖M〗，按回车键，即可以多次选择对象，倒角多个，直到按回车键退出命令。

3.8　缩放对象

在 AutoCAD 绘图中，一般采用 1：1 比例绘制图形，但若想调整图形大小，不需要将其去掉重新绘制，只要用缩放命令将图形编辑。

【功能】　"缩放"命令可以将选定的对象以指定的基点为中心按指定的比例放大或缩小。具体缩放大小，可用输入数值方式，也可用参照方式。"缩放"命令不同于显示缩放命令，"缩放"命令改变了选择对象的真实大小。

【方法】　输入命令的方式如下：

● 工具栏：〖修改〗→〖缩放〗按钮　。

● 菜单命令：【修改】→【缩放】。

● 键盘命令：SC↙或 SCALE↙。

【操作步骤】　输入命令→选择缩放对象，完毕后确认→选择缩放基点→选择缩放比例。

比例缩放的基点，是在缩放的过程中位置不发生改变的点。缩放比例是放大或缩小后的图形与原图形的比值。

1）通过直接输入比例因子缩放对象

在进行比例缩放时，如果知道缩放的比例值，即可直接输入比例值进行缩放操作。

【示例 3-12】　完成如图 3-57 所示耳板的缩放。

操作步骤如下：输入"缩放"命令→系统提示"选择对象："，选择所有图形，选择完成后回车→系统提示"指定基点："，光标单击拾取方形左下角顶点 B 点为缩放基点（若没有其他相对位置图形要求也可以是其他点，如 A 点）→系统提示"指定比例因子或［复制（C）/参照（R）]"，从键盘输入"2"按回车键，即指定比例因子为"2"。

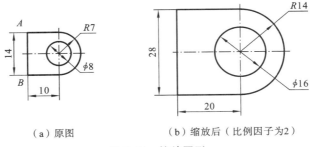

（a）原图　　　　　（b）缩放后（比例因子为2）

图 3-57　缩放图形

2）运用参照法确定缩放比例

在进行比例缩放时,有时不知道具体比例值,只知道一些参照条件,可以通过参照的方式来确定比例因子。当命令行提示"指定比例因子或［复制(C)/参照(R)］"时,输入〖R〗,按回车键,指定参照确定缩放比例。

【示例 3-13】　将图 3-58(a)所示的矩形按"AC/AB"的比值进行放大。

操作方法:输入"缩放"命令→系统提示"选择对象:",选择小正方形,选择完成后按回车键结束选择对象 →系统提示"指定基点:",拾取 A 点为缩放基点 →系统提示"指定比例因子或［复制(C)/参照(R)］",输入〖T〗,按回车键→系统提示"指定参照长度",拾取 A 点 →系统提示"指定第二点:",拾取 B 点 →系统提示"指定新的长度或［点(P)］",拾取 C 点。结果如图 3-58(b)所示。

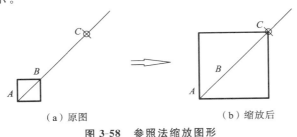

（a）原图　　　　　　（b）缩放后

图 3-58　参照法缩放图形

3.9　拉长对象与拉伸对象

3.9.1　拉长对象

【功能】　拉长对象可以调整非封闭对象大小,可以修改开放直线、圆弧、开放多段线、椭圆弧和开放样条曲线的长度,还可以修改圆弧的包含角。可以将修改尺寸指定为百分比、增量、最终长度或最终角度。

【方法】　输入命令的方式如下:

● 菜单命令:【修改】→【拉长】。

● 键盘命令:Len ✓ 或 Lengthen ✓。

【操作步骤】　启动命令,系统提示"选择对象或［增量(DE)/ 百分数(P)/ 全部(T)/ 动态(DY)］";进行选项并进行相应操作;用点取方式选择对象便可完成拉长编辑,可继续选择其他对象完成拉长编辑,直至按回车键结束。

选项说明如下:

（1）增量：通过指定对象的增量来设置对象的大小，该增量从选择点最近的端点开始测量，正值拉伸对象，负值修剪对象。输入"DE"（即〖D〗〖E〗），按回车键，输入增长量，按回车键，点取选择对象，按回车键结束。也可用选项来选择长度增量或角度增量。

（2）百分数：通过指定对象增加后的总长度为原长度的百分数来设置对象长度。输入〖P〗，按回车键，输入百分数，按回车键，点取选择对象，按回车键结束。

（3）全部：通过指定编辑完成后对象的长度或角度值来设定拉长的方法，即不论拉长前的长度或角度是多少，只在操作中输入加长后的值。输入〖T〗，按回车键，输入总数值，按回车键，点取选择对象，按回车键结束。

（4）动态：通过光标指定拉长后的位置。输入"DY"（即〖D〗〖Y〗），按回车键，打开动态拖动模式，点取选择对象，点取新的位置，按回车键结束。

3.9.2 拉伸对象

【功能】 "拉伸"命令可以拉伸（或压缩）选中的对象，如图 3-59 所示。与窗口相交的对象被拉伸（或压缩），窗口外的对象不会有任何变化，完全在窗口内的对象将被移动。

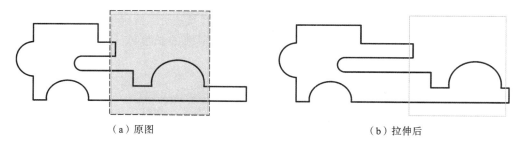

（a）原图   （b）拉伸后

图 3-59 拉伸对象

【方法】 输入命令的方式如下：
- 工具栏：〖修改〗→〖拉伸〗按钮。
- 菜单命令：【修改】→【拉伸】。
- 键盘命令：S↙或 STRETCH↙。

【操作步骤】 输入命令→系统提示"选择对象："，则用"窗交"方式选择拉伸对象（即选择要移动的对象），完毕后按回车键确认→系统提示"指定基点或［位移(D)］"，则捕捉缩放基点→系统提示"指定第二个点或＜使用第一个点作为位移＞："，则捕捉指定第二点。此时可看见，与选择对象窗口边相交的对象按移动方向从"基点"到"第二点"之间的距离调整了，一边增加，一边减少相同量，选择对象窗口内的对象移动位置但大小不变。如图 3-59 所示，是从左向右移动。

选择拉伸对象时只能以"窗交"方式选中对象。拉伸对象时，只能选择对象中需要拉伸的部分，不能将对象全部选择，若全部选择，则相当于移动对象。

3.10 分图层绘制平面图形示例（二）

【示例与训练3-4】 分图层绘制如图 3-60 所示图形

分析：图上线型有点画线和粗实线，至少需要点画线图层和粗实线图层，图形主要由圆和直线组成,所以先在点画线图层上用"直线"命令和"圆"命令绘制点画线,再在粗实线图层上绘制已知的圆,最后绘制其余的线,同时进行修剪。

绘制步骤如下:

(1) 新建图形文件,建立常用图层,保存文件。

(2) 绘制基准线、定位线。选择"点画线"图层为当前图层;选择"直线"和"圆"命令,绘制出基准线和定位线,如图 3-61 所示。

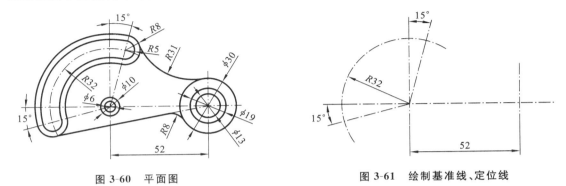

图 3-60 平面图   图 3-61 绘制基准线、定位线

(3) 绘制已知线段。选择"粗实线"图层为当前图层,选择"圆"命令,分别绘制出如图 3-62 所示的各圆。

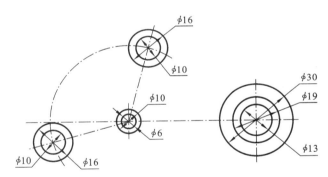

图 3-62 绘制已知线段

(4) 绘制中间线段。

① 选择"粗实线"图层为当前图层,选择"圆"命令,绘制 $R24$、$R27$、$R37$、$R40$ 的圆,如图 3-63 所示。

② 选择"修剪"命令,依次单击选择如图 3-63 所示被修剪的图线,修剪不完的图线选择"删除"命令将其删除,如图 3-64 所示。

(5) 绘制连接线段。

① 选择"粗实线"图层为当前图层;选择"圆角"命令,绘制出 $R31$ 的圆弧;选择"直线"命令,绘制出图形下方的斜线(经过右边圆心),如图 3-65 所示。

② 选择"圆角"命令,绘制出 $R8$ 的连接圆弧,如图 3-66 所示。

(6) 保存图形文件。

【示例与训练 3-5】 分图层绘制图 3-67 所示的平面图

分析:图上线型有点画线和粗实线,图形主要由圆和直线组成,轮廓直线与圆相切。下方

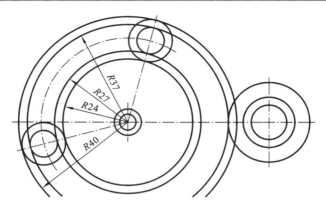

图 3-63 绘制中间线段

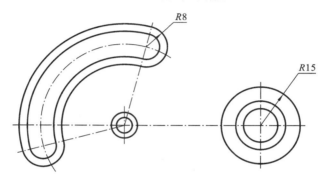

图 3-64 修剪和删除多余图线

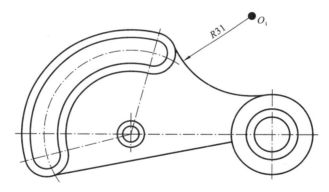

图 3-65 绘制连接圆弧和连接线段

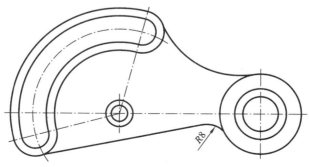

图 3-66 绘制连接圆弧

$R46$ 和左 $R80$ 圆的圆心没有直接指定,需要先画辅助线确定圆心。可以先绘制点画线,再绘制已知的圆,然后绘制直线,最后绘制其余的,同时进行修剪。

　　绘制步骤如下:

(1) 新建图形文件,建立常用图层。保存文件。

(2) 绘制已知线段。

① 设置点画线层为当前层。用"直线"命令、"偏移"命令绘制定位线。如图 3-68 所示。

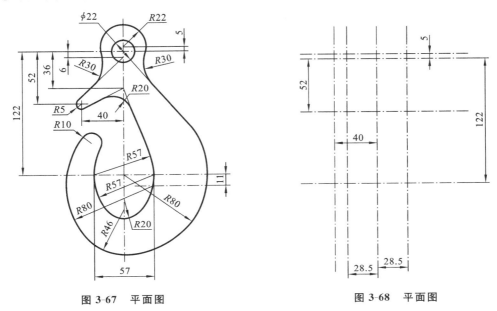

图 3-67　平面图　　　　　　　　　　　　　　图 3-68　平面图

　　② 设置粗实线层为当前层。用"圆"命令绘制 $\phi22$、$R22$、$R5$、$R80$、$R57$ 的圆。如图 3-69 所示。

　　③ 用"修剪"命令和"夹点"命令修剪多余线,结果如图 3-70 所示。

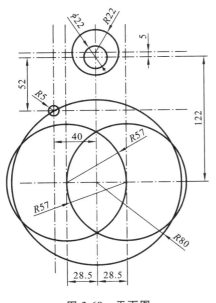

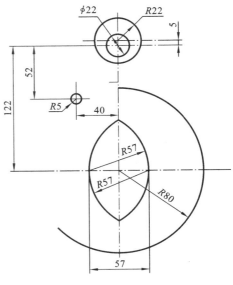

图 3-69　平面图　　　　　　　　　　　　　　图 3-70　平面图

（3）绘制中间线段,如图 3-71 所示。

① 用"圆"命令,以右边圆 $R80$ 圆的圆心为圆心,$80-46=34$ 为半径,作辅助圆与中心线相交,从而得到圆 $R46$ 的圆心。

② 用"圆"命令绘制 $R46$ 的圆。

③ 用"删除"命令删除辅助圆,用修剪命令剪去多余线段,如图 3-71 所示。

（4）绘制上部分连接线段,如图 3-72 所示。

① 用"偏移"命令绘制中心线（向下偏移距离为 36）。

② 用"直线"命令绘制圆的切线（左右各两条）。

③ 用"修剪"命令剪去多余线段,如图 3-72 上部分所示。

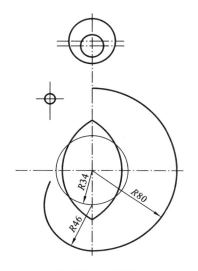

图 3-71　平面图

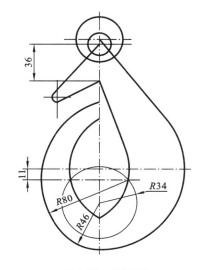

图 3-72　平面图

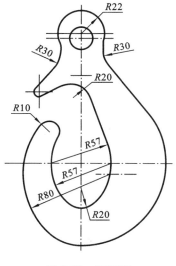

图 3-73　平面图

（5）绘制下部分连接线段，如图 3-72 所示。

① 用"偏移"命令绘制中心线（向下偏移距离为 11）。

② 用"圆"命令,以 $R46$ 圆的圆心为圆心,$80-46=34$ 为半径,作辅助圆与中心线相交,从而得到左 $R80$ 圆的圆心。

③ 用"圆"命令绘制左 $R80$ 圆。

④ 用"删除"命令删除辅助圆,并用"修剪"命令剪去多余线段,如图 3-72 下部分所示。

（6）绘制连接圆弧,如图 3-73 所示。

① 用"圆角"命令绘制上方 $R30$ 的圆弧,相切直线与圆（左右各一个 $R30$ 的圆弧）。

② 用"圆角"命令绘制中间 $R20$ 的圆弧,相切两条斜的直线。

③ 用"圆角"命令绘制中间 $R10$ 的圆弧,相切 $R57$

与 $R80$ 的圆弧。

　　④ 用"圆角"命令绘制下方 $R20$ 的圆弧,相切两个 $R57$ 圆修剪后的圆弧。

　　(7) 用"夹点"命令整理中心线长度,保存文件。

【训练习题 3-4】　分图层绘制图 3-74 所示平面图。

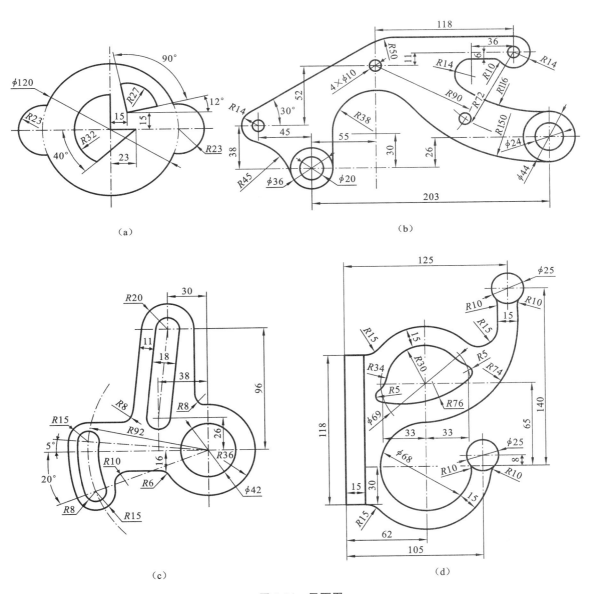

(a)

(b)

(c)

(d)

图 3-74　平面图

【训练习题 3-5】　分图层绘制图 3-75 所示的图。

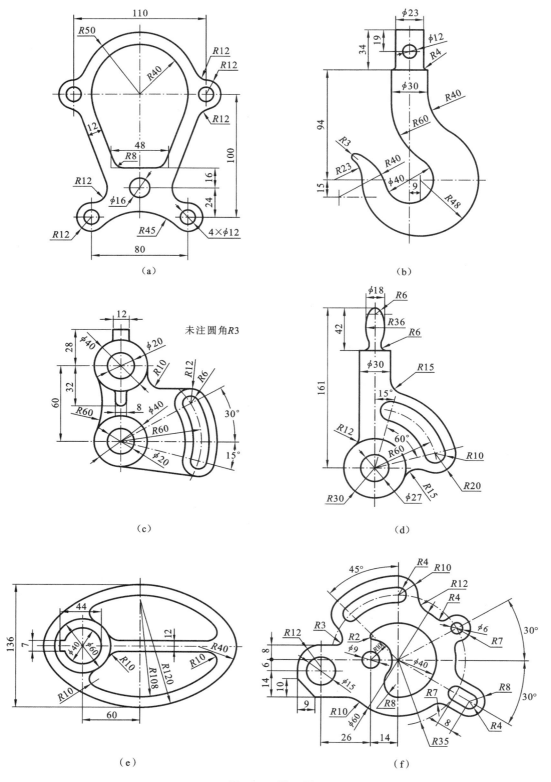

图 3-75　练习图

3.11　点的定数等分与定距等分

3.11.1　定数等分

【功能】　将选定的对象按一定数量平均分配,并在等分点上绘制点(对象捕捉为节点),如图 3-76 所示。

【方法】　输入命令的方式如下:
- 菜单命令:【绘图】→【点】→【定数等分】。
- 键盘命令:DIV ↙ 。

【操作步骤】　输入命令→选择要等分的对象→输入需将对象等分成的段数(如"3")→按回车键。

3.11.2　定距等分

【功能】　将选定的对象按一定距离平均分配,并在等分点上绘制点(对象捕捉为节点),如图 3-77 所示。

图 3-76　点的定数等分

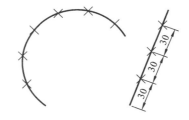

图 3-77　点的定距等分

【方法】　输入命令的方式如下:
- 菜单命令:【绘图】→【点】→【定距等分】。
- 键盘命令:MEASURE ↙ 。

【操作步骤】　输入命令→选择要等分的对象→输入等分段的长度(如"30")→按回车键。

定距等分不一定能完全等分对象,系统从选择对象时靠近的那个端点开始测量,不足一个等分长度的部分,留在另一端。

3.12　绘 制 圆 环

【方法】　输入命令的方式如下:
- 菜单命令:【绘图】→【圆环】。
- 键盘命令:DONUT ↙ 。

【操作步骤】　输入命令→输入圆环的内径,按回车键→输入圆环的外径,按回车键→指定圆环的中心点→可继续指定圆环的中心点,绘制相同的圆环→按回车键结束。如图 3-78 所示。输入的圆环内径和圆环外径,都是指的

图 3-78　绘制圆环

直径尺寸,不是半径尺寸。

3.13 绘 制 圆 弧

AutoCAD 提供了 11 种绘制圆弧的方法,如图 3-79 所示的菜单列出了所有方法,绘图时可根据已知条件选择相应的方式。圆弧的绘制具有方向性,逆时针旋转的角度为正,顺时针旋转的角度为负。

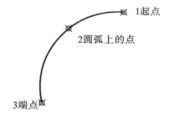

图 3-79 11 种不同的圆弧绘制方式

1."三点"法绘制圆弧

【功能】 指定三点方式画弧是最常用的。该方式通过指定圆弧的起点、圆弧中间的任意一点、端点(即终点)绘制圆弧,如图 3-80 所示。

【方法】 输入命令的方式如下:

● 工具栏:〖绘图〗→〖圆弧〗按钮 。

● 菜单命令:【绘图】→【圆弧】→【三点(P)】。

● 键盘命令:A↙ 或 ARC↙。

【操作步骤】 输入"圆弧"命令→指定起点→指定第二点→指定端点。

2."起点、端点、半径"法绘制圆弧

【功能】 通过指定圆弧的起点、端点和半径绘制圆弧,如图 3-81 所示。

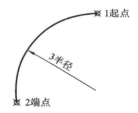

图 3-80 "三点"方式绘制圆弧   **图 3-81** "起点、端点、半径"方式绘制圆弧

【方法】 输入命令的方式如下:

● 菜单命令:【绘图】→【圆弧】→【起点、端点、半径(R)】。

【操作步骤】 从菜单【绘图】→【圆弧】→【起点、端点、半径(R)】输入命令,依次指定圆弧的起点、端点和半径绘制圆弧,如图 3-81 所示。

用近似画法绘制相贯线时,可用"起点、端点、半径"法绘制圆弧。

运用"起点、端点、半径"法绘制圆弧时,注意方向和半径。圆弧按逆时针方向旋转从起点到端点。要注意所画的圆弧是优弧(大半弧)还是劣弧(小半弧),在输入半径时,输入正值的半径为劣弧,输入负值的半径为优弧。如图 3-82 所示,选择起点为 A 点、端点为 B 点,半径为"30"时是内部的劣弧,半径为"−30"时是外部的优弧。

3.其他绘制圆弧的方法

除了上述两种方法外,绘制圆弧的方法还有以下几种。

(1)起点、圆心、端点:指定圆弧的起点、圆心和端点绘制圆弧,如图 3-83 所示。

(2)起点、圆心、角度:指定圆弧的起点、圆心和所包含角度绘制圆弧,如图 3-84 所示。

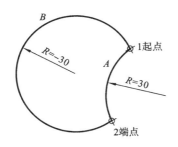

图 3-82　半径为正绘劣弧、为负绘优弧

图 3-83　起点、圆心、端点法绘制圆弧

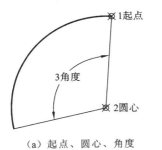

（a）起点、圆心、角度

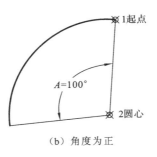

（b）角度为正

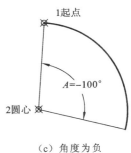

（c）角度为负

图 3-84　起点、圆心、角度方式画弧

（3）起点、圆心、长度：指定圆弧的起点、圆心和弦长绘制圆弧，如图 3-85 所示。

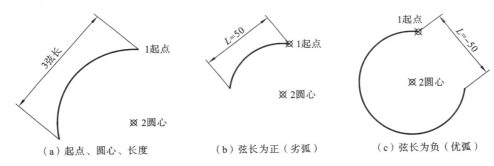

（a）起点、圆心、长度　　　　　（b）弦长为正（劣弧）　　　　　（c）弦长为负（优弧）

图 3-85　起点、圆心、长度方式画弧

（4）起点、端点、角度：指定圆弧的起点、端点和所包含角度绘制圆弧，如图 3-86 所示。

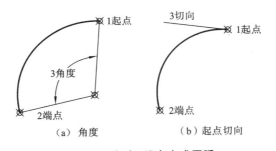

（a）角度　　　　　　　（b）起点切向

图 3-86　起点、端点方式画弧

（5）圆心、起点、端点：指定圆弧的圆心、起点和端点绘制圆弧，如图 3-87（a）所示。

（6）圆心、起点、角度：指定圆弧的圆心、起点、角度绘制圆弧，如图 3-87（b）所示。

（7）圆心、起点、长度：指定圆弧的圆心、起点和弦长绘制圆弧，如图 3-87（c）所示。

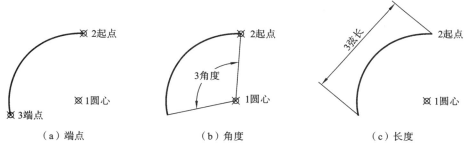

（a）端点　　　　　　　　　　（b）角度　　　　　　　　　　（c）长度

图 3-87　圆心、起点方式绘弧

（8）继续：只能通过菜单启动命令，单击菜单"绘图"→"圆弧"→"继续"。此选项严格来讲不是一种画圆弧的方法，是一种类似多段线的圆弧画法。它紧接上一个命令，以上一个命令的终点，作为圆弧的起点，且与上一个命令所产生的对象在圆弧起点处相切。如图 3-88 所示。

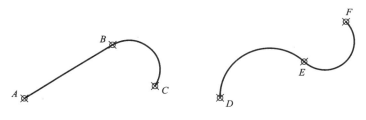

图 3-88　继续方式画弧

3.14　绘制椭圆与绘制椭圆弧

3.14.1　绘制椭圆

椭圆的要素有长轴、短轴、椭圆位置及摆放的角度。

输入命令的方式如下：

- 工具栏：〖绘图〗→〖椭圆〗按钮 ⬬。
- 菜单命令：【绘图】→【椭圆】。
- 键盘命令：EL↙ 或 ELLIPSE↙。

输入"椭圆"命令后，系统提示"指定椭圆的轴端点或［圆弧（A）/中心点（C）］："，根据已知条件，进行选项。

（1）根据椭圆两个端点及另一条半轴的长度绘制椭圆，如图 3-89（a）所示。

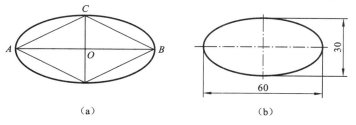

（a）　　　　　　　　　　　　　（b）

图 3-89　椭圆的绘制

【操作步骤】　输入命令 → 指定其中一轴的一个端点(捕捉 A 点)→ 指定轴的另一端点(捕捉 B 点)→ 给定另一轴的半径(捕捉 C 点)。

(2) 根据椭圆的中心和半轴绘制椭圆,如图 3-89 (b)所示。

【操作步骤】　输入命令 → 输入〖C〗,按回车键 → 指定中心点 → 指定一根轴的一端点 → 给定另一轴的半长。

3.14.2　绘制椭圆弧

椭圆弧是先确定椭圆,再取椭圆上的一段弧来完成的。

输入命令方法:

● 工具栏:〖绘图〗→〖椭圆弧〗按钮 ◯。

● 菜单命令:【绘图】→【椭圆】→【圆弧(A)】。

【操作步骤】　先按椭圆画法确定椭圆 → 命令行提示"指定起始角度或[参数(P)]:" → 输入起始角度 → 命令行提示"指定终止角:指定终止角度或[参数(P)/包含角度(I)]:" → 输入终止角度。

3.15　分图层绘制平面图形示例(三)

【示例与训练 3-6】　分图层绘制如图 3-90 所示椭圆图形

分析:此图左右对称,先绘制一半再镜像。内部小椭圆的轴尺寸已知,可直接绘制,外部大椭圆轴尺寸未知,可以利用偏移命令来绘制。与椭圆相切的圆弧用圆角命令来绘制。

作图过程如下:

(1) 图层设置;保存文件(用"另存为"命令)。

(2) 更换点画线层为当前图层,绘制中心线。先绘制相互垂直的中心线,再用"偏移"命令绘制椭圆轴位置线,如图 3-91(a)所示。

(3) 换粗实线层为当前层,绘制椭圆(长轴 80 位置线已绘制,短轴为 60,输入 30,椭圆竖直放置)。再用"偏移"命令将椭圆向外偏移 12 得到外部大椭圆,如图 3-91 (b)所示。

(4) 用"偏移"命令绘制下方小圆的中心线,水平线将椭圆水平中心线向下方偏移 80,竖直线将椭圆竖直中心线向左方偏移 30,如图 3-91(c)所示。

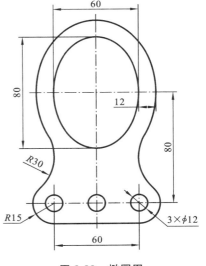

图 3-90　椭圆图

(5) 用"圆"命令绘制下方 $\phi12$ 的圆,重复用圆命令绘制左边 $\phi12$ 的圆。以左边 $\phi12$ 的圆心为圆心,绘制 $R15$ 的圆。调整左边 $\phi12$ 的圆竖直中心线的长短,如图 3-92(a)所示。

(6) 用"直线"命令捕捉 $R15$ 的圆下方切点,绘制水平线。运用"圆角"命令绘制左边 $R30$ 的圆弧,设置半径为 30,分别选择偏移得到的大椭圆边和相应的 $R15$ 的圆(此处必须用"圆角"命令绘制),如图 3-92(b)所示。

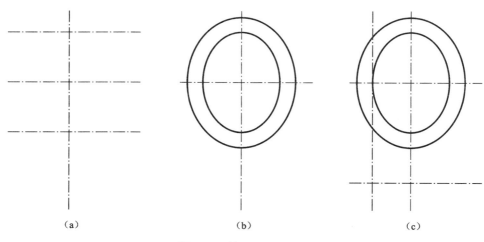

（a）　　　　　　　　　　（b）　　　　　　　　　　（c）

图 3-91　椭圆图绘制（一）

（7）用"修剪"命令修剪 $R15$ 的圆得到的左部分图形，用"镜像"命令左右镜像，用"修剪"命令修剪大椭圆下方线，并调整中心线长度，完成全图，如图 3-92（c）所示。

（8）保存文件，关闭文件。

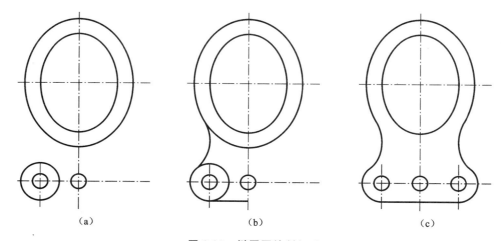

（a）　　　　　　　　　　（b）　　　　　　　　　　（c）

图 3-92　椭圆图绘制（二）

【示例与训练 3-7】　分图层绘制如图 3-93 所示的有椭圆的图形

分析：此图左右对称、上下对称，可以先绘制 1/4 再镜像。中间是椭圆，周边是圆和圆弧。

作图过程如下：

（1）新建图形文件，建立常用图层，保存文件（用"另存为"命令）。

（2）设"点画线"层为当前图层；绘制水平和竖直中心线；选择"偏移"命令，输入偏移距离"30"，按回车键，单击垂直中心线，向左右偏移；输入偏移距离"55"，按回车键，单击水平中心线，分别向上下偏移；偏移后的图线确定了椭圆范围，如图 3-94 所示。

（3）换"粗实线"层为当前层，绘制椭圆。用"椭圆"命令在确定的椭圆范围与对称中心线的交点处依次，单击绘制内椭圆（长轴为 110，短轴为 60，椭圆竖直放置）；运用"偏移"命令将椭圆向外偏移 15，得到外部椭圆（外椭圆也可绘制）。删除椭圆范围的辅助线，如图 3-95 所示。

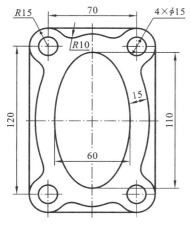

图 3-93　有椭圆图的绘制

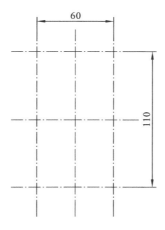

图 3-94　绘制椭圆范围辅助线

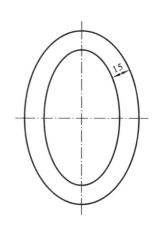

图 3-95　完成后的椭圆

（4）绘制圆和圆弧。

① 用"偏移"命令，输入偏移距离"35"，按回车键，单击垂直中心线，向左右两侧偏移；输入偏移距离"60"，按回车键，单击水平中心线，向上下两侧偏移；偏移线的交点确定了圆和圆弧的中心位置和对称中心线，如图 3-96 所示。

② 选择"粗实线"图层为当前图层；用"圆"命令，指定圆心位置，绘制出 $R15$ 和 $R7.5$ 的圆，如图 3-97 所示。

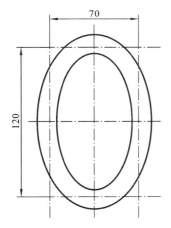

图 3-96　绘制圆的对称中心辅助线

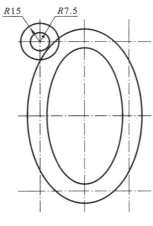

图 3-97　绘制圆

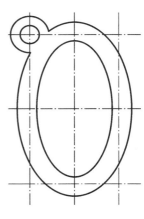

图 3-98　修剪椭圆

③ 用"修剪"命令，选中 $R15$ 的圆，按回车键，单击 $R15$ 圆与椭圆的交叉部分，将其修剪，单击右键确认。选择"修剪"命令，修剪椭圆与 $R15$ 圆的交叉部分，如图 3-98 所示。

④ 用"圆角"命令，绘制 $R10$ 的圆弧，如图 3-99 所示。

⑤ 用"镜像"命令，选中 $R15$、$R10$、$R7.5$ 圆弧为镜像对象，按回车键。按命令行提示，指定垂直点画线的端点为第一点和第二点，输入〖N〗，按回车键。左右镜像后的图形如图 3-100 所示。

⑥ 用"镜像"命令，用窗口选取对象的方法选中图 3-100 镜像前后的两处 $R15$、$R10$、$R7.5$ 圆弧为镜像对象，按回车键。指定水平点画线的端点为第一点和第二点，输入〖N〗，按回车键。上下镜像后的图形如图 3-101 所示。

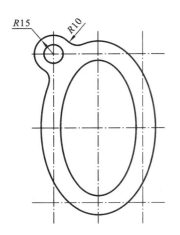

图 3-99　绘制连接圆弧

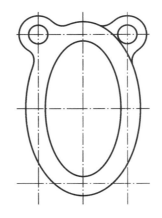

图 3-100　左右镜像圆和圆弧

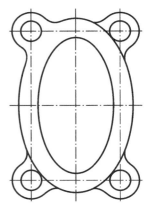

图 3-101　上下镜像圆和圆弧

（5）绘制直线。

① 选择"粗实线"图层为当前图层；用"直线"命令，沿 R15 圆弧与点画线交点绘制公切线，如图 3-102 所示。

② 用"打断"命令，打断多余图线，如图 3-103 所示。

（6）保存文件。

【训练习题 3-6】　绘制图 3-104 所示平面图。

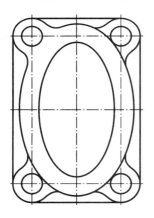

图 3-102　绘制圆弧公切线

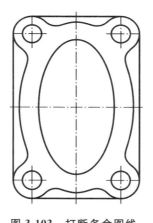

图 3-103　打断多余图线，
完成图形绘制

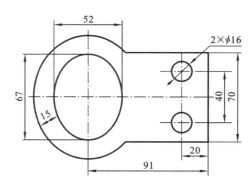

图 3-104　有椭圆的平面图

3.16　图案填充与编辑图案填充

3.16.1　图案填充

【功能】　利用"图案填充"命令，可以将选定的图案填入指定的封闭区域内。机械制图常用于绘制剖面符号线。该命令可以使用预定义填充图案填充区域、使用当前线型定义简单的线图案，也可以创建更复杂的填充图案。

【方法】　输入命令的方式如下：

● 工具栏:〔绘图〕→〔图案填充〕按钮 ▨。
● 菜单命令:【绘图】→【图案填充】。
● 键盘命令：H ↙、BH ↙ 、BHATCH ↙ 或 HATCH ↙。

【操作步骤】　输入命令后,系统弹出如图 3-105 所示"图案填充和渐变色"对话框。

图 3-105　图案填充和渐变色对话框

　　在对话框的"图案填充"选项卡中设置图案特性,如图 3-106 所示,即在〔图案〕右边样例图框按钮上单击左键,在弹出的对话框中单击选择填充图案;在〔角度〕下方文本框中输入角度值,用来确定图案的倾斜角度;在〔比例〕下方文本框中输入比例值,用来确定图案的疏密程度。

　　在对话框中"边界"选项区设置要填充的边界,即在右边"边界"下方〔添加:拾取点〕按钮上单击左键,换到绘图界面,在需要填充的区域内任何位置单击左键,选择一个封闭区域,可重复选择多个,直到按回车键结束选择,返回"图案填充和渐变色"对话框,在〔确定〕按钮上单击左键,完成图案填充。

　　如图 3-107 所示示例,选择图案为"ANSI31",角度为"0",比例"2",选择要填充的边界为一个封闭区域。

　　在"图案填充和渐变色"对话框中单击"渐变色"选项卡,出现如图 3-108 所示对话框,可以设置逐渐变化的颜色,如图 3-109 所示示例。

　　注:"图案填充"要求被填充的对象是封闭的,若不封闭则在填充时会出现一个提示对话框,当出现该种情况时可以利用分割法进行判断。

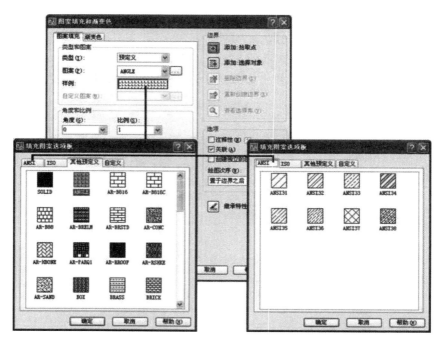

图 3-106　设置图案填充对话框

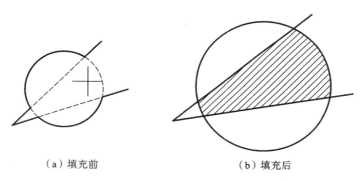

（a）填充前　　　　　　　　　（b）填充后

图 3-107　图案填充示例

3.16.2　编辑图案填充

1. 编辑填充的图案

【功能】　创建图案填充后,如需修改填充图案或比例,可利用"图案填充编辑"对话框进行编辑修改。

【方法】　输入命令的方式如下。

- 快捷键方式:选中填充的某图案,单击右键,选择〖编辑图案填充〗。
- 菜单命令:【修改】→【对象】→【图案填充】。
- 工具栏:〖修改Ⅱ〗→〖编辑图案填充〗按钮 🖉。
- 键盘命令:HATCHEDIT ↙。

常用方法是快捷键方式。

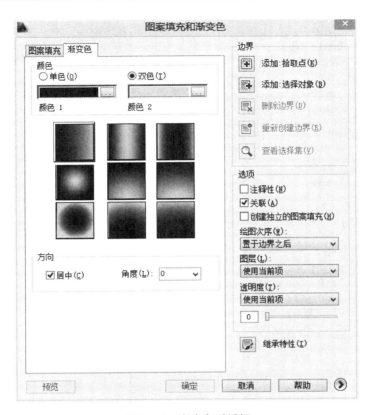

图 3-108　渐变色对话框

图 3-109　渐变色填充示例

　　【操作步骤】　输入命令后会出现"图案填充编辑"对话框,如图 3-110 所示。再用与"图案填充"一样的操作方法进行修改,可以更换图案,可以修改角度,可以修改比例,可以修改边界,之后单击〖确定〗按钮。

　　2．图案填充的修剪

　　用"修剪"命令,可对已填充好的图案进行修剪。修剪的方法与修剪图形实体相同,如图3-111 所示。

　　3．图案填充的分解

　　用"分解"命令将填充的图案分成单个对象。

图 3-110　图案填充编辑对话框

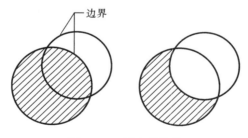

图 3-111　图案的修剪

【训练习题 3-7】　绘制如图 3-112 所示封闭图形,并在其中填充图案。

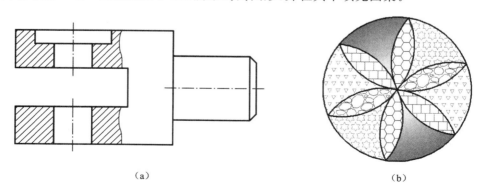

（a）　　　　　　　　　　　　　（b）

图 3-112　填充图案训练题

3.17 多线样式与绘制多线

3.17.1 多线样式设置

【方法】 输入命令的方式如下。

● 菜单命令:【格式】→【多线样式】。

● 键盘命令：MLSTYLE↙。

【操作步骤】 输入命令→系统弹出如图 3-113
所示"多线样式"对话框,默认为"STANDRD",是
双线,对话框操作要点如图 3-114 所示。

单击〖新建〗按钮,弹出"创建新的多线样式"
对话框,如图 3-115 所示,输入新样式名字,如"外
墙",单击〖继续〗按钮,出现 "新建多线样式:外
墙"对话框,如图 3-116 所示。 单击〖添加〗按钮,
增加"0"线,如图 3-117 所示,可修改参数,如单击
〖线型〗按钮,出现"选择线型"对话框,选择线型
方法同图层中线型设置,单击"选择线型"对话框
〖确定〗按钮,返回"新建多线样式:墙体"对话框,
再单击〖确定〗按钮,返回"多线样式"对话框,再单击〖确定〗按钮完成。

图 3-113 "多线样式"对话框

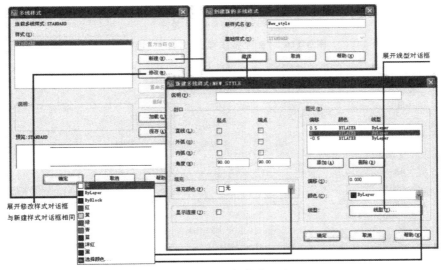

图 3-114 对话框操作要点

3.17.2 绘制多线

多线包含 1 至 16 条平行线,如图 3-118 所示图形,这些平行线称为图元。 每个图元的颜
色、线型,以及显示或隐藏多线的封口均可以设置。 封口是那些出现在多线元素每个顶点处的

图 3-115 "创建新的多线样式"对话框

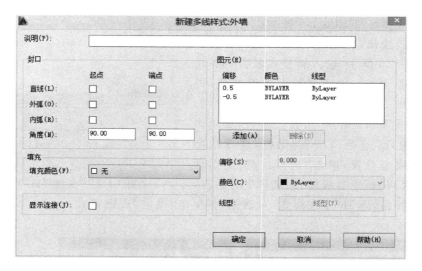

图 3-116 "新建多线样式:外墙"对话框

图 3-117 "新建多线样式:外墙"对话框

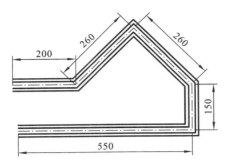

图 3-118　"多线"命令绘制的图

线条。多线可以使用多种端点封口,例如直线或圆弧。

【方法】　输入命令的方式如下。

● 菜单命令:【绘图】→【多线】。

● 键盘命令:ML ✓ 或 MLINE ✓。

【操作步骤】　输入命令后,系统提示"当前设置:对正 = 上,比例 = 20.00,样式 = STANDARD 指定起点或［对正(J)/比例(S)/样式(ST)］:",可选项改变相应参数,之后的操作与直线的绘制方法相同。

3.17.3　多线的编辑

【方法】　输入命令的方式如下。

● 菜单命令:【修改】→【对象】→【多线】。

● 键盘命令:MLEDIT ✓。

【操作步骤】　输入命令后,系统弹出如图 3-119 所示的"多线编辑工具"对话框。若单击

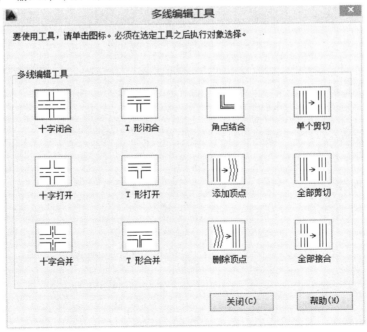

图 3-119　"多线编辑工具"对话框

其中一个图标,则表示使用该种方式进行多线编辑操作。再按提示操作即可,系统提示"选择第一条多线:",则选择多线一;系统提示"选择第二条多线:",则选择多线二;系统提示"选择第一条多线 或[放弃(U)]:",按回车键结束。结果如图 3-120 所示。

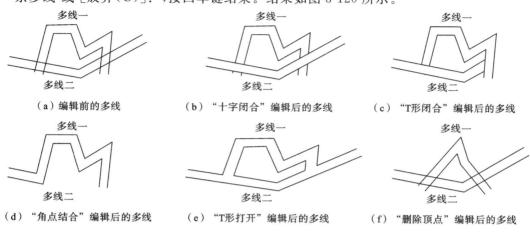

（a）编辑前的多线　　　　　（b）"十字闭合"编辑后的多线　　　　　（c）"T形闭合"编辑后的多线

（d）"角点结合"编辑后的多线　　　　（e）"T形打开"编辑后的多线　　　　（f）"删除顶点"编辑后的多线

图 3-120　多线编辑结果图

第4章 绘制三视图与剖视图

【本章学习内容】

三视图和剖视图的绘制方法。

4.1 三视图的绘制

三视图中单个图形的绘制与前面所学的二维图形绘制方法相同。只是在绘制过程中要注意三视图之间"长对正、高平齐、宽相等"的投影对应关系。三视图绘制中,一般使用"构造线"或"射线"命令和利用"对象捕捉"、"正交"按钮绘制辅助线来保证"长对正、高平齐"的对应关系;可以利用绘制 45°辅助线来保证宽相等,可以利用绘制圆和移动圆命令来保证"宽相等",也可以使用其他方法来保证宽相等。

例如,绘制图 4-1 所示的三视图。三个图形单独绘制都非常简单,主要是要保证三视图之间"长对正、高平齐、宽相等"的投影对应关系。此例可以先绘制主视图和俯视图,后绘制左视图,也可以先绘制主视图和左视图,后绘制俯视图。绘制主视图和俯视图时,先绘制一个视图,再用构造线绘制竖直辅助线,然后绘制另一个视图,如图 4-2 所示。绘制主视图和左视图时,先绘制一个视图,再用构造线绘制水平辅助线,然后绘制另一个视图,如图 4-3 所示。用构造线绘制辅助线时,将状态栏的正交处于打开模式。

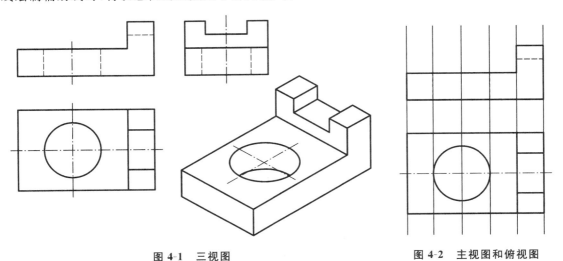

图 4-1 三视图　　　　　　　　　　　　图 4-2 主视图和俯视图

下面介绍保证俯视图和左视图宽相等的方法,共介绍三种方式:一是利用绘制 45°辅助线来保证宽相等;二是利用绘制圆命令和移动圆来保证宽相等;三是使用复制加旋转的方法保证

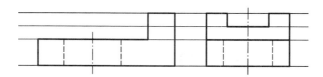

图 4-3 主视图和左视图

宽相等。此例选择先绘制主视图和俯视图,后绘制左视图的步骤。方法一如图 4-4 所示,过俯视图水平中心线绘制水平线,绘制 45°辅助线,再如同手工绘制方法用构造线命令和正交打开状态,绘制辅助线,完成左视图;方法二如图 4-5 所示,在俯视图上绘制圆,再将圆移动到左视图上找到交点,相当于手工绘制用分规量取尺寸,从而绘制左视图;方法三如图 4-6 所示,复制俯视图,再将其旋转 90°,放置在俯视图右边,继续用构造线命令和正交打开状态,绘制辅助线,完成左视图。

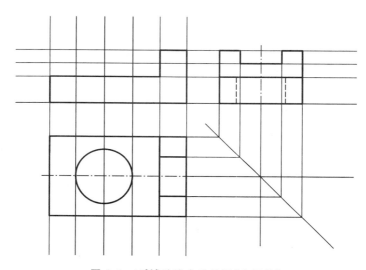

图 4-4 45°辅助线方法保证"宽相等"

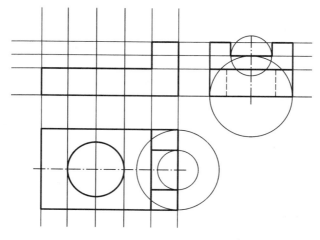

图 4-5 绘制圆和移动圆方法保证"宽相等"

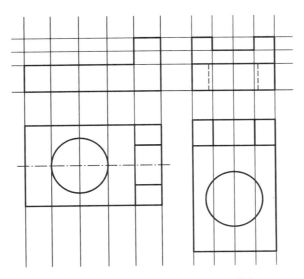

图 4-6　复制加旋转方法保证"宽相等"

4.2　绘制三视图示例

【示例与训练 4-1】　绘制三视图

【示例 4-1-1】　绘制如图 4-7 所示三视图,不需要标注尺寸。

分析:线型有粗实线、点画线和虚线,绘图过程需要辅助线,所以图层需要"粗实线"、"点画线"、"虚线"和"辅助线(用细实线线型)"。因左视图上尺寸少些,需要根据"高平齐、宽相等"的投影对应关系来绘制,所以先绘制主视图和俯视图,再绘制左视图,此例通过绘制 45°辅助线保证宽相等。主视图和俯视图左右对称,可以先绘制一半,再用镜像命令得到另一半。

绘制过程:

(1) 设置绘图环境和图层,图层分"粗实线"、"点画线"、"虚线"和"辅助线(或细实线)",如表 4-1所示。以"例 4-1-1 三视图"为文件名保存文件。

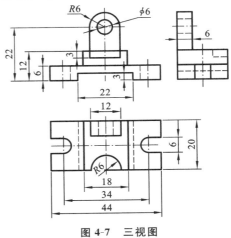

图 4-7　三视图

表 4-1　图层设置

图　层　名	颜　色	线　型	线　宽
粗实线	绿色	Continuous	0.50 mm
点画线	红色	ACAD_ISO04W100	0.25 mm
虚线	蓝色	ACAD_ISO02W100	0.25 mm
辅助线	黄色	Continuous	0.25 mm

(2) 绘制俯视图。

① 换"点画线"层为当前层,绘制相互垂直的两条中心线。

② 换"粗实线"层为当前层,利用"偏移"命令将上述竖直中心线向右偏移 9、11、17、22,将水平中心线向上下各偏移 3 和 10 等。

③ 绘制直线,绘制圆,修剪、删除整理,将将线移到"虚线"层,完成俯视图的右部分图形,如图 4-8 所示。

④ 以中间的垂直中心线为镜像轴,左右镜像;绘制 R6 的圆并修剪,完成俯视图,如图 4-9 所示。

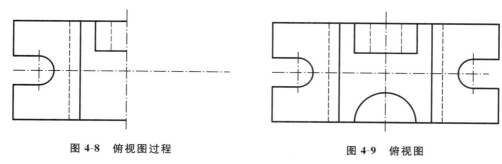

图 4-8 俯视图过程　　　　　　　图 4-9 俯视图

(3) 绘制主视图。

① 换"辅助线"层为当前层,用"构造线"命令,正交打开,通过关键点绘制垂直的线条,用以保证主、俯视图"长对正";换"粗实线"层为当前层,用"直线"命令绘制主视图最下方的一条线;利用"偏移"命令将最下方的这条线向上偏移 3、6、12 和 22。将上方一条线移动到"点画线"层,用直线命令沿辅助线绘制竖线;绘制 R6 和 φ6 的圆。如图 4-10 所示。

② 删除辅助线,绘制直线,修剪整理完成主视图右边图形。左右镜像复制,完成主视图。如图 4-11 所示。

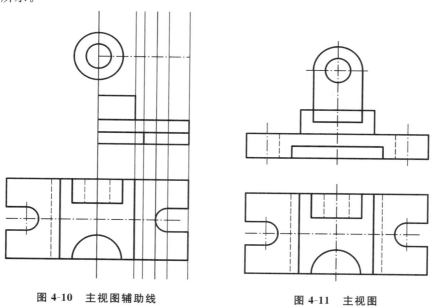

图 4-10 主视图辅助线　　　　　　　图 4-11 主视图

(4) 绘制左视图。

① 用"构造线"命令通过主视图相应位置点作辅助线确定主、左视图高平齐位置。绘制 45°辅助线;用"构造线"命令通过俯视图相应位置点作水平辅助线,用"构造线"命令通过与 45°辅助线交点作竖直辅助线;沿辅助线绘制直线。如图 4-12 所示。

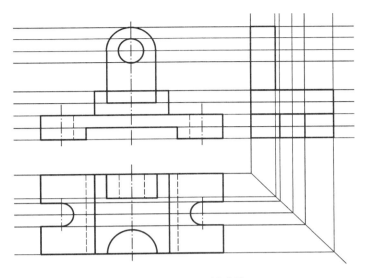

图 4-12　左视图辅助线

② 删除辅助线,完成左视图,如图 4-13 所示。

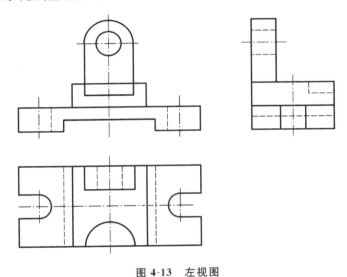

图 4-13　左视图

（5）调整中心线长度,整理图形,保存文件。

【示例 4-1-2】　绘制如图 4-14 所示三视图,不需要标注尺寸。

分析:线型有粗实线、点画线和虚线,绘图过程需要辅助线,所以图层需要"粗实线"、"点画线"、"虚线"和"辅助线"（用细实线线型）。因左视图上尺寸少些,需要根据"高平齐、宽相等"的投影对应关系来绘制,所以先绘制主视图和俯视图,再绘制左视图,此例通过绘制绘制圆和移动圆方法保证宽相等。主视图和俯视图左右对称,可以先绘制一半,再用镜像命令得到另一半。

绘制过程:

（1）设置绘图环境和图层,图层分"粗实线"、"点画线"、"虚线"和"辅助线（用细实线）",如表 4-1 所示。以"例 4-1-2 三视图"为文件名保存文件。

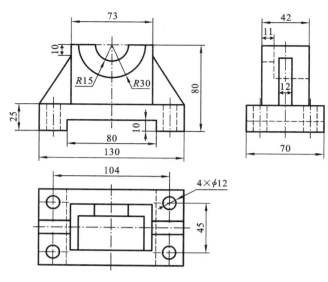

图 4-14　三视图

（2）绘制主视图下部分图形。如图 4-15、图 4-16 所示。

① 换"点画线"层为当前层,绘制相互竖直的中心线。

② 换"粗实线"层为当前层,绘制下方外部直线。

③ 利用"偏移"命令将上述竖直中心线向右偏移 52 得到右边孔中心线。

④ 利用"偏移"命令将偏移的竖直中心线向左右各偏移 6;绘制孔直线,再将孔线移到"虚线"层。整理完成右边图形,如图 4-15 所示。

⑤ 以中间的垂直中心线为镜像轴,左右镜像,完成主视图下部分图形,如图 4-16 所示。

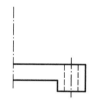

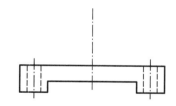

图 4-15　主视图下方右部分图形　　　　图 4-16　主视图下方图形

（3）绘制主视图上部分图形。如图 4-17、图 4-18 所示。

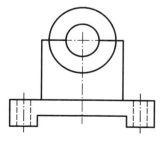

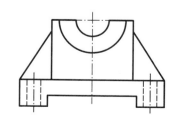

图 4-17　主视图上方中间图形　　　　图 4-18　主视图上方图形

① 利用"偏移"命令将中间竖直中心线向左右各偏移 26.5,将上方水平线向上偏移 55(55 =80-25);绘制外围粗直线;绘制 $R15$、$R30$ 的圆;删除偏移线,再将中间线移到"点画线"层,

如图 4-17 所示。

② 修剪 $R15$、$R30$ 的圆；绘制左右斜的直线，整理完成主视图，如图 4-18 所示。

（4）绘制俯视图。

① 换"点画线"层为当前层，绘制水平的中心线。

② 利用"偏移"命令将水平线向上下各偏移 35。

③ 换"辅助线"层为当前层，正交打开，通过关键点绘制竖直的辅助线，用以保证主、俯视图长对正。

④ 换"点画线"层为当前层，沿辅助线绘制右边中心线；换"虚线"层为当前层，沿辅助线绘制右边孔虚线；换"粗实线"层为当前层，沿辅助线绘制相应粗直线。如图 4-19 所示。

⑤ 删除辅助线；利用"偏移"命令将水平线中心线向上下偏移，沿偏移辅助线绘制相应直线。如图 4-20 所示。

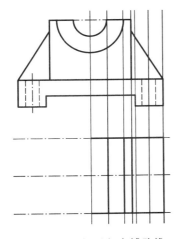

图 4-19　俯视图竖直辅助线

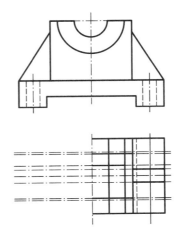

图 4-20　俯视图偏移辅助线

⑥ 删除辅助线；修剪直线；绘制 $\phi12$ 的圆。如图 4-21 所示。

⑦ 以中间的垂直中心线为镜像轴，左右镜像，整理完成俯视图，如图 4-22 所示。

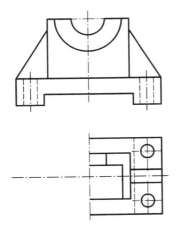

图 4-21　俯视图右部分图形

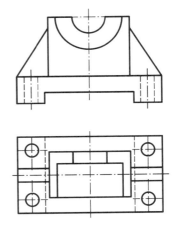

图 4-22　俯视图

（5）绘制左视图。

① 换"辅助线"层为当前层，正交打开，通过关键点用"构造线"命令通过主视图相应位置

点作辅助线确定主、左视图高平齐位置。换"点画线"层为当前层,绘制右边竖直中心线;换"辅助线"层为当前层,在俯视图上绘制宽度的圆,并移动到左视图上,注意圆心位置,以保证"宽相等";换"粗实线"层为当前层,沿辅助线绘制相应的直线。如图 4-23 所示。

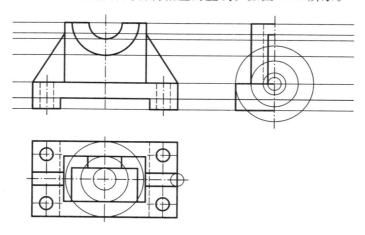

图 4-23 左视图辅助线和辅助圆

② 删除辅助线和辅助圆;以中间的垂直中心线为镜像轴,左右镜像,修剪完成左视图主要图形。

③ 用"偏移"命令将中心线左右偏移 22.5,得到小圆孔的中心线;用"复制"命令将孔在主视图上的图形复制到左视图。如图 4-24 所示。

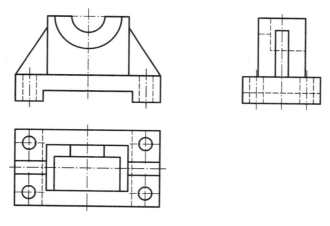

图 4-24 左视图

(6)调整中心线长度,整理图形,保存文件。

【示例 4-1-3】 绘制如图 4-25 所示三视图,不需要标注尺寸。

分析:线型有粗实线、点画线和虚线,绘图过程需要辅助线,所以图层需要"粗实线"、"点画线"、"虚线"和"辅助线"(用细实线线型)。因左视图上尺寸少些,需要根据"高平齐、宽相等"的投影对应关系来绘制,所以先绘制主视图和俯视图,再绘制左视图,此例通过俯视图整体复制和旋转保证宽相等。主视图和俯视图左右对称,可以先绘制一半,再用镜像命令得到另一半。左视图上有相贯线,用相贯线的近似画法,即用大圆的半径画圆弧,相贯线圆弧线用"圆弧"菜单命令中的"起点、端点、半径"项来绘制。

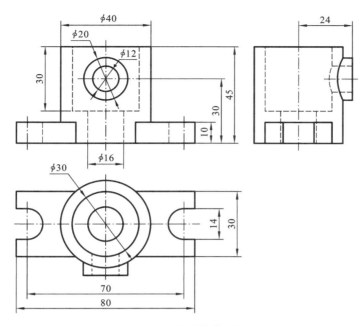

图 4-25 有相贯线的三视图

绘制过程：

（1）设置绘图环境和图层，图层分"粗实线"、"点画线"、"虚线"、"尺寸"（用细实线型）和"辅助线"（或细实线）。以"例 4-1-3 三视图"为文件名保存文件。

（2）绘制俯视图。

① 换"点画线"层为当前层，绘制相互垂直的两条中心线。

② 换"粗实线"层为当前层，绘制 $\phi16$、$\phi30$、$\phi40$ 的圆。

③ 利用"偏移"命令将上述竖直中心线向右偏移 40，水平中心线向上下各偏移 7 和 15。如图 4-26 所示。

④ 绘制外部直线，并删除外部偏移中心线；利用"偏移"命令将上述竖直中心线向右偏移 35，修剪并绘制半圆，整理完成俯视图右边图形。

⑤ 以中间的垂直中心线为镜像轴，左右镜像，完成俯视图后部分图形，如图 4-27 所示。

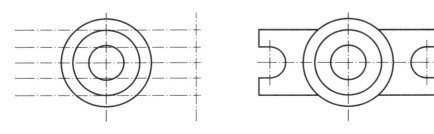

图 4-26 俯视图中间圆形   图 4-27 俯视图后部分图形

⑥ 利用"偏移"命令将上述竖直中心线向左右各偏移 6 和 10，将水平中心线向下偏移 24。如图 4-28 所示。

⑦ 绘制直线，删除偏移线，再将中间线移到"虚线"层。完成俯视图，如图 4-29 所示。

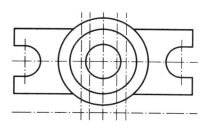

图 4-28　俯视图前部分图形偏移线

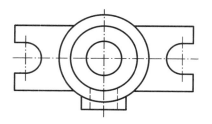

图 4-29　俯视图前部分图形

（3）绘制主视图。

① 换"辅助线"层为当前层，用"构造线"命令，正交打开，通过关键点绘制垂直的线条，用以保证主、俯视图长对正；换"粗实线"层为当前层，用直线命令绘制主视图最下方的一条线；利用"偏移"命令将最下方的这条线向上偏移 10、30 和 45。如图 4-30 所示。

② 绘制外部粗实线；换"虚线"层为当前层，用直线命令绘制中间的虚线；删除辅助线，完成左边主要图形。

③ 左右镜像复制，完成主视图主要图形。

④ 通过移动图层的方法，将偏移的圆心位置线改到"点画线"层；换"粗实线"层为当前层，绘制 $\phi12$ 和 $\phi20$ 的圆。完成的主视图如图 4-31 所示。

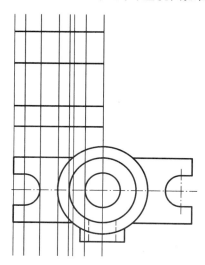

图 4-30　主视图辅助线

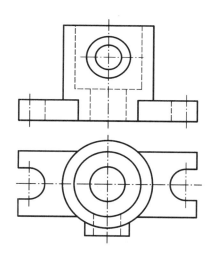

图 4-31　主视图图形

（4）绘制左视图。

① 复制俯视图至适当位置，将俯视图旋转 90°作为辅助图形，移动到合适的位置；用"构造线"命令旋转图点作辅助线确定俯、左视图宽相等位置；用"构造线"命令通过主视图相应位置点作辅助线确定主、左视图高平齐位置。如图 4-32 所示。

② 复制主视图上圆筒线到左视图；绘制下部分图形；删除小圆筒之外的辅助线。如图 4-33所示。

③ 绘制小圆筒线并修剪，删除辅助线，如图 4-34 所示。

④ 绘制相贯线，用相贯线的近似画法，即用大圆的半径画圆弧。用"圆弧"菜单命令中的"起点、端点、半径"项完成各相贯线的绘制，如图 4-35 所示。

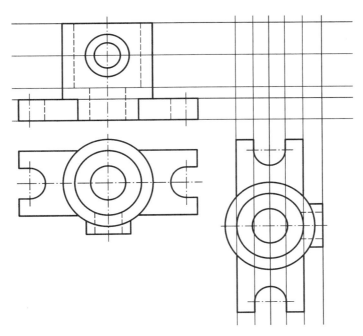

图 4-32　左视图辅助线

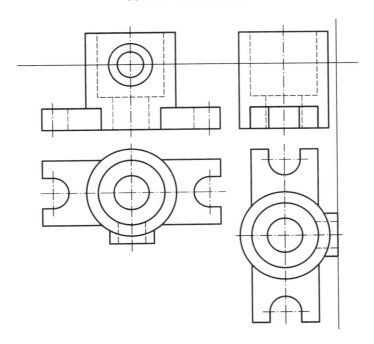

图 4-33　左视图主要图形

（5）调整中心线长度,整理图形,保存文件。

【示例 4-1-4】　完成如图 4-36 所示三视图的绘制,不需要标注尺寸。

分析:此例主视图和左视图比较容易绘制,可以先绘制。俯视图上有截交线,相对难些,放在后面绘制。截交线采用描点边线的方法绘制,所以本例重点介绍俯视图的绘制。

绘制过程:

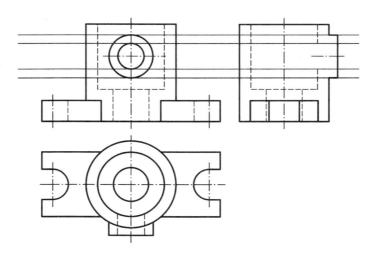

图 4-34　左视图小圆筒直线

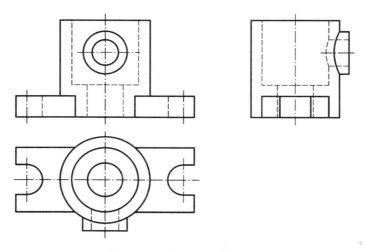

图 4-35　左视图小圆筒相贯线

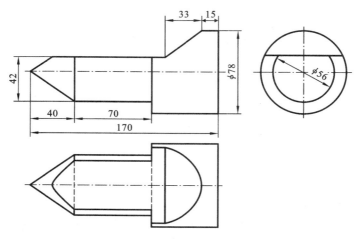

图 4-36　有截交线的三视图

（1）设置绘图环境和图层，图层分"粗实线"、"点画线"、"虚线"和"辅助线"（或细实线）。以"例 4-1-4 三视图"为文件名保存文件。

（2）绘制左视图。换"点画线"层为当前层，绘制两条中心线；换"粗实线"层为当前层，绘制圆，偏移直线，并修剪完成。

（3）绘制主视图。用"构造线"命令通过左视图相应位置点作辅助线。换"点画线"层为当前层，绘制中心线；换"粗实线"层为当前层，绘制直线和偏移直线，并修剪完成。

（4）绘制俯视图外形图。复制主视图下方部分，并用"镜像"命令和"修剪"命令完成。也可通过绘制辅助斜线来完成。如图 4-37 所示。

辅助斜线绘制方法：选择"细实线"图层为当前层；选择"直线"命令，从俯视图对称中心线的右端点向右绘制一段线，从左视图对称中心线的下端点向下绘制一段线，使两段线垂直相交；在两段细实线相交处追踪绘制出 45°构造线，将构造线打断到合适位置，选中两边的细实线并将其删除，绘制出的辅助斜线如图 4-37 所示。

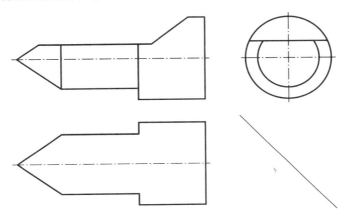

图 4-37　绘制主要图形

（5）绘制俯视图中间图形。

① 选择"细实线"图层为当前层。改变点样式：单击【格式】菜单中的【点样式】，弹出"点样式"对话框，单击选中合适的样式，如图 4-38 所示，再单击〖确定〗按钮。

② 求特殊位置点。用"点"命令绘制特殊位置点 A、B 的正面投影 a'、b' 和侧面投影 a''、b''。利用"对象捕捉"和"构造线"功能，求出水平投影 a、b，如图 4-39 所示。

③ 求交点的投影。用"点"命令绘制交点的正面和侧面投影，如图 4-40 所示；利用"对象捕捉"和"构造线"功能及"点"命令绘制交点的水平投影，如图 4-41 所示。

④ 求一般位置点的投影。如图 4-42 所示。

⑤ 绘制截交线。

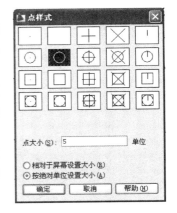

图 4-38　改变点样式

绘制左边截交线。选择"粗实线"图层，选择"样条曲线"命令，过点 1、e、a、f、2 绘制出曲线，如图 4-43 所示。选择"镜像"命令，将曲线镜像得到另一半。

绘制中间直线截交线。选择"直线"命令，过点 1、2、3、6 绘制截交线，如图 4-44 所示。

绘制右边截交线。右边截交线是一段椭圆弧，可以描点后用"样条曲线"命令来绘制，也可

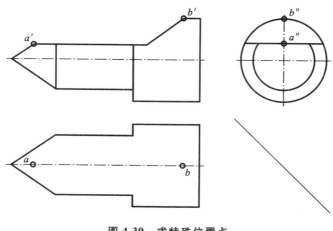

图 4-39　求特殊位置点

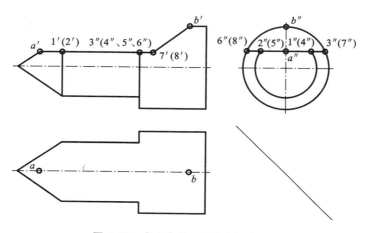

图 4-40　求交点的正面和侧面投影

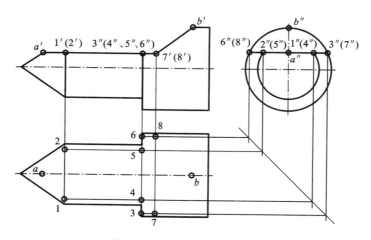

图 4-41　求交点的水平投影

绘制椭圆后修剪为椭圆弧。此处介绍通过绘制椭圆后修剪为椭圆弧的方法。选择"粗实线"为当前图层;用"构造线"命令过主视图对应点绘制椭圆长轴和短轴端点的水平投影;用"椭圆"命令,过椭圆长轴和短轴的端点,绘制出椭圆,如图 4-45 所示。

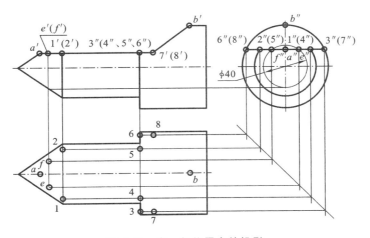

图 4-42　求一般位置点的投影

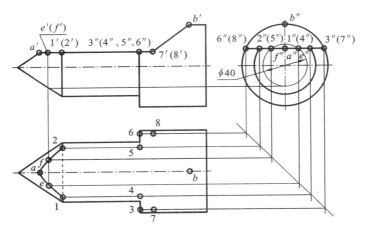

图 4-43　绘制左边截交线

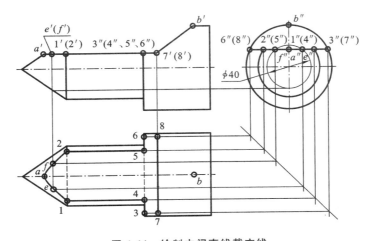

图 4-44　绘制中间直线截交线

　　删除多余的椭圆部分，删除其他不要的线，完成截交线；调整中心线长度，改变"点样式"为"点样式"对话框中第一或第二个样式（为不可见点），整理图形，如图 4-46 所示。

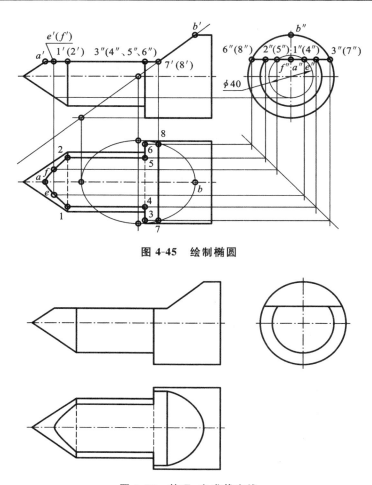

图 4-45　绘制椭圆

图 4-46　整理、完成截交线

（6）保存文件。

【训练习题 4-1】　绘制三视图习题。

（1）完成图 4-47 所示三视图的绘制。

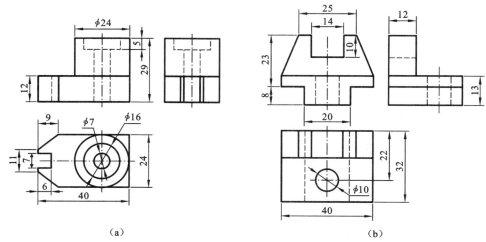

（a）　　　　　　　　　　　　　　（b）

图 4-47　三视图绘制训练图

（2）完成图 4-48 所示三视图的绘制。

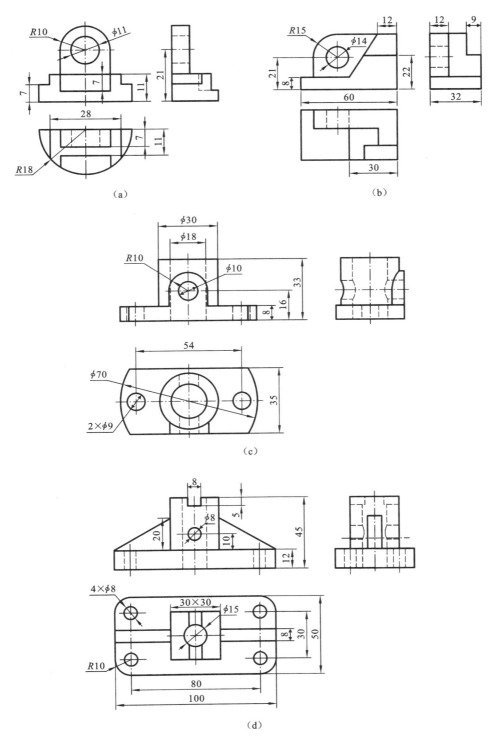

（a）

（b）

（c）

（d）

图 4-48 三视图绘制训练图

4.3 剖视图的绘制

剖视图的绘制主要需要图案填充,金属材料的图案填充样式一般选择为"LINE"和"角度45"或者"ANSI31"。剖面线用"图案填充"命令来绘制,"图案填充"命令需要封闭的边界,所以剖面线在轮廓线绘制之后绘制,且注意轮廓线要绘制成封闭的图形。

例如,绘制如图 4-49(c)所示图形,主视图是全剖视图,先绘制俯视图,再用构造线命令和正交打开模式绘制辅助线,如图 4-49(a)所示;再绘制主视图轮廓线,如图 4-49(b)所示;最后用"图案填充"命令绘制剖面线,如图 4-49(c)所示。

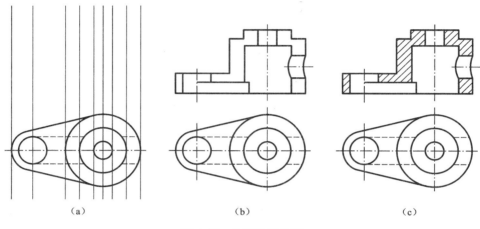

（a）　　　　　　　　　　（b）　　　　　　　　　　（c）

图 4-49　全剖视图绘制

例如,绘制如图 4-50(e)所示图形,因为主视图是半剖视图,外部轮廓左右对称,可先绘制一半再用镜像命令得到另一半,内部左右图形区别大,要分开绘制。所以,先绘制俯视图,再用"构造线"命令和正交打开模式绘制辅助线,如图 4-50(a)所示;用直线命令绘制主视图左边轮廓线,如图 4-50(b)所示;用镜像命令得到右边外部轮廓线,如图 4-50(c)所示;用"构造线"命令和正交打开模式绘制辅助线,从而绘制主视图右边内部轮廓线,如图 4-50(d)所示;最后用"图案填充"命令来绘制剖面线,如图 4-50(e)所示。

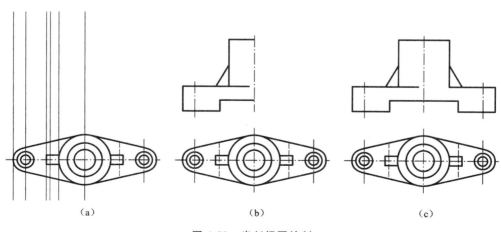

（a）　　　　　　　　　　（b）　　　　　　　　　　（c）

图 4-50　半剖视图绘制

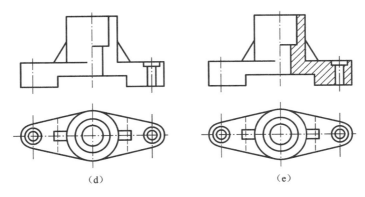

续图 4-50

4.4 绘制剖视图示例

【示例与训练 4-2】 绘制剖视图

【示例 4-2-1】 绘制如图 4-51 所示剖视图。

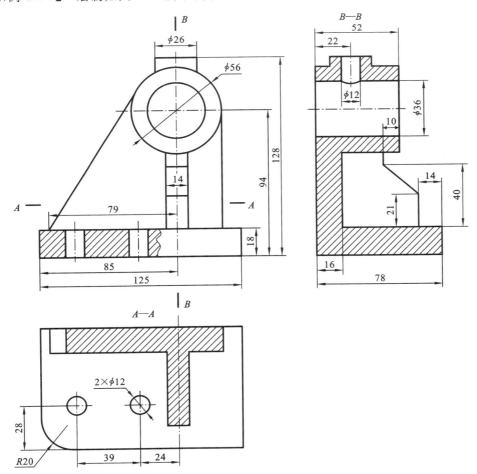

图 4-51 剖视图绘制

分析:线型有粗实线、点画线、波浪线和剖面线,绘图过程需要辅助线,所以图层需要"粗实线"、"点画线"、"细实线"、"剖面线"和"辅助线(用细实线型)"。波浪线用细实线图层,用"样条曲线"命令绘制,上下两个端点必须在粗实线上。剖面线用"图案填充"命令来绘制,"图案填充"命令需要封闭的边界,所以剖面线在轮廓线绘制之后绘制,且注意轮廓线要绘制成封闭的图形。俯视图中间的断面图需要根据 A—A 剖切位置来确定,所以先绘制主视图并绘制 A—A 剖切线,后绘制俯视图。

绘制过程:

(1) 设置绘图环境和图层,图层分"粗实线"、"点画线"、"细实线"、"剖面线"和"辅助线",如表 4-2 所示。以"图 4-51 剖视图"为文件名保存文件。

表 4-2 图层设置

图 层 名	颜 色	线 型	线 宽
粗实线	绿色	Continuous	0.50 mm
点画线	红色	ACAD_ISO04W100	0.25 mm
细实线	蓝色	Continuous	0.25 mm
剖面线	洋红	Continuous	0.25 mm
辅助线	黄色	Continuous	0.25 mm

(2) 绘制主视图的主要线。先换"点画线"为当前图层,绘制中心线,再换"粗实线"为当前图层,绘制主要线,如图 4-52 所示。换"细实线"为当前图层,在主视图中,用"样条曲线"命令完成波浪线,再换"粗实线"为当前图层,绘制其他线,如图 4-53 所示。

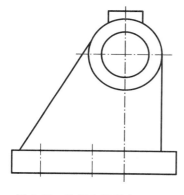

图 4-52 绘制主视图主要图形

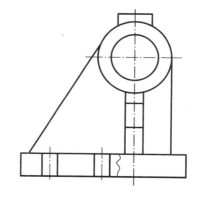

图 4-53 绘制波浪线等

(3) 绘制俯视图的主要线。换"辅助线"为当前图层,用"构造线"命令完成辅助线,绘制俯视图主要图形,如图 4-54 所示。删除辅助线,用直线命令绘制 A—A 剖切符号线,完成俯视图中断面图形的绘制,如图 4-55 所示。

(4) 绘制左视图的主要线。换"辅助线"为当前图层,用"构造线"命令完成辅助线,绘制左视图主要图形线;绘制 B—B 剖切符号线,如图 4-56 所示。删除辅助线,完成左视图主要线,如图 4-57 所示。

(5) 换"剖面线"层为当前图层,用"图案填充"命令填充剖面线,选择图案填充样式为"LINE"和"角度 45",如图 4-58 所示。三个视图中的剖面线,可以分三次执行"图案填充"命令分别填充,也可以只执行一次"图案填充"命令,选择三个视图的填充区域,一次完成填充。

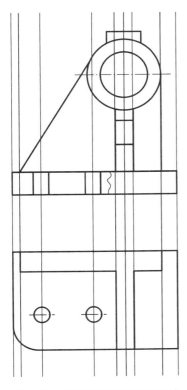

图 4-54　绘制俯视图主要图形线

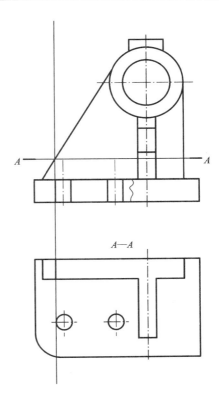

图 4-55　绘制俯视图主要图形

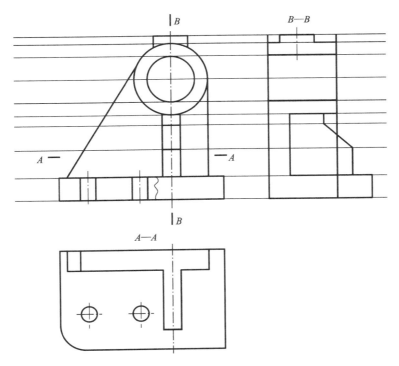

图 4-56　绘制左视图主要图形线

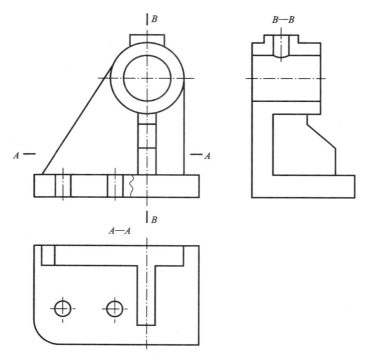

图 4-57 绘制左视图主要图形

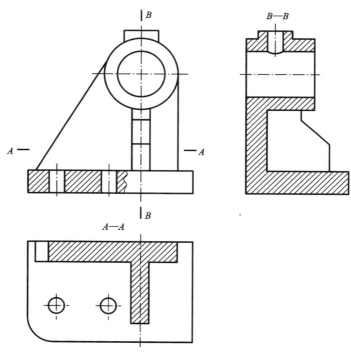

图 4-58 填充剖面线

（6）保存文件。

【示例 4-2-2】 绘制如图 4-59 所示剖视图。

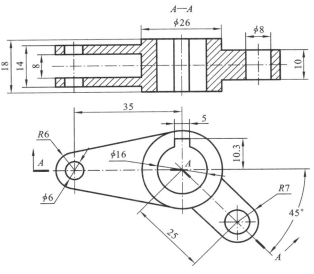

图 4-59 剖视图绘制

分析:线型有粗实线、点画线和剖面线,绘图过程需要辅助线,所以图层需要"粗实线"、"点画线"、"剖面线"和"辅助线"(用细实线线型)。主视图右边是俯视图右边旋转之后对应的图形,所以先绘制俯视图,后绘制主视图。剖面线用"图案填充"命令来绘制,"图案填充"命令需要封闭的边界,所以剖面线在轮廓线绘制之后绘制,且注意轮廓线要绘制成封闭的图形。主视图轮廓线分左右两部分绘制,左边是长对正的,用构造线绘制辅助线。右边部分,要旋转找对应位置,可以通过绘制圆来完成。

绘制过程:

(1) 设置绘图环境和图层,图层分"粗实线"、"点画线"、"细实线"、"剖面线"和"辅助线"。以"图 4-59 剖视图"为文件名保存文件。

(2) 绘制俯视图。先换"点画线"层为当前图层,绘制中心线,45°线可用极轴追踪,再换"粗实线"层为当前图层,绘制圆和直线。如图 4-60 所示。

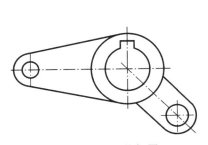

图 4-60 绘制俯视图

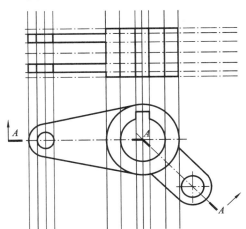

图 4-61 绘制主视图左部分图形

(3) 在俯视图上绘制"A—A"剖切符号线。

(4) 绘制主视图左部分图形,如图 4-61 所示。换"点画线"层为当前图层,绘制水平中心线,并各上下偏移;换"辅助线"层为当前图层,用"构造线"命令绘制辅助线;换"粗实线"层为当前图层,沿线绘制直线。

（5）绘制主视图右部分图形。删除构造线辅助线和偏移辅助线;将水平中心线上下偏移5;在俯视图上绘制圆,并移动到主视图,注意圆心位置,绘制右边孔旋转后的中心线并移动到点画线层;从俯视图上复制右边小圆到主视图,如图 4-62 所示,绘制直线,删除多余线,整理完成主视图图形,如图 4-63 所示。

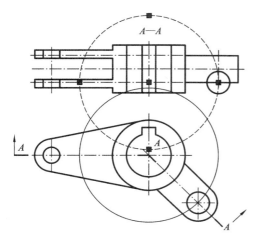

图 4-62　绘制主视图左部分图形

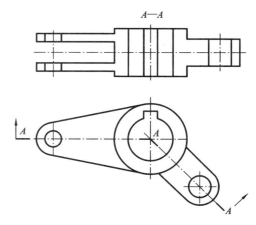

图 4-63　绘制主视图图形

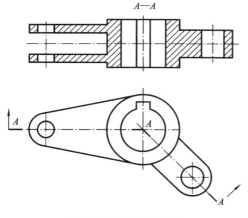

图 4-64　绘制剖面线

（6）换"剖面线"层为当前图层,用"图案填充"命令填充剖面线,选择图案填充样式为"LINE"和"角度 45",如图 4-64 所示。

（7）保存文件。

【示例 4-2-3】　绘制如图 4-65 所示剖视图。

分析:线型有粗实线、点画线和剖面线,绘图过程需要辅助线,所以图层需要"粗实线"、"点画线"、"剖面线"和"辅助线（用细实线线型）"。主视图右边是俯视图右边旋转之后对应的图形,所以先绘制俯视图,后绘制主视图。剖面线用"图案填充"命令来绘制,"图案填充"命令需要封闭的边界,所以剖面线在轮廓线绘制之后绘制,且注意轮廓线要绘制成封闭的图形。主视图轮廓线分左右两部分绘制,左边是长对正的,用构造线绘制辅助线。右边部分,要旋转找对应位置,可以通过绘制圆来完成。

绘制过程如下:

（1）设置绘图环境和图层,图层分"粗实线"、"点画线"、"细实线"、"剖面线"和"辅助线"。以"图 4-65 剖视图"为文件名保存文件。

（2）绘制主视图上下两部分主要图形。换"点画线"层为当前图层,绘制上方中间的三条中心线,45°线可用极轴追踪;再过交点绘制 135°线,偏移 22 绘制小圆孔的中心线,并用夹点方式调整长度;将水平中心线向下偏移 36,将偏移的线向上偏移 6;将竖直中心线向左右各偏移 34。换"粗实线"层为当前图层,沿线绘制下方直线、上方圆和圆的切线,如图 4-66

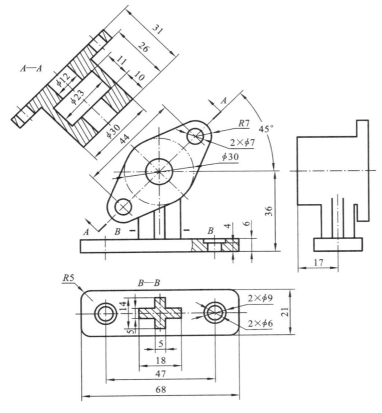

图 4-65　剖视图绘制

所示。

（3）绘制主视图其余图形。修剪完成上方部分图形；用偏移命令和直线命令绘制中间部分图形；用"样条曲线"命令绘制右下角波浪线并移动到细实线层，用偏移命令和直线命令绘制孔的图形；换"剖面线"层为当前图层，用"图案填充"命令填充剖面线，选择图案填充样式为"LINE"和"角度135"，如图 4-67 所示。

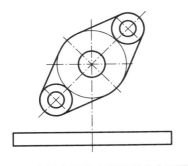

图 4-66　绘制主视图上下两部分主要图形

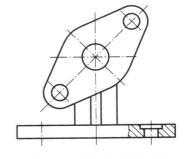

图 4-67　绘制主视图图形

（4）绘制俯视图右边图形。换"辅助线"层为当前图层，用"构造线"命令绘制辅助线；换"点画线"层为当前图层，绘制中心线；换"粗实线"层为当前图层，绘制直线和圆。如图 4-68 所示。

（5）绘制俯视图。删除构造线辅助线和偏移辅助线；用圆角命令绘制圆角；用镜像命令沿中心线左右镜像;换"剖面线"层为当前图层,用"图案填充"命令填充剖面线,选择图案填充样式为"LINE"和"角度 135"。如图 4-69 所示。

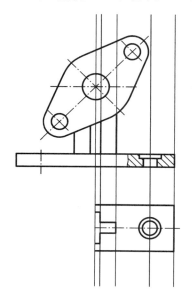

图 4-68　绘制俯视图右边图形

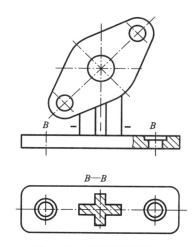

图 4-69　绘制俯视图图形

（6）绘制左视图上部分主要线。换"辅助线"层为当前图层,用构造线命令绘制三条水平辅助线,并将中间辅助线上下各偏移 15;换"粗实线"层为当前图层,绘制一条竖直线,并向右偏移 17、26、31;绘制直线,整理后如图 4-70 所示。

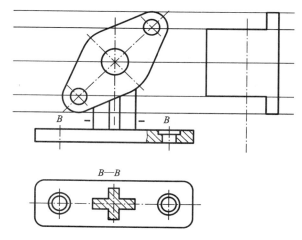

图 4-70　绘制左视图过程图

（7）绘制左视图主要图形。删除多余线;用"复制"、"旋转"和"移动"命令将俯视图复制、旋转 45°和移动到中心线对齐;换"辅助线"层为当前图层,用构造线命令绘制三条水平辅助线和竖直辅助线;换"粗实线"层为当前图层,沿辅助线绘制直线。如图 4-71 所示。

（8）绘制左视图。删除多余线;换"辅助线"层为当前图层,在主视图上绘制辅助圆,用构造线命令过俯视图上的点绘制竖直辅助线,过主视图上的点绘制水平辅助线;调整左视图上中间部分线的高度。删除多余线,得到左视图,如图 4-72 所示。

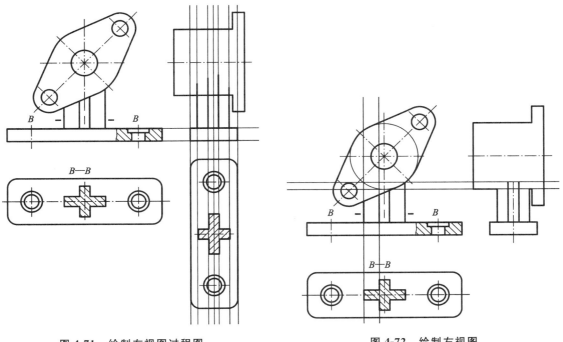

图 4-71　绘制左视图过程图　　　　　　　图 4-72　绘制左视图

（9）绘制 $A—A$ 剖视图主要线。换"辅助线"层为当前图层，用构造线命令绘制辅助线；用复制命令复制主视图上的 45°中心线，并向左偏移 26、31；换"粗实线"层为当前图层，沿辅助线绘制直线，如图 4-73 所示。

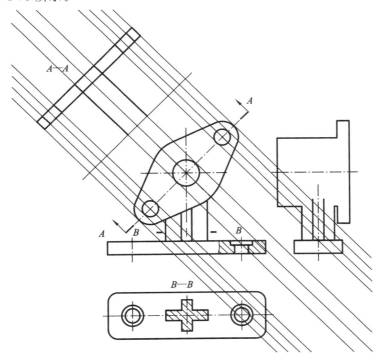

图 4-73　绘制 $A—A$ 剖视图主要线

（10）绘制 A—A 剖视图主要线。用复制命令复制主视图上的 45°中心线，将中心线向两侧偏移 11.5、15；将下方线向左边偏移 10、11；换"粗实线"层为当前图层，沿辅助线绘制直线。删除多余线，完成 A—A 剖视图图形绘制，如图 4-74 所示。

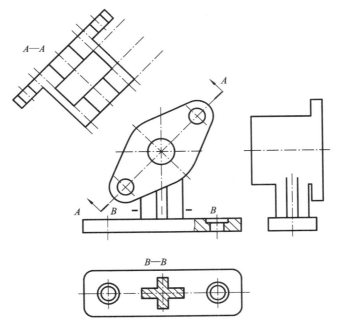

图 4-74 绘制 A—A 剖视图图形

（11）换"剖面线"层为当前图层，用"图案填充"命令填充剖面线，选择图案填充样式为"LINE"和"角度 120"，如图 4-75 所示。

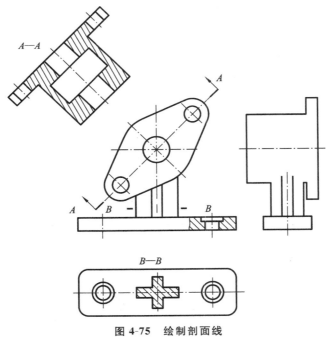

图 4-75 绘制剖面线

（12）保存文件。

【训练习题 4-2】 绘制剖视图习题。

完成如图 4-76 所示图形的绘制，并进行填充，尺寸暂不标注。

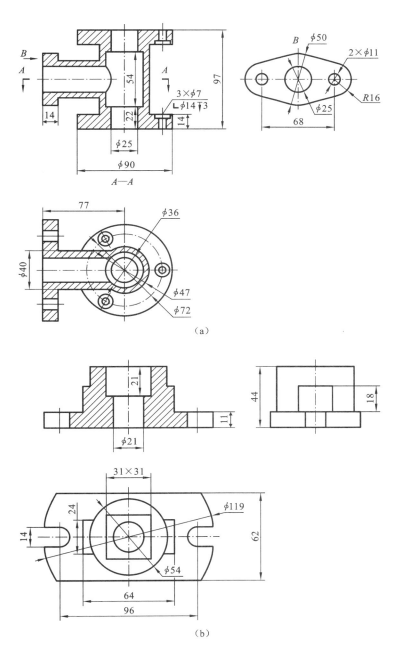

图 4-76 剖视图习题图

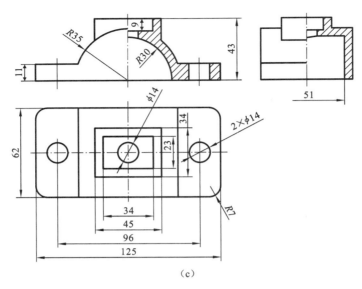

（c）

续图 4-76

第5章　标注文字与创建表格

【本章学习内容】

1. 文字样式的设置和修改方法;单行文字、多行文字的输入方法。

2. 文字编辑的方法;特殊文字与堆叠文字的创建方法。

3. 表格的创建与使用方法。

一幅图中很多地方需要文字,如一幅工程图有标题栏、技术要求和尺寸标注等,因此需要学习文本的操作方法。输入文字前,要做以下两点准备。

(1) 建立一个新图层,专门用于标注文字。可创建表 5-1 所示图层。

表 5-1　文字图层

图　层　名	颜　色	线　型	线　宽
文字	蓝	Continous	0.25 mm

(2) 打开"文字"工具栏,方便文本操作,"文字"工具栏如图 5-1 所示。

多行文字　单行文字　编辑…　查找…　文字样式

图 5-1　"文字"工具栏

5.1　文字样式设置与使用

文字是图中不可缺少的组成部分,文字样式是对文字特性的一种描述,包括字体、高度、宽度比例、倾斜角度以及排列方式等。国家标准规定了工程图的文字样式,汉字为长仿宋体,字宽约等于字体高度的 0.7,字高有 20、14、10、7、5、3.5、2.5 等种类,汉字高度不小于 3.5。字母和数字可写为直体或斜体,若文字采用斜体字体,文字须向右倾斜,与水平基线约成 75°。AutoCAD 用文字样式定义文本的字体、字高、宽度、排列效果等,输入的文本将用当前样式显示。

5.1.1　文字样式的创建命令及参数

1. 文字样式的创建命令

一幅图中所标注的文字往往需要采用不同的文字样式,因此,在输入文字之前应创建所需要的文字样式。

【方法】 输入命令的方式如下。

● 工具栏:〖样式〗→〖文字样式〗按钮 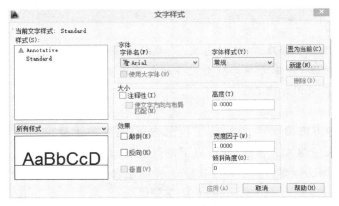。

● 工具栏:〖文字〗→〖文字样式〗按钮 。

● 菜单命令:【格式】→【文字样式】。

● 键盘命令:ST ↙ 或 STYLE ↙。

输入"文字样式"命令后,系统弹出"文字样式"对话框,如图 5-2 所示。

图 5-2 "文字样式"对话框

单击右边〖新建〗按钮,可以创建新的文字样式。在该对话框内也可以修改或删除已有的文字样式。

2. "文字样式"对话框参数

"文字样式"对话框各项功能如下。

1) 设置样式

在"文字样式"对话框中,可以显示文字样式的名称、创建新的文字样式、为已有的文字样式重命名以及删除文字样式。该对话框中各部分的功能如下所示。

(1)〖样式〗列表:列出了当前可以使用的文字样式,默认文字样式为"Standard"(标准)。

(2)〖置为当前〗按钮:在左边"样式"列表中选中一文字样式后,单击〖置为当前〗按钮,可以将选择的文字样式设置为当前的文字样式。

(3)〖新建〗按钮:单击该按钮,系统打开"新建文字样式"对话框,可建立新的文字样式。

2) 设置字体

〖字体〗选项区域用于设置文字样式使用的字体属性。其中〖字体名〗下拉列表框用于选择字体,比如楷体、宋体、黑体等;"字体样式"下拉列表框用于选择字体格式,如斜体、粗体和常规字体等。

〖使用大字体〗选项框:只有在字体属性为"SHX 字体"的时候才可以被选中。选中之后,原来的"字体样式"下拉列表框就变为"大字体"下拉列表框,可以用于选择大字体文件。

〖大小〗选项区域用于设置文字样式使用的字高属性。〖高度〗文本框用于设置文字的高度。如果将文字的高度设为"0",在使用标注文字命令时,命令行就会提示"指定高度";如果在〖高度〗文本框中输入了文字高度,系统将按此高度标注文字,而不再提示指定高度。

3) 设置文字效果

在"文字样式"对话框中的〖效果〗选项区域中,可以设置文字的显示效果,如图 5-3 所示。

〖颠倒〗复选框:用于设置是否将文字上下颠倒过来显示。

〖反向〗复选框:用于设置是否将文字从左向右且反向显示。

〖垂直〗复选框:用于设置是否将文字垂直显示,但垂真效果对汉字字体无效。

〖宽度比例〗文本框:用于设置文字字符的宽度和高度之比,从而计算出宽度值。当宽度比例为 1 时,宽度与高宽值相等显示文字;当宽度比例小于 1 时,字符会变窄;当宽度比例大于 1 时,字符会变宽。

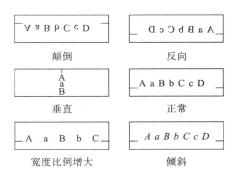

图 5-3　文字的各种效果

〖倾斜角度〗文本框:用于设置文字的倾斜角度。字符向左右倾斜的角度,以 Y 轴正向为角度 0 值,顺时针为正,即角度为 0 时不倾斜,角度为正时,向右倾斜,为负值时向左倾斜。可以输入－85～85 之间的一个值,使文本倾斜。

左下角为预览区。在其中输入文本可以观看效果。

5.1.2　新建文字样式步骤

输入"文字样式"命令,系统弹出"文字样式"对话框后,单击对话框中的〖新建〗按钮,系统将打开"新建文字样式"对话框,如图 5-4 所示。在对话框的"样式名"文本框中输入新建的文字样式名称后单击〖确定〗按钮,可以创建新的文字样式,新建文字样式将显示在"文字样式"对话框的"样式名"下拉列表框中。设置各参数后,单击〖应用〗按钮。

【示例与训练 5-1】　创建文字样式

创建两种文字样式:一种样式名为"数字 5",选用"isocp. shx"字体及不要大字体,字高为 5;另一种样式名为"汉字 7",选用"仿宋"字体,字高为 7,宽度比例为 0.7。其他均选择默认值。

操作过程如下:

(1) 单击菜单【格式】→【文字样式】,弹出"文字样式"对话框,如图 5-2 所示。

(2) 新建"数字 5"文字样式。

① 单击〖新建〗,弹出"新建文件样式"对话框;在〖样式名〗文本框中输入"数字 5",如图5-5所示。

图 5-4　"新建文字样式"对话框

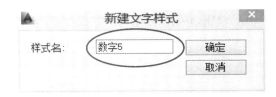

图 5-5　"新建文字样式"对话框

② 单击〖确定〗按钮,返回到文字样式对话框;在〖字体〗下拉列表框中选择"isocp. shx",去掉选择〖使用大字体〗复选框;在〖高度〗下方文本框中输入"5";其余设置采用默认值,如图5-6 所示。

③ 单击下方〖应用〗按钮,完成"数字 5"文字样式的设置。

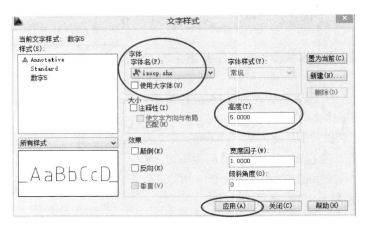

图 5-6　设置"数字 5"样式

说明：用于标注符号的文字样式，可以用"isocp.shx"字体。

（3）新建"汉字 7"文字样式。

① 单击〖新建〗按钮，弹出"新建文件样式"对话框；在〖样式名〗文本框中输入"汉字 7"；

② 单击〖确定〗按钮，返回到〖文字样式〗对话框；不选择〖使用大字体〗复选框，在〖字体〗下拉列表框中选择"仿宋"，在〖高度〗下方文本框中输入"7"；在〖宽度因子〗文本框内输入宽度比例值"0.7"，其余设置采用默认值，如图 5-7 所示。

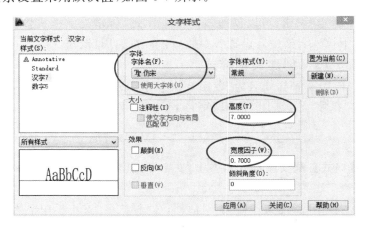

图 5-7　设置"汉字 7"样式

③ 单击〖应用〗按钮，完成"汉字 7"文字样式的设置。

（4）单击〖关闭〗按钮，关闭文字样式对话框。

新建的文字样式可以在样式工具栏"文字样式"列表中看见，如图 5-8 所示。

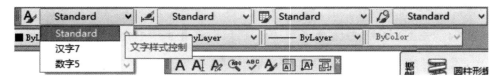

图 5-8　设置"汉字 7"样式

【训练习题 5-1】　按表 5-2 所示的要求设置文字样式。

表 5-2　文字样式

样式名称	字　　体	字　　高	宽度因子	倾斜角度	排列效果
工程字	gbenor.shx	0	1	0	不选
HZ5	仿宋	5	0.7	0	不选
HZ10	仿宋	10	0.7	0	不选
SZ3.5	isocp.shx	3.5	1	15	不选
楷体 15	楷体	15	1.2	0	颠倒

5.1.3　文字样式的使用

在输入文字时,系统会使用当前文字样式来显示输入的文字,因此要根据需要不断更换当前文字样式。操作方法如下。

在"样式"工具栏上,单击文字样式下拉列表按钮,显示文字样式列表,单击对应下拉菜单中文字样式的名称,如图 5-9 所示,即选择此文字样式为当前样式,如单击"楷体 15"则文字样式"楷体 15"设置为当前文字样式。

图 5-9　更换当前文字样式

5.2　文字的输入

AutoCAD 中提供了两种文字输入方式,即单行文字与多行文字。单行文字的输入,并不是用该命令每次只能输入一行文字,而是输入的文字,每一行单独作为一个对象来处理。多行文字输入就是不管输入几行文字,系统都把它作为一个对象来处理。对于图上简短的文字可以使用单行文字输入,对于文字多、分行较多、有排列格式等要求的,则使用多行文字输入比较合适。

5.2.1　单行文字的输入

【功能】　利用"单行文字"命令,可以动态书写一行或多行文字,每一行文字为一个独立的对象,可单独进行编辑修改。

【方法】　输入命令的方式如下。

● 工具栏:〖文字〗→〖单行文字〗按钮 **AI**。

● 菜单命令:【绘图】→【文字】→【单行文字】。

● 键盘命令：DT ∠、DTEXT ∠或 TEXT ∠。

【操作步骤】　操作步骤如下。

（1）更换当前文字样式，如将"汉字 7"更换为当前文字样式。

（2）输入"单行文字"命令，系统提示用户指定一个起点，如图 5-10 所示。

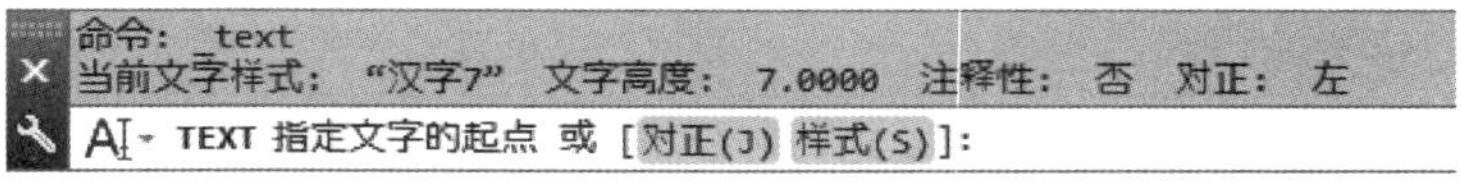

命令： text
当前文字样式："汉字7" 文字高度： 7.0000 注释性： 否 对正： 左
AI- TEXT 指定文字的起点 或 [对正(J) 样式(S)]：

图 5-10　单行文字输入

如果当前文字样式的高度设置为"0"，系统将显示"指定高度"提示信息，要求指定文字高度，则需要先输入高度，之后系统提示指定单行文字行的起点位置。如果当前文字样式的高度设置不为"0"，则不显示指定高度的提示信息，而使用"文字样式"对话框中设置的文字高度。

（3）在绘图区单击左键作为起点，系统显示提示信息"指定文字的旋转角度＜0＞："，要求指定文字的旋转角度。文字旋转角度是指文字行排列方向与 X 轴正方向的夹角，默认角度为"0"，可以按回车键使用默认角度 0，或输入文字旋转角度再按回车键。旋转角度示例如图 5-11 所示。

（a）旋转角度为0°　　（b）旋转角度为35°

图 5-11　单行文字旋转角度示例

（4）输入文字内容，按回车键可完成一行文字的输入。可以切换到中文输入方式下，输入中文文字。

（5）按回车键后可以在绘图区其他位置单击左键，光标就到了新位置，再在新位置输入文字内容，按回车键又完成一处文字的输入。

（6）按回车键结束文字输入。

【示例与训练 5-2】　在绘图区输入文字

在绘图区输入文字"AutoCAD 2014"和"单行文字输入方法"，如图 5-12 所示。

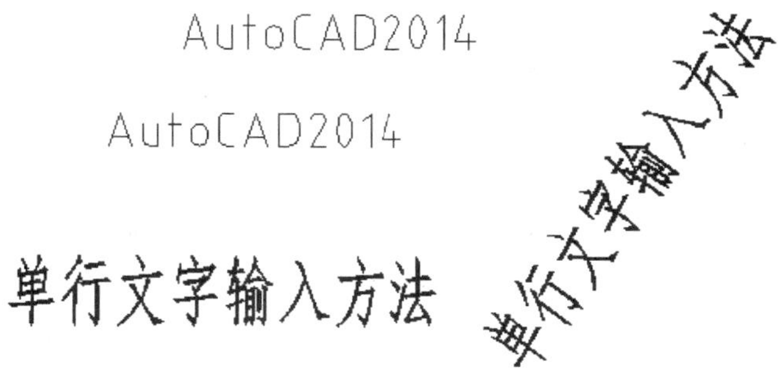

图 5-12　单行文字输入示例

【操作步骤】　步骤如下。

（1）换"文字"图层为当前图层；打开"文字"工具栏；创建文字样式（可参考示例）。

（2）单击样式工具栏的"文字样式"列表中"数字 5"，设置"数字 5"文字样式为当前文字样式。

（3）输入"单行文字"命令按回车键，即选择旋转角度为 0；

（4）从键盘输入"AutoCAD 2014"，可观察到"AutoCAD 2014"显示在光标处，如图 5-13

所示,按回车键即结束本行文字的输入。

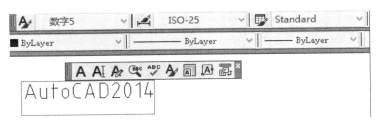

图 5-13　输入文字的过程

（5）移动光标在刚才文字下方的绘图区单击左键,从键盘输入"AutoCAD 2014",可观察到"AutoCAD 2014"显示在光标处,按回车键即结束本处文字的输入。按回车键即结束"单行文字"命令。

（6）单击样式工具栏的"文字样式"列表中"汉字 7",设置"汉字 7"文字样式为当前文字样式。

（7）输入"单行文字"命令;在绘图区单击左键;按回车键,即选择旋转角度为 0°。

（8）从键盘输入"单行文字输入方法",可观察到"单行文字输入方法"显示在光标处,按回车键即结束本行的输入。

（9）按回车键即结束"单行文字"命令。

（10）输入"单行文字"命令;在绘图区单击左键;输入"55",按回车键,即选择旋转角度为 55°;

（11）从键盘输入"单行文字输入方法",可观察到"单行文字输入方法"显示在光标处,如图 5-14 所示,按回车键即结束本行的输入。

图 5-14　输入文字过程

（12）按回车键即结束文字命令,结果如图 5-12 所示。

5.2.2　多行文字的输入

【功能】　利用"多行文字"命令,可以在绘图窗口指定的矩形边界内创建多行文字,且所创建的多行文字为一个对象。使用"多行文字"命令,可以灵活方便地设置文字样式、字体、高度、加粗、倾斜,快速输入特殊字符,并可实现文字堆叠效果。

【方法】　输入命令的方式如下:

● 工具栏:〖文字〗→〖多行文字〗按钮 **A**。

● 工具栏:〖绘图〗→〖多行文字〗按钮 **A**。

● 菜单命令:【绘图】→【文字】→【多行文字】。

● 键盘命令:MT ↙ 或 MTEXT ↙。

【操作步骤】 操作步骤如下。

(1) 输入"多行文字"命令,系统提示"指定第一角点:",如图 5-15 所示。即要求用户指定一个矩形边界的一个对角点。

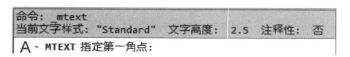

图 5-15 输入"多行文字"命令信息

(2) 单击左键指定一个点作为起点;系统提示"指定对角点或[高度(H)/对正(J)/行距(L)/旋转(R)/样式(S)/宽度(W)]:"。

(3) 单击指定矩形另一个对角点,系统将以这两个点为对角点形成的矩形区域的宽度作为文字宽度,系统弹出"文字格式工具栏和文字输入窗口"对话框,如图 5-16 所示,由"文字格式"工具栏、带标尺的文本框、选项菜单组成。

图 5-16 文字编辑器

(4) 在文字输入窗口中,输入文字内容。

(5) 单击〖确定〗按钮。

当指定第一点后,系统提示"指定对角点或[高度(H)/对正(J)/行距(L)/旋转(R)/样式(S)/宽度(W)]"时,也可以选择其他选项完成相关设置后,再确定第二个对角点,如此时输入〖J〗按回车键完成文字在矩形框中的对正设置。

【示例与训练 5-3】 在矩形正中位置输入文字

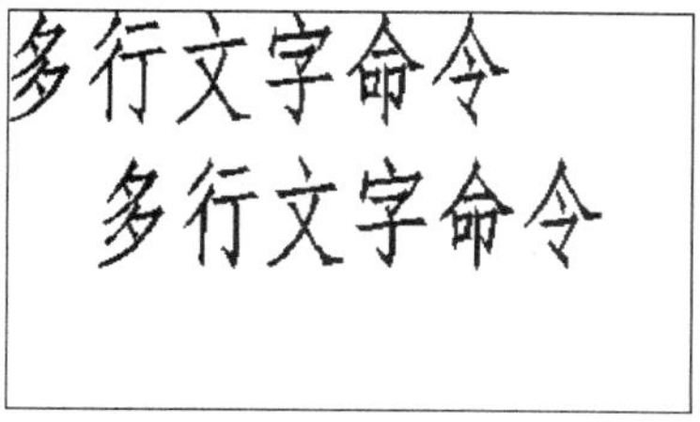

在长 50、宽 30 的矩形中输入文字"多行文字命令"两遍,其中一次放在矩形正中位置,如图 5-17 所示。

【操作步骤】 操作步骤如下:

(1) 绘制长 50、宽 30 的矩形图形。

(2) 换"文字"图层为当前图层;打开"文字"工具栏;创建文字样式,并设置"汉字 7"文字样式为当前样式。

(3) 输入"多行文字"命令;捕捉矩形图形左上对角点单击左键;移动光标,捕捉矩形图形右下对角点单击

图 5-17 多行文字输入示例

左键。

（4）从键盘输入"多行文字命令"，可观察到"多行文字命令"显示在"文字格式"对话框中，如图 5-18 所示。单击〖确定〗按钮即结束"多行文字"命令。

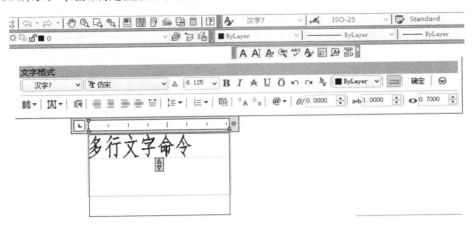

图 5-18　多行文字输入的过程

（5）输入"多行文字"命令；捕捉矩形图形左上对角点单击左键；输入〖J〗按回车键，输入"MC"（即〖M〗〖C〗），按回车键，选择"正中"方式。

（6）移动光标，捕捉矩形图形右下对角点单击左键，即指定矩形框第二个对角点。

（7）从键盘输入"多行文字"命令。

（8）单击〖确定〗按钮，即结束"多行文字"命令。

【训练习题 5-2】　输入文字训练。

（1）按表 5-3 所示的要求设置文字样式。

表 5-3　设置文字样式的要求

样式名称	字　体	字　　高	宽度因子	倾斜角度	排列效果
HZ5	仿宋	5	0.7	0	不选
HZ7	仿宋	7	0.7	0	不选
HZ10	仿宋	10	0.7	0	不选
SZ3.5	isocp.shx	3.5	1	15	不选

（2）按表 5-4 要求的文字样式，用"单行文字"命令输入文字。

表 5-4　文字样式与文字内容

样 式 名 称	文 字 内 容
HZ5	熟悉单行文本进行文字输入命令的操作步骤
HZ7	熟悉多行文本进行文字输入命令的操作步骤
SZ3.5	AutoCAD 2014　　　　AutoCAD 2014

（3）按要求的文字样式用"多行文字"命令绘制如图 5-19 所示标题栏（其中："图号"用"HZ10"文字样式；"班级"、"学号"用"HZ7"文字样式，其余用"HZ5"文字样式）。

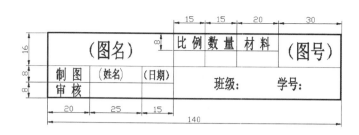

图 5-19　标题栏

5.3　修　改　文　本

5.3.1　修改文字内容

【方法】　命令输入方法如下。

● 直接方式：双击要修改的文字对象。

● 快捷方式：选中要修改的文字对象，单击右键出现快捷菜单，选择"编辑"或"编辑多行文字"菜单。

● 工具栏：〖文字〗→〖编辑文字〗。

● 菜单命令：【修改】→【对象】→【文字】→【编辑】。

● 键盘命令：DDEDIT↙。

【操作步骤】

（1）快捷方式操作步骤：选中要修改的文字对象，单击右键，选择【编辑】或者【编辑多行文字】，进入编辑界面。

（2）"单行文字"对象快捷方式操作步骤：选中要修改的"单行文字"命令输入的文字对象；单击右键，弹出快捷菜单；移动光标指向【编辑】菜单，单击左键，发现文本框已被激活；输入新的文字内容；按回车键结束文字输入；按回车键结束文字编辑，完成文字的修改。

（3）"多行文字"对象快捷方式操作步骤：选中要修改的"多行文字"命令输入的文字对象；单击右键，弹出快捷菜单；移动光标指向【编辑多行文字】菜单，单击左键，发现文本框已被激活，如图 5-20 所示；输入新的文字内容；单击〖确定〗按钮，发现文字已修改。

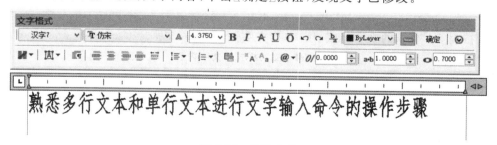

图 5-20　编辑文字

【示例与训练 5-4】　在矩形中输入文字并编辑文字

在长 50 宽 30 的矩形中输入文字"多行文字命令"，再将输入的"多行文字命令"文字复制一遍，将复制的文字内容修改为"熟悉多行文字对象的修改操作步骤"，如图 5-21 所示。

【操作步骤】　操作步骤如下：

（1）绘制长 50 宽 30 的矩形图形。

（2）换"文字"图层为当前图层；打开"文字"工具栏；创建文字样式，并设置"汉字 7"文字样式为当前样式。

（3）输入"多行文字"命令；捕捉矩形图形左上对角点，单击左键；移动光标，捕捉矩形图形右下对角点，单击左键；从键盘输入"多行文字命令"，可观察到"多行文字命令"显示在"文字格式"对话框中。单击〖确定〗按钮结束"多行文字"命令。

（4）用"复制"命令，将文字对象"多行文字命令"复制一个，如图 5-22 所示。

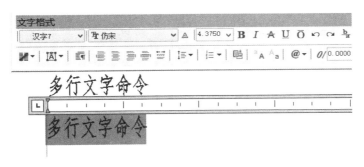

图 5-21　多行文字内容修改　　　　　图 5-22　复制文字

（5）选中下方文字对象"多行文字命令"，单击右键，弹出快捷菜单，移动光标指向【编辑多行文字】菜单，单击左键，发现文本框已被激活，如图 5-23 所示；输入新的文字内容"熟悉多行文字对象的修改操作步骤"；单击〖确定〗按钮，完成文字的修改，如图 5-21 所示。

图 5-23　修改多行文字内容

【小技巧】

用"复制"命令，产生一组相同文字，再用修改文字内容方法修改成所需的文字内容，可快速完成多处的不同文字输入，提高文本的输入效率。

5.3.2　修改文字样式

输入的命令与创建文字样式时的命令一样。输入"文字样式"命令，系统弹出"文字样式"对话框，所有已建的文字样式在左边"样式"列表中。在"文字样式"对话框中可以新建文字样式，也可以修改已建的文字样式，也可对已建立的样式重新命名或者删除。

1. 增加文字样式

单击"文字样式"对话框右边的〖新建〗按钮，可以创建新的文字样式。如新建"HZHZ"文字样式的方法：单击〖新建〗，弹出"新建文件样式"对话框；在〖样式名〗文本框中输入"HZHZ"，单击〖确定〗按钮，返回到文字样式对话框；设置"字体"、"高度"、"效果"等项目，单击下方〖应用〗按钮,完成文字样式创建。如图 5-24 所示。

图 5-24　增加"HZHZ"文字样式

2. 修改已创建的样式项目

选择左边"样式"列表中要修改的文字样式名称,如"HZHZ",再对"字体"、"高度"、"效果"等项目进行相关修改,如图 5-25 所示,修改完成后,单击〖应用〗按钮即可完成修改。

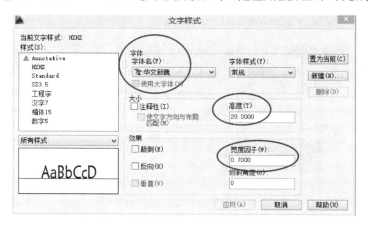

图 5-25　修改文字样式

3. 文字样式重命名和删除文字样式

已建立的文字样式可以重新命名,没有使用过且不是当前文字样式的文字样式可以删除。

重命名操作方法:在左边样式列表中选择要编辑的文字样式,按鼠标右键,弹出快捷菜单,如图 5-26 所示,再进行选择。若选择快捷菜单中的【重命名】,文字样式的名称文本框变成可编辑状态,如图 5-27 所示,输入新的名称(如"汉字")后,按回车键,即完成文字样式名称的修改。

删除的操作方法:确保要删除的文字样式不是当前文字样式(若要删除的文字样式是当前文字样式,则需要更换当前文字样式为其他文字样式)。在左边样式列表中选择要编辑的文字样式(如"汉字"文字样式),按鼠标右键,弹出快捷菜单,如图 5-26 所示,再进行选择。若选择快捷菜单中的【删除】菜单,如图 5-28 所示,系统弹出"acad 警告"对话框,如图 5-29 所示,单击〖确定〗按钮,发现文字样式列表中"汉字"文字样式已没有了。

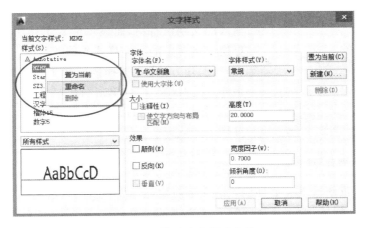

图 5-26 修改文字样式名称

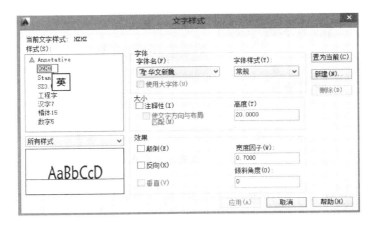

图 5-27 重命名"HZHZ"文字样式

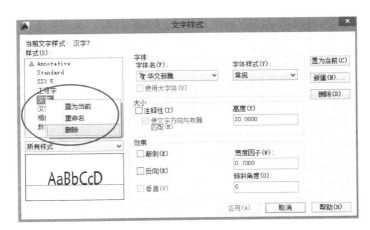

图 5-28 删除文字样式

5.3.3 修改文字对象的显示

文字输入命令是来完成文字的输入的,但输入进去的文字显示成什么形式,是由文字样式

图 5-29　"acad 警告"对话框

控制的。输入进去的文字按当前文字样式来显示,但若输入的文字没有错,而显示形式不是所需要的,可以通过更换文字对象的文字样式来修改。

　　【操作方法】　选择欲编辑的文字对象(可观察到文字样式是"汉字 7"),单击"样式"工具栏中的新文字样式(如"楷体 15"),如图 5-30 所示。按〖 esc 〗键去掉夹点符号。

　　如果在输入文字前,忘记更换所需的当前文字样式了,文字输入完成后,用更换文字对象的文字样式即可,不需要将其删除后重新输入。如果输入的文字对象显示为"?",则表示文字样式不适合此文字内容,需要更换文字样式,而不是文字输入方法错了。

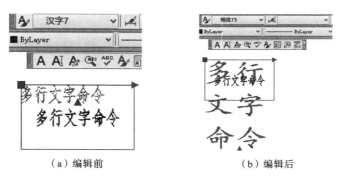

（a）编辑前　　　　　　　　　（b）编辑后

图 5-30　编辑文字样式

5.3.4　改变文本的位置、大小与图层特性

　　用"移动"命令可改变文字对象的位置;用"缩放"命令可改变文字对象的大小;用更换对象图层的方法可以将文字对象移动到所需要的图层上。操作方法与编辑图形对象的方法是一样的。

【训练习题 5-3】　修改文本训练。

（1）创建表 5-2 文字样式。

（2）在 AutoCAD 中输入文本,如图 5-31(a)所示,再用修改文本的方法对其进行编辑,结果如图 5-31(b)所示。

（a）　　　　　　　　　　　　（b）

图 5-31　文字修改训练习题

　　（3）在图中用直线命令绘制如图 5-32 所示的表格,用多行文字命令输入表中的文字(表

格尺寸、字高大小自己选择)。

法向模数	Mn	2
齿数	Z	80
径向变位系数	X	0.06
精度等级		8-DC
公法线长度	F	43.872±0.168

图 5-32　在 AutoCAD 中完成表格

5.4　添加特殊字符

5.4.1　在单行文字中添加特殊字符

用户可以用"单行文字"命令输入特殊字符,如直径符号"φ",角度符号"°"等。输入文字内容时输入符号的控制码即可,但注意必须在纯英文输入状态下输入,不能在中文输入状态。特殊字符控制码由两个百分号(％％)后紧跟一个字母构成,如表 5-5 所示。

表 5-5　特殊字符控制码

控　制　码	功　　能
％％o	加上划线
％％u	加下划线
％％d	度符号
％％p	正/负符号
％％c	直径符号
％％％	百分号

【示例与训练 5-5】　输入文字"φ60"和"77°",如图 5-33所示

【操作步骤】　步骤如下。

(1) 换文字层为当前图层;关闭汉字输入方式。

(2) 打开"文字"工具栏;创建文字样式,并设置"数字 5"文字样式为当前文字样式。

(3) 输入"单行文字"命令;在绘图区单击左键;按回车键,即选择旋转角度为 0°。

$\phi 60$　　　$77°$

图 5-33　单行文字输入
添加特殊字符

(4) 从键盘输入"％％c60",按回车键即结束本行的输入,可观察到"φ60"显示在光标处。

(5) 移动光标到绘图区右边单击左键。

(6) 从键盘输入"77％％d",按回车键即结束本行的输入,可观察到"77°"显示在光标处。

(7) 按回车键结束文字命令。

5.4.2　在多行文字中添加特殊字符

要在多行文字中添加特殊字符,可以按照以下步骤进行。

1. 加入常用特殊字符的方法

(1) 输入"多行文字"命令,指定对角点,弹出"文字格式"对话框。

(2) 在"文字格式"对话框中单击鼠标右键,弹出快捷菜单,选择"符号"菜单,弹出"度数"、"正/负"、"直径"和"其他"选项,如图 5-34 所示。

(3) 选择所要输入的特殊符号,特殊字符就在"文字格式"对话框中了,如选择"正/负",结果如图 5-35 所示,单击〖确定〗按钮完成操作。

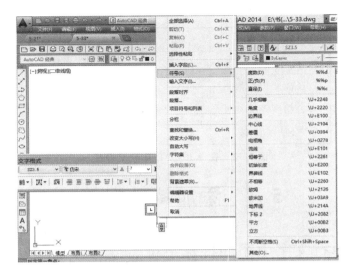

图 5-34　直接输入特殊符号

图 5-35　"正/负"的输入

2．加入其他特殊字符的方法

（1）输入"多行文字"命令，指定对角点，弹出"文字格式"对话框。

（2）在"文字格式"对话框中单击鼠标右键，弹出快捷菜单，选择"符号"菜单，弹出"度数"、"正/负"、"直径"和"其他"选项，如图 5-34 所示。

（3）单击"其他"菜单，弹出"字符映射表"对话框，如图 5-36 所示。

（4）在"字符映射表"对话框中，选择一种字体。如选择"GDT"，如图 5-36(b)所示，有零件图中的一些尺寸符号。

（5）选择一种字符，单击〖选择〗按钮，将字符都添加到"复制字符"框中。可重复操作选择多个字符。当选择了所有所需的字符后，单击〖复制〗按钮。关闭"字符映射表"对话框。

（6）在"文字格式"对话框单击鼠标右键，弹出快捷菜单，单击【粘贴】菜单，再单击〖确定〗按钮完成操作。

【示例 5-3】　标注"齿形角 $\alpha = 20°$"文字。

操作步骤如下：

（1）输入"多行文字"命令，指定对角点，系统打开"文字格式"对话框。

（2）选择所需"样式"、"字体"和"字高"，再从键盘输入常用文字，如图 5-37 所示。

（3）在要插入特殊符号的地方单击鼠标左键，再单击鼠标右键，弹出快捷菜单，选择【符号】菜单中【其他】菜单，打开"字符映射表"对话框。

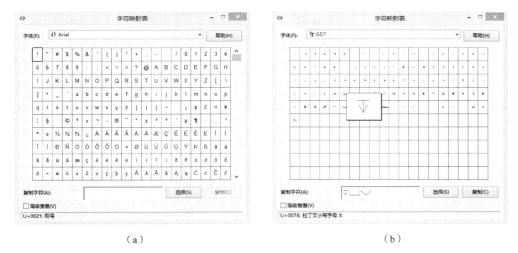

（a）　　　　　　　　　　　　　　　　　（b）

图 5-36　"字符映射表"对话框

图 5-37　输入多行文字

（4）在〖字体〗下拉列表中选择"Symbol"字体，选取需要的字符"α"，如图 5-38 所示。

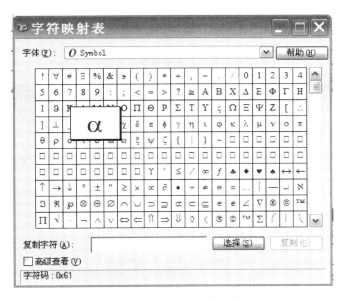

图 5-38　选择需要的符号"α"

（5）单击 选择(S) 按钮，再单击 复制(C) 按钮。

（6）返回"文字格式"对话框，在要插入"α"符号的地方单击鼠标左键，再单击右键，选择
【粘贴】菜单。

（7）单击 ▭ 确定 按钮，完成特殊符号"α"的插入。

（8）双击多行文字对象"齿形角 α＝20"，系统打开"文字格式"对话框，在"文字格式"对话框中单击鼠标右键，弹出快捷菜单，选择【符号】菜单，弹出"度数"、"正/负"、"直径"和"其他"选项。

（9）选择"度数"，完成特殊符号"°"的插入，单击〖确定〗按钮完成操作。

5.5　创建堆叠形式的文字

堆叠文字是一种垂直对齐的文字或分数，如图 5-39 所示。用"多行文字"命令，使用"文字格式"对话框中的堆叠按钮 ᵇₐ，可创建堆叠文字。先依次输入分子和分母，分子和分母间用"/"、"^"或"♯"分隔，再选中这一部分文字，然后单击 ᵇₐ 按钮。若输入时分子和分母间使用"/"分隔，则形成的堆叠文字中间有水平分数线；若输入时分子和分母间使用"^"分隔，则形成的堆叠文字中间没有分数线；若输入时分子和分母间使用"♯"分隔，则形成的堆叠文字是斜的分数线。

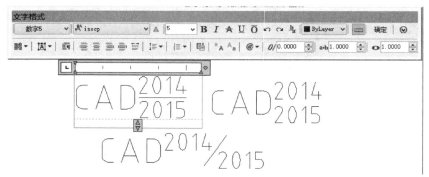

图 5-39　文字堆叠效果

例如，要创建如图 5-40 所示分数，则输入"多行文字"命令，指定对角点，弹出"文字格式"对话框；再输入"CAD2014/2015"；然后选中文字"2014/2015"，如图 5-41 所示；单击堆叠按钮 ᵇₐ，效果如图 5-39 所示，中间有水平分数线。

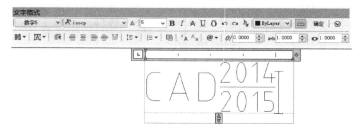

图 5-40　堆叠文字

【示例与训练 5-6】　创建分数与公差形式的文字

用"多行文字"命令创建如图 5-42 所示的分数与公差形式的文字。

操作步骤如下：

（1）输入"多行文字"命令，指定角点，系统打开"文字格式"对话框。

图 5-41　堆叠文字输入

（2）输入文字"％％C200H8/m7"，换行输入文字"％％C 60＋0.678~0.328"，换行输入文字"23＃4"，如图 5-43 所示。

图 5-42　分数与公差形式的文字

图 5-43　输入多行文字

（3）拖动鼠标选择文字"H8/m7"，如图 5-44 所示。单击"文字格式"对话框上的堆叠按钮 b_a，结果如图 5-45 所示。

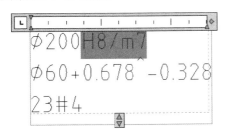

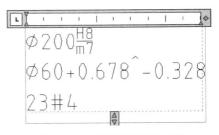

图 5-44　选择文字

图 5-45　创建分数形式文字

（4）拖动鼠标选择文字"＋0.678~0.888"，单击"文字格式"对话框上的堆叠按钮 b_a，结果如图 5-46 所示。

（5）拖动鼠标选择文字"3＃4"，如图 5-47 所示，单击"文字格式"对话框上的堆叠按钮 b_a，结果如图 5-42 所示。

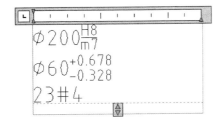

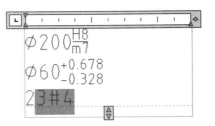

图 5-46　创建公差形式文字

图 5-47　创建分数形式文字

（6）单击"文字格式"对话框上的 ▢ 确定 ▢ 按钮，完成分数文字输入。

【训练习题 5-4】 完成图 5-48 所示文字的输入。

$$\phi 60\pm 0.020 \qquad 60°$$

$$\phi 50\frac{H7}{f8} \qquad \phi 30^{+0.324}_{-0.016} \qquad 5\frac{1}{8}$$

图 5-48　特殊字符与堆叠文字的输入习题

5.6　表格的创建与使用

利用表格功能，可以快速地绘制图上所需的表格，并能方便地填写表中的文本，相当于在 AutoCAD 中用 Excel，这种方法比先绘制直线，再输入文字来绘制表格的方法方便很多。在绘制表格之前，需要设置表格样式。

5.6.1　创建表格样式

表格样式用于控制表格单元的填充颜色、文本格式、文本对齐方式，及文本的文字样式、高度、颜色，以及表格边框等。

【方法】　输入"表格样式"命令的方式如下：

● 工具栏：〖样式〗→〖表格样式〗按钮 ▦ 。

● 菜单命令：【格式】→【表格样式】。

● 键盘命令：TABLESTYLE ↙。

【操作步骤】　操作步骤如下：

（1）输入"表格样式"命令，系统弹出"表格样式"对话框，如图 5-49 所示。

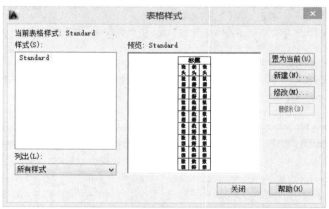

图 5-49　"表格样式"对话框

（2）单击〖新建〗按钮，系统弹出"创建新的表格样式"对话框，如图 5-50 所示。在"新样式名"文本框中输入样式名称，如"标题栏"；单击〖继续〗按钮，系统弹出"新建表格样式"对话框，如图 5-51 所示。从左边预览框中可以看出，表格由"标题"、"表头"、"数据"3 个项目组成。

（3）设置对话框中各选项组参数。下面以创建如图 5-52 所示的"标题栏"样式为例，说明表格样式的创建步骤及参数设置。

〖起始表格〗：可以在图形中指定一个表格用作样例来设置此表格样式的格式，图形中没有表格时，可不选。

图 5-50　"创建新的表格样式"对话框

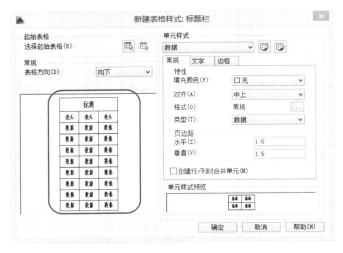

图 5-51　"新建表格样式"对话框

图 5-52　标题栏

〖表格方向〗：用于设置表格方向，有"向上"和"向下"2 个选项。"向上"即"标题"在下方，此处取默认"向下"。

〖单元样式〗：在〖单元样式〗下拉列表中有"标题"、"表头"、"数据"3 个选项，可分别用于设置表格标题、表头和数据单元的样式。3 个选项中均包含有"基本"、"文字"和"边框"3 个选项卡，设置方法相同，此处取默认"数据"。

单击〖常规〗选项卡，在〖特性〗选项组中可设置单元格的填充颜色、文本对齐方式、文本格式和文本类型等项；〖页边距〗选项组用于设置单元边界与单元内容之间的间距。此处设置〖对齐〗方式为"正中"，〖格式〗为"文字"，〖页边距〗为"0"，如图 5-53 所示。

单击〖文字〗选项卡，在〖特性〗选项组中可设置文本的文字样式、文字高度、文字颜色和文字角度。此处设置〖文字样式〗方式为"汉字 5"，〖文字颜色〗为"ByLayer"，如图 5-54 所示。

单击〖边框〗选项卡，在〖特性〗选项组中可设置数据边框线的各种形式，包括线宽、线型、

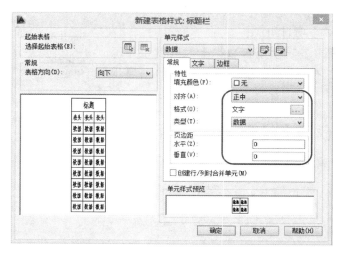

图 5-53 "常规"选项卡

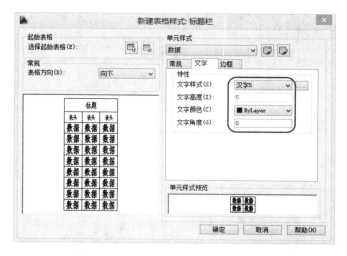

图 5-54 "文字"选项卡

颜色、是否双线、边框线有无等选项。此处在〖线宽〗下拉列表中选择"0.50 mm",在〖线型〗和〖颜色〗下拉列表中选择"ByLayer",单击"外边框"按钮,将设置应用于外边框线,如图 5-55 所示;再在〖线宽〗下拉列表中选择"0.25 mm",在〖线型〗和〖颜色〗下拉列表中选择"ByLayer",单击"内边框"按钮,将设置应用于内边框线。

标题和表头各项的设置方法与数据的设置方法相同。标题栏表格不包含标题和表头,所以也可不对"标题"和"表头"选项进行设置。

5.6.2 表格样式的修改与使用

1. 表格样式的修改

输入"表格样式"命令,弹出"表格样式"对话框;单击左边列表中的样式名称,再单击"表格样式"对话框中〖修改〗按钮,弹出对话框,可对已选表格样式进行修改,操作方法同新建表格样式一样。

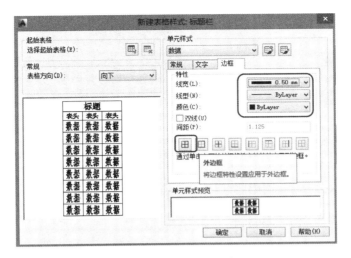

图 5-55　"边框"选项卡

2. 表格样式的使用

在创建表格时,系统会使用当前表格样式来显示输入的表格,因此要根据需要不断更换当前表格样式。操作方法如下:

在"样式"工具栏上,单击表格样式控制下弹按钮,显示表格样式列表,单击对应下拉菜单中表格样式的名称,如图 5-56 所示,即选择此表格样式为当前样式,如单击"标题栏"则表格样式"标题栏"设置为当前表格样式。

图 5-56　更换当前表格样式

5.6.3　创建空表格

创建表格时,可设置表格列数、列宽、行数、行高等,创建结束后系统自动进入表格内容输入状态。

【方法】　输入"表格样式"命令的方式如下。

● 工具栏:〖绘图〗→〖表格〗按钮 ▦ 。

● 菜单命令:【绘图】→【表格】。

● 键盘命令:TABLE ↙ 。

【操作步骤】操作步骤如下:

(1) 换"文字"层为当前图层。输入"表格"命令,系统弹出"插入表格"对话框。在左边〖表格样式〗下显示当前样式,也可以在下拉列表框中选择新的表格样式来使用。

(2) 在左边〖插入选项〗下取默认"从空表格开始",在右边〖插入方式〗下取默认"指定插入点"。

(3) 在"列和行设置"下各文本框分别输入列数"7"、列宽"15"、数据行数"2"(表格总共会有 4 行)、行高"1"(不是距离值,是一个比例值),在〖设置单元样式〗下全部选择"数据",如图 5-57 所示。

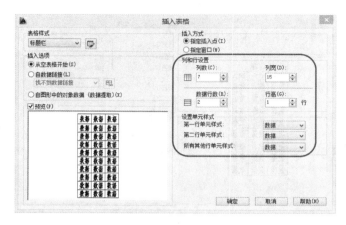

图 5-57 "插入表格"对话框

(4)单击〖确定〗按钮;系统提示"指定插入点",则在绘图区单击即插入一个空表格,并弹出"文字格式"对话框,如图 5-58 所示。表格的总行数是"数据行数"加上"2",即加上一行"标题",一行"表头"。可在单元格内输入相应的文字或数据,之后单击〖确定〗按钮,完成表格;也可直接单击〖确定〗按钮,完成一个空表格,后面再输入文字。此处直接单击〖确定〗按钮,如图 5-59 所示。

图 5-58 插入表格

图 5-59 绘制的空表格

5.6.4 编辑表格

创建的空表格如果不满意,可以进行编辑。

1. 修改表格的行高和列宽

用窗交方式选中所有单元格,单击鼠标右键,在快捷菜单中选择"特性"选项,弹出的"特性"对话框如图 5-60 所示。

(1)在〖单元高度〗右边文本框中单击,输入"8",即将〖单元高度〗改为"8";选中表格第 2

列单元格,单击鼠标右键,在快捷菜单中选择"特性"选项,弹出"特性"对话框;在〖单元宽度〗右边文本框中单击,输入"20",即将〖单元宽度〗改为"20",如图 5-61 所示。

图 5-60　"特性"对话框　　　　　图 5-61　修改单元格

（2）同样操作将第 1 列单元格、第 3 列单元格和第 6 列单元格〖单元宽度〗改为"20",将第 7 列单元格〖单元宽度〗改为"30"。修改后的表格如图 5-62 所示。

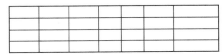

图 5-62　调整后的表格

2. 合并单元格

选中需要合并的单元格,单击"表格"对话框中的〖合并单元〗按钮即可完成。选中前 2 行前 3 列单元格,单击"表格"对话框中的〖合并单元〗按钮,如图 5-63 所示,在弹出的选项中选择"全部",则完成前 2 行前 3 列单元格的合并。采用同样的方法将前 2 行后 2 列单元格进行合并,将后 2 行后 4 列单元格进行合并,合并后的表格如图 5-64 所示。合并单元格操作也可在选中要合并的单元格后单击鼠标右键,在弹出的快捷菜单中选择〖合并〗。

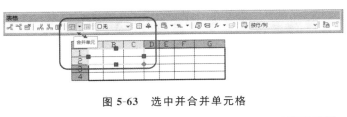

图 5-63　选中并合并单元格

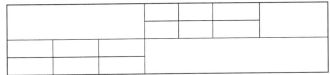

图 5-64　合并单元格后的表格

5.6.5　填写表格

要填写或编辑单元格文字,则在表格单元格内单击或双击。在表格单元格内单击系统弹出"表格"对话框,即可输入文字,如图 5-65 所示;在表格单元格内双击,系统弹出"文字格式"对话框,可对单元格中已有文字进行编辑,如图 5-66 所示。

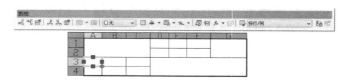

图 5-65　单击单元格输入文字

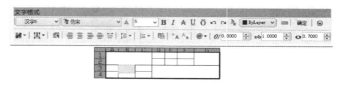

图 5-66　双击单元格输入文字或修改文字格式

在不同单元格中单击，输入文字，完成表格填写，如图 5-67 所示，单元格中的文字默认按表格样式中设置的样式和字高。

(名称)
比例
数量
材料
图号
1:1
1
HT200
制图
李奉香
2016.6
审核
(单位)

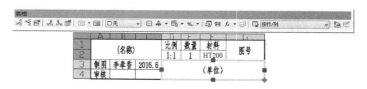

图 5-67　填写表格

输入之后，双击单元格，还可用“文字格式”对话框中项目改变单元格的文字格式，如双击单元格，选中“(名称)”，将文字高度改为“7”，如图 5-68 所示；用相同方法将“单位”单元格的文字高度改为“7”。填写或修改完成后，在表格外单击，完成表格，结果如图 5-69 所示。

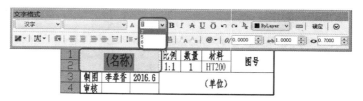

图 5-68　修改文字格式

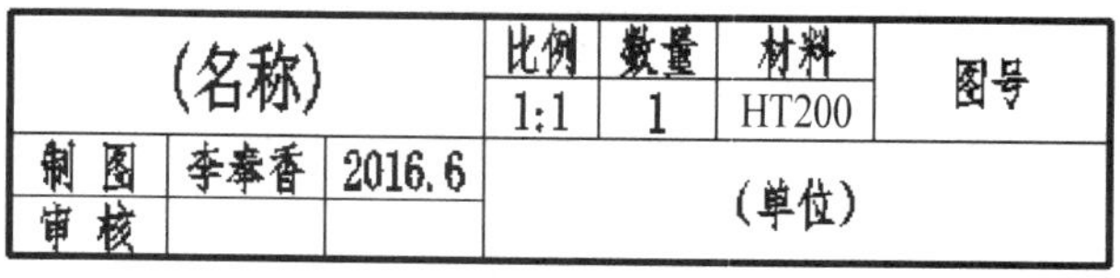

(名称)
比例
数量
材料
图号
1:1
1
HT200
制 图
李奉香
2016.6
审 核
(单位)

图 5-69　完成的表格

第6章 标注尺寸与查询功能

【本章学习内容】

1. 尺寸样式的设置方法;常用尺寸的标注方法。
2. 已标注尺寸的编辑方法;多重引线的绘制;公差尺寸的标注方法。
3. "使用全局比例"功能的应用;"查询"功能的应用。

6.1 尺寸要素与 AutoCAD 中标注尺寸的一般步骤

6.1.1 尺寸要素

一个完整的尺寸,包含四个尺寸要素,如图 6-1 所示。

尺寸界线:从要标注对象的两个界线点处绘制的线,尺寸界线一般是图形轮廓线、轴线或对称中心线的延长线,也可直接用轮廓线、轴线或对称中心线作尺寸界线。尺寸界线用细实线绘制,超出尺寸线终端约 2~3 mm,起点偏移量约为 0,如图 6-2 所示。

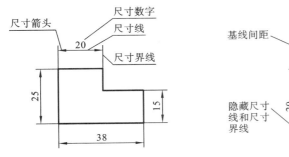

图 6-1 尺寸要素

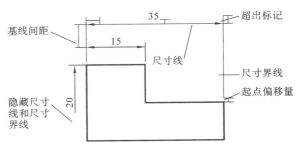

图 6-2 尺寸要素的画法

尺寸线:尺寸界线之间的连线,尺寸线必须单独画出,不能与图线重合或在其延长线上。尺寸线用细实线绘制,标注线性尺寸时,尺寸线必须与所标注的线段平行,相同方向的各尺寸线的间隔(即基线间距)应大于 5 mm,以便注写尺寸数字和有关符号。应尽量避免尺寸线之间及尺寸线与尺寸界线之间相交。如图 6-2 所示。

尺寸线终端:尺寸线终端有两种形式,箭头和细斜线。在机械制图中使用箭头,箭头尖端与尺寸界线接触,不得超出也不得离开,如图 6-2 所示。

尺寸数字:线性尺寸的数字一般放置在尺寸线上方或尺寸线中断处。同一图样内字号大小应一致,位置不够可引出标注。

6.1.2　AutoCAD 中标注尺寸的一般步骤

（1）创建一个独立的"尺寸"图层，用于尺寸标注，如表 6-1 所示。

表 6-1　"尺寸"图层

图　层　名	颜　　色	线　　型	线　　宽
尺寸	蓝	Continous	0.25 mm

（2）设置文字样式。创建一种或多种数字样式，用于创建尺寸标注样式，如表 6-2 所示。

表 6-2　文字样式

样式名称	字　　体	字　　高	宽度因子	倾斜角度
工程字	gbenor. shx	0	1	0
SZ3.5	isocp. shx	3.5	1	0
SZ5	isocp. shx	5	1	0
SZ7	isocp. shx	7	1	0

（3）打开"标注"工具栏。如图 6-3 所示。

标注命令　　　　尺寸编辑命令　　标注样式控制　　"标注样式"命令

图 6-3　"标注"工具栏

（4）创建标注样式，用于标注尺寸。

（5）标注尺寸。用标注命令和状态栏的"对象捕捉"等功能标注尺寸。

6.2　标注样式设置与使用

"标注样式"是尺寸标注的基础，对尺寸的标注有着非常重要的作用，因为在 AutoCAD 中标注尺寸不同于手工绘图，四个尺寸要素不需要自己绘制，由系统完成。用尺寸标注命令标注的尺寸是按标注样式来显示尺寸要素的，所以要根据所标注的尺寸内容合理设置和选用标注样式。一般一种标注样式往往不能满足所有尺寸的需要，因此，需要设置多种尺寸标注样式。对工程图的标注样式设置，要根据国家标准的要求进行设置。

6.2.1　标注样式设置方法

1. 输入命令的方式

● 工具栏：〖标注〗→〖标注样式〗按钮。

● 工具栏：〖样式〗→〖标注样式〗按钮。

● 菜单命令：【格式】→【标注样式】。

● 键盘命令：DIMSTYLE✓。

2. 标注样式设置步骤

输入"标注样式"命令后，系统弹出"标注样式管理器"对话框，如图 6-4 所示。左边〖样式〗

列表中列出了当前图形文件中所有已创建的尺寸样式,并显示了当前样式名及其预览图。AutoCAD 2014 系统中有"Annotative"、"ISO-25"及"Standard"三种默认的标注样式,新建文件时,就有这三个样式,但是这三种标注样式标注的尺寸均不符合国家标准,"Annotative"是注释性标注样式,因此需要用户自行设置符合国标的标注样式。

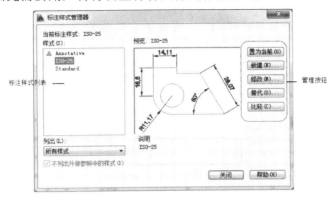

图 6-4　"标注样式管理器"对话框

先在〖样式〗列表中单击一个样式作为基础样式,再单击〖新建〗按钮,即可设置新样式。基础样式就是为新样式提供参数的默认设置,即新建样式各参数的默认设置与其基础样式一样。样式中要设置的参数很多,选择一个相近的样式作基础样式,对基础样式作一些修改就可以成为所需的新样式。如在〖样式〗列表中选择"ISO-25"样式后,单击〖新建〗按钮,系统弹出"创建新标注样式"对话框,如图 6-5 所示。

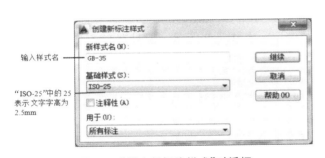

图 6-5　"创建新标注样式"对话框

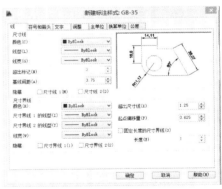

图 6-6　"新建标注样式"对话框

在弹出的"创建新标注样式"对话框中的〖新样式名〗文本框中输入样式名称,如"GB-35",其余项保留默认设置,如图 6-5 所示,即新建的"GB-35"以"ISO-25"为基础,用于所有的尺寸标注。单击〖继续〗按钮,系统弹出"创建新标注样式:GB-35"对话框,如图 6-6 所示。

对各项进行设置,之后单击下方〖确定〗按钮,即完成一个样式的设置。界面返回到"标注样式管理器"对话框,从左边列表中可以看出新建的样式在其中了,如图 6-7 所示。可以重复操作,再次新建标注样式。最后单击"标注样式管理器"对话框下方〖关

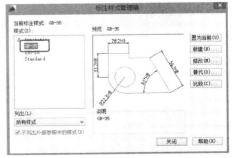

图 6-7　新建的标注样式

闭〗按钮,结束标注样式命令。

6.2.2 标注样式各参数的设置方法

1. 设置"线"参数

使用"线"选项卡可以设置尺寸线和尺寸界线的有关参数,如图 6-8 所示。

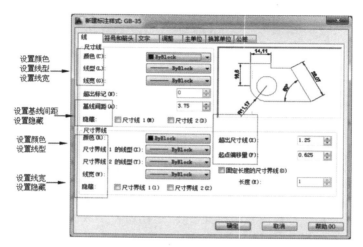

图 6-8 "线"选项卡

（1）〖尺寸线〗选项区:用于设置尺寸线的颜色、线宽、超出标记以及基线间距等属性。

〖颜色〗下拉列表:用于设置尺寸线的颜色,同"特性"工具栏的"颜色控制"一样。

〖线型〗下拉列表:用于设置尺寸线的线型,同"特性"工具栏的"线型控制"一样。

〖线宽〗下拉列表:用于设置尺寸线的线宽,同"特性"工具栏的"线宽控制"一样。

〖超出标记〗:指定尺寸线超过尺寸界线的距离,如图 6-9 所示。但只有当箭头为倾斜、建筑标记、小标记、完整标记和无标记时才有效。机械工程图一般用实心箭头,此处为"0"且不能编辑。

〖基线间距〗:用于设置"基线标注"命令标注尺寸时,相邻两条平行尺寸线之间的距离默认值,如图 6-10 所示。此数值取大于 5 的值。

〖隐藏〗:系统将尺寸线分为两段,两个复选框分别用于确定是否隐藏第一段和第二段尺寸线,若选中〖尺寸线 1〗则隐藏第一条尺寸线及箭头,若选中〖尺寸线 2〗则隐藏第二条尺寸线及箭头,如图 6-11 所示。

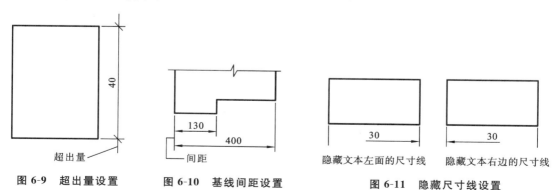

图 6-9 超出量设置　　图 6-10 基线间距设置　　图 6-11 隐藏尺寸线设置

（2）〖尺寸界线〗选项区：用于设置尺寸界线的颜色、线宽、超出尺寸线的长度和起点偏移量、隐藏控制等属性。

〖颜色〗下拉列表：用于设置尺寸界线的颜色，同"特性"工具栏的"颜色控制"一样。

〖线型〗下拉列表：用于设置尺寸界线的线型，同"特性"工具栏的"线型控制"一样。

〖线宽〗下拉列表：用于设置尺寸界线的线宽，同"特性"工具栏的"线宽控制"一样。

〖超出尺寸线〗文本框：用于设置尺寸界线超出尺寸线的距离，如图 6-12（a）所示，可取"3"。

〖起点偏移量〗文本框：用于设置尺寸界线的起点与标注时捕捉的点之间距离，如图 6-12（a）所示，可取"0"。

〖隐藏〗：两个复选框分别用于确定是否显示第一条和第二条尺寸界线，若选中〖尺寸界线 1〗则隐藏第一条尺寸界线，若选中〖尺寸界线 2〗则隐藏第二条尺寸界线，如图 6-12（b）所示。

〖固定长度的尺寸界线〗复选框：选中该复选框，可以设置尺寸界线的固定长度。

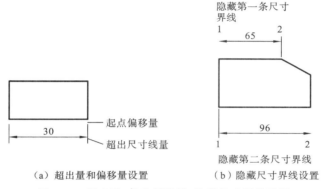

（a）超出量和偏移量设置　　　（b）隐藏尺寸界线设置

图 6-12　超出量、偏移量设置、隐藏尺寸界线设置

2. 设置"符号和箭头"参数

使用"符号和箭头"选项卡可以设置箭头、圆心标记、弧长符号和半径标注折弯的格式与位置，如图 6-13 所示。

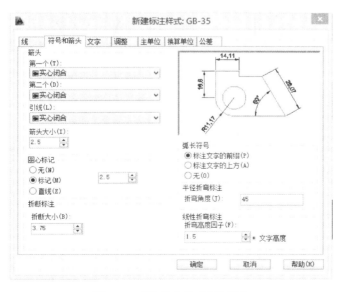

图 6-13　"符号和箭头"选项卡

（1）〖箭头〗选项区：用于设置尺寸线和引线箭头的类型及箭头尺寸大小等。

〖第一个〗、〖第二个〗下拉列表：用于设置尺寸线两端的箭头类型，通常情况下，尺寸线的两个箭头应一致，这里使用默认设置。

〖引线〗下拉列表：设置引线标注所使用箭头类型。

〖箭头大小〗：设置箭头的大小，这里设置为"3.5"。

（2）〖圆心标记〗选项区：用于设置圆或圆弧的圆心标记类型和大小，如图 6-14 所示。

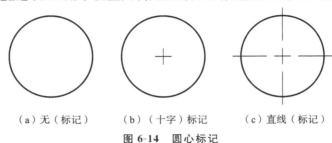

（a）无（标记）　　（b）（十字）标记　　（c）直线（标记）

图 6-14　圆心标记

〖无〗是指不标记。

〖标记〗是指以在其后编辑框中设置的数值大小在圆心处绘制十字标记。一般情况下，使用"标记"形式，标记大小和文字大小一致。这里修改标记大小为 3.5。

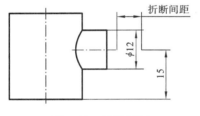

图 6-15　折断间距

〖直线〗是指直接绘制圆的十字中心线。

（3）〖折断间距〗选项区：用于设置尺寸界线起点与捕捉点之间断开的距离，如图 6-15 所示。

（4）〖弧长符号〗选项区：用于设置弧长符号的放置位置或有无弧长符号，包括"标注文字的前缀"、"标注文字的上方"和"无"3 种方式，如图 6-16 所示。这里选择〖标注文字的上方〗。

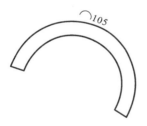
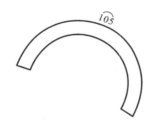
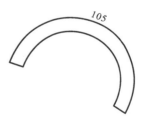

图 6-16　设置弧长符号的位置

（5）折弯标注。

〖半径折弯标注〗：用于设置折弯半径标注的显示样式，这种标注一般用于圆心在纸外的大圆或大圆弧标注。〖折弯角度〗文本框用来确定折弯半径标注中，尺寸线的横向线段的角度，如图 6-17 所示。一般该角度设置为 30。

〖线性折弯标注〗：控制线性标注折弯的显示。当标注不能精确表示实际尺寸时，通常将折弯线添加到线性标注中。〖折弯高度因子〗文本框用来确定线性折弯标注中，尺寸线折弯两点之间的距离，如图 6-18 所示。

3．设置"文字"参数

该选项卡包括"文字外观"、"文字位置"、"文字对齐"3 个选项组，并在右上角的预览框中实

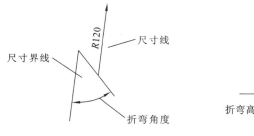

图 6-17　折弯角度　　　　　图 6-18　折弯高度

时显示各选项的效果,如图 6-19 所示。使用"文字"选项卡设置尺寸数字的格式、位置和对齐方式。

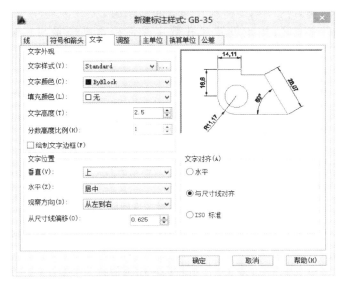

图 6-19　"文字"选项卡

(1)〖文字外观〗选项区:用于设置文字样式、颜色、是否给尺寸数字添加边框等。

〖文字样式〗:通过下拉列表选择文字样式,也可通过单击按钮 ... 打开"文字样式"对话框设置新的文字样式。文字样式中的参数设置要能满足尺寸数字的要求。

〖文字颜色〗下拉列表:用于设置尺寸数字的颜色,同"特性"工具栏的"颜色控制"一样。

〖填充颜色〗下拉列表:用于设置尺寸数字的背景颜色,或不要背景颜色。

〖文字高度〗:设置尺寸数字的高度尺寸,准确地说,是设置当使用的文字样式中"字高"设置为"0"时,尺寸数字的高度尺寸。当使用的文字样式中"字高"设置不为"0"时,尺寸数字的高度尺寸与文字样式中"字高"设置一致。这里可设置为"3.5"。

〖分数高度比例〗:设置标注分数或公差的文字相对于尺寸数字的字高比例。仅在选择了分数或公差标注时,此选项才起作用。

〖绘制文字边框〗:设置尺寸数字四周是否绘制边框线。效果对比如图 6-20 所示。

(2)〖文字位置〗选项区:用于设置尺寸数字相对于尺寸线的位置。可以对文字的垂直、水平位置进行设置,还可以调节从尺寸线偏移的距离值。

〖垂直〗:设置尺寸数字沿尺寸线垂直方向的放置位置。有"置中"、"上方"、"外部"和"JIS"

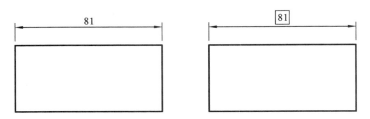

图 6-20　尺寸数字无边框与有边框效果对比

(日本标准)4 种方式。

〖水平〗:设置尺寸数字沿尺寸线平行方向的放置位置。有"置中"、"靠近第一条尺寸界线"、"靠近第二条尺寸界线"、"在第一条尺寸界线上方"、"在第二条尺寸界线上方"五种方式。

〖从尺寸线偏移〗:设置尺寸数字与尺寸线之间的距离。

(3)〖文字对齐〗选项区:用于设置尺寸数字是保持水平还是与尺寸线平行,如图 6-21 所示。

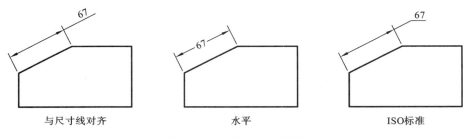

图 6-21　文字对齐示例图

〖水平〗:无论尺寸线的方向如何,尺寸数字的方向总是水平的。工程图上,角度尺寸的尺寸数字就要求总是水平方向摆放。

〖与尺寸线对齐〗:尺寸数字排列方向与尺寸线保持平行。工程图上距离尺寸一般要求尺寸数字与尺寸线保持平行。

〖ISO 标准〗:当尺寸数字在尺寸界线内时,尺寸数字与尺寸线对齐;当尺寸数字在尺寸界线外时,尺寸数字水平排列。

4. 设置"调整"参数

"调整"选项卡包含〖调整选项〗、〖文字位置〗、〖标注特征比例〗、〖优化〗四个可调整内容,如图 6-22 所示。

(1)〖调整选项〗选项区:"调整"选项卡主要是用来帮助解决在绘图过程中遇到的一些较小尺寸的标注的问题,这些小尺寸的尺寸界线之间的距离很小,不足以放置尺寸数字和箭头时,通过此项设置尺寸数字和箭头的调整位置。

〖文字或箭头(最佳效果)〗:AutoCAD 根据尺寸界线间的距离大小,优选移出尺寸数字或箭头,或者尺寸数字与箭头都移出。

〖箭头〗:尺寸界线之间的距离不足以放置尺寸数字和箭头时首先移出箭头。

〖文字〗:尺寸界线之间的距离不足以放置尺寸数字和箭头时首先移出尺寸数字。

〖文字和箭头〗:尺寸界线之间的距离不足以放置尺寸数字和箭头时,尺寸数字和箭头都移出。

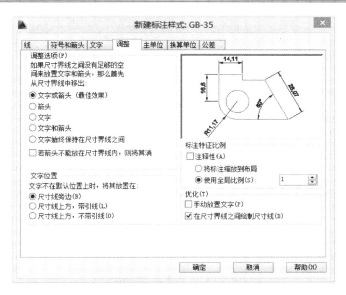

图 6-22　"调整"选项卡

〖文字始终保持在尺寸界线之间〗：不论尺寸界线之间能否放下尺寸数字，尺寸数字始终在尺寸界线之间。

（2）〖文字位置〗选项区：设置尺寸数字不在默认位置（由标注样式定义的位置）时，尺寸数字放置的位置，如图 6-23 所示。

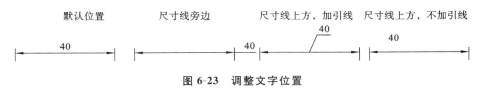

图 6-23　调整文字位置

（3）〖标注特征比例〗选项区。

〖使用全局比例〗：以文本框中的数值为比例因子缩放尺寸数字和箭头的大小，但不改变标注的尺寸数字的值（模型空间标注选用此项）。

〖将标注缩放到布局〗：以当前模型空间视口和图纸空间之间的比例为比例因子缩放标注。（图纸空间标注选用此项）。

（4）〖优化〗选项区。

〖手动放置文字〗：进行尺寸标注时尺寸数字的位置没有确定，系统会提示确定尺寸数字的位置。

〖在尺寸界线之间绘制尺寸线〗：不论尺寸界线之间的距离大小，尺寸界线之间必须绘制尺寸线。

5．设置"主单位"参数

该选项卡包含"线性标注"和"角度标注"两个选项组，如图 6-24 所示。用"主单位"选项卡可以设置主单位的格式与精度，以及标注的前缀与后缀等属性。

（1）〖线性标注〗选项区：用于设置线性尺寸的格式和精度。

〖单位格式〗：设置尺寸的单位类型，如"小数"、"科学"、"工程"、"建筑"等。"小数"即为十进制数。此处取默认值"小数"。

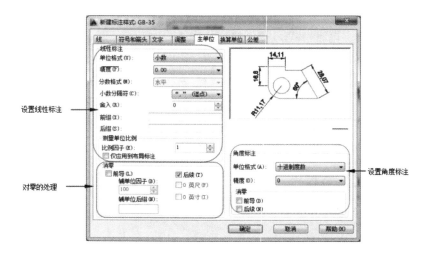

图 6-24 "主单位"选项卡

〖精度〗:设置尺寸数字的精度,"0"即为取整数,"0.0"即为小数点后取 1 位,小数点后最多可设置 8 位。用标注命令标注尺寸时,尺寸数字不是自己输入的,是由系统测量所得,此处精度就是测量的尺寸数字精度。

〖分数格式〗:此选项通常为灰色,只有当在"单位格式"下拉列表框中选定"分数"时,此选项才有效。"分数格式"有"水平"、"对角"和"非堆叠"三种形式。

〖小数分隔符〗:用于设置小数点的形状,有"句点"、"逗点"和"空格"三种形式,一般用"句点"形式。

〖舍入〗:用于对小数取近似值的设置。

〖前缀〗:用于设置尺寸数字前方的文字,若此处设置了文字,则用此样式标注的尺寸,尺寸数字前全部自动加上该文字。例如,在"前缀"文本框中输入"M",效果如图 6-25 所示。

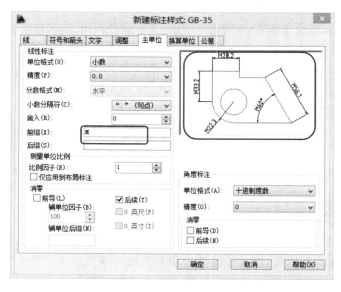

图 6-25 设置"前缀"

〖后缀〗:用于设置尺寸数字后方的文字,若此处设置了文字,则用此样式标注的尺寸,尺寸数字后全部自动加上该文字。例如,在"后缀"文本框中输入"H8",效果如图 6-26 所示。

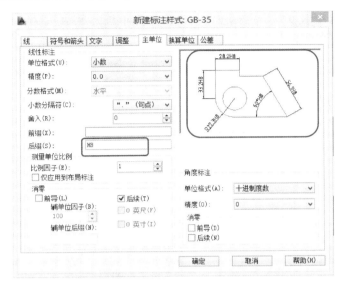

图 6-26　设置"后缀"

〖测量单位比例〗:用于设置比例因子以及该比例因子是否仅用于布局标注。设置测量比例因子,可以实现按比例绘图后,而直接标注实际物体的尺寸,例如绘图时将尺寸缩小 100 倍,即按 1∶100 的比例绘图,将"测量比例因子"设置为 100,用此样式标注尺寸时,系统自动把测量值扩大 100 倍进行标注,即尺寸数字显示的是物体的真实尺寸。如图 6-27 所示的是复制的两个图,即大小一样,图 6-27(a)所用标注样式的"测量比例因子"为"1",图 6-27(b)所用标注样式的"测量比例因子"为"100"。这对于绘制大尺寸的图,如建筑图很适用。

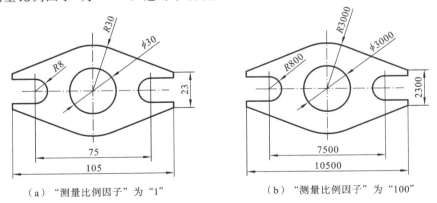

（a）"测量比例因子"为"1"　　　　　　　（b）"测量比例因子"为"100"

图 6-27　不同"测量比例因子"效果图

(2)〖消零〗选项区:有〖前导〗和〖后续〗复选框,分别用于设置尺寸数字的前面零和后面零是否显示。如若设置了"后续"消零,当尺寸数字按精度应该为"6.00",而图上实际显示为"6"。

(3)〖角度标注〗选项区:用于设置角度尺寸数字的格式、精度和单位。

〖单位格式〗:设置角度单位格式,包括"十进制度数"、"度/分/秒"、"百分度"和"弧度"。

〖精度〗:设置角度的测量值精度。

〖消零〗:有〖前导〗和〖后续〗复选框,分别用于设置角度尺寸数字的前面零和后面零是否显示。

6. 设置"换算单位"参数

用"换算单位"选项卡可以指定标注测量值中换算单位的显示并设置其格式和精度，如图 6-28 所示。一般选择"不显示"。

图 6-28 "换算单位"选项卡

7. 设置"公差"参数

用"公差"选项卡可以设置是否标注公差以及以何种方式进行标注，如图 6-29 所示。设置方法后面再介绍。

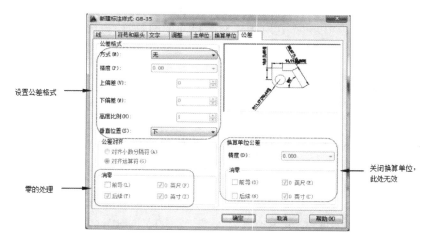

图 6-29 "公差"选项卡

【示例与训练 6-1】 设置整数尺寸的标注样式（如"68"、"R68"）

操作方法如下：

（1）输入"标注样式"命令，弹出"标注样式管理器"对话框，单击〖新建〗按钮，弹出"创建新标注样式"对话框，在"新样式名"文本框中输入样式名称（如"线性"），单击〖继续〗按钮，系统弹出"新建标注样式：线性"对话框。

（2）在〖线〗选项卡中，设置尺寸线和尺寸界线的有关参数，颜色、线型、线宽等一般设置为〖ByLayer〗，设置后的参数如图 6-30 所示。这样设置，通过修改图层，此图层上标注的尺寸会自动更新。

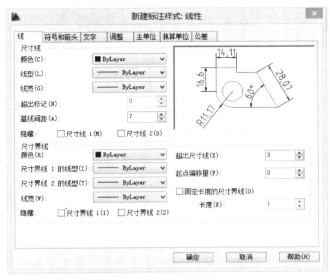

图 6-30　设置后线的有关参数对话框

（3）设置符号和箭头。使用〖符号和箭头〗选项卡设置符号和箭头的有关参数，箭头一般设置为〖实心闭合〗，箭头大小设置为"3.5"，圆心标记为〖无〗。设置后的参数如图 6-31 所示。

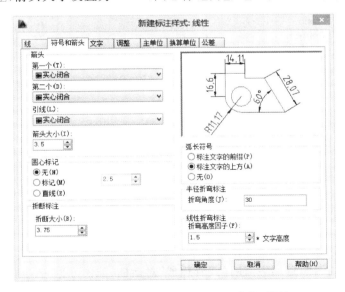

图 6-31　设置后符号和箭头的有关参数对话框

（4）设置文字。在〖文字〗选项卡中设置文字的格式和位置等。在〖文字〗下拉表中，选择数字的文字样式，如"SZ3.5"，文字颜色为〖ByLayer〗，文字对齐三个复选框，一般选择〖与尺寸线对齐〗。设置后的对话框如图 6-32 所示，其他设置取默认值。

（5）设置调整。使用〖调整〗对话框设置标注文字、箭头、引线和尺寸线的位置，一般取默认选项，不用修改。

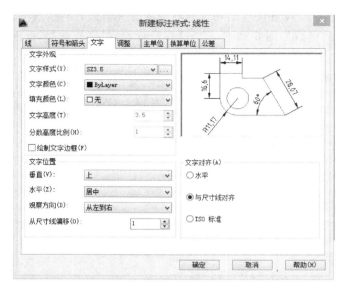

图 6-32　设置"文字"选项卡

（6）设置主单位。使用〖主单位〗对话框设置数值格式与精度等属性，精度设置为〖0〗，小数分隔符设置为〖句点〗，其他取默认选项。设置后的对话框如图 6-33 所示。

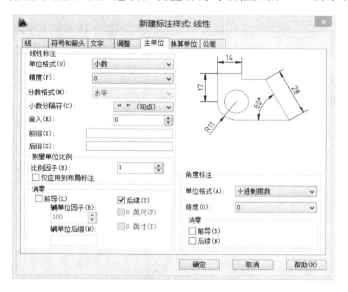

图 6-33　"主单位"选项卡

（7）单击〖确定〗按钮，返回"标注样式管理器"对话框，如图 6-34 所示，从右边"预览"中可以看出，正是所需样式。单击〖关闭〗按钮，结束"标注样式"命令。

6.2.3　标注样式的使用

输入标注命令时，尺寸自动使用当前标注样式显示尺寸，因此在输入标注命令前，一般要更换当前样式。打开〖标注〗工具栏，在〖标注〗工具栏右边标注样式控制下拉列表中单击样式名，可更换当前样式，如图 6-35 所示。如图 6-35 所示的当前标注样式是"线性"样式。

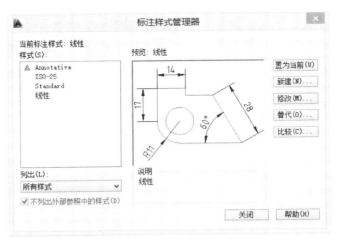

图 6-34　"线性"标注样式

图 6-35　更换当前标注样式

也可用〖样式〗工具栏更换当前样式,在〖样式〗工具栏标注样式控制栏下拉列表中单击样式名,可更换当前样式,如图 6-36 所示。

图 6-36　用"样式"工具栏更换当前标注样式

6.3　标注常用尺寸

6.3.1　"标注"命令与尺寸标注步骤

1. "标注"命令

输入"标注"命令的方法有工具栏、菜单命令、键盘命令三种方式,"标注"工具栏命令如图 6-37 所示,菜单命令如图 6-38 所示。

不同尺寸需要对应不同命令,具体标注时,当前标注样式的更换与命令要结合使用。如图 6-39 所示示例。

2. 尺寸标注步骤

标注尺寸的方法其实很简单,输入标注命令后,只需指定尺寸界线的两点或选择要标注尺寸的对象,再指定尺寸数字的位置即可。标注时,重点是能够根据尺寸格式选择具体标注命令。

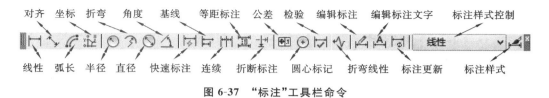

对齐　坐标　折弯　角度　基线　等距标注　公差　检验　编辑标注　编辑标注文字　标注样式控制

线性　弧长　半径　直径　快速标注　连续　折断标注　圆心标记　折弯线性　标注更新　标注样式

图 6-37　"标注"工具栏命令

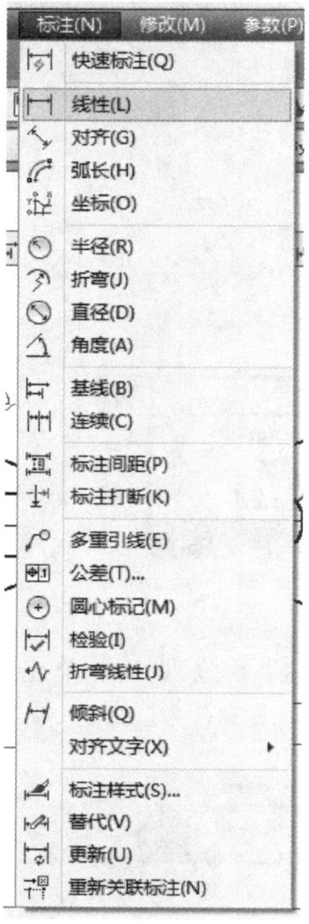

图 6-38　"标注"菜单命令

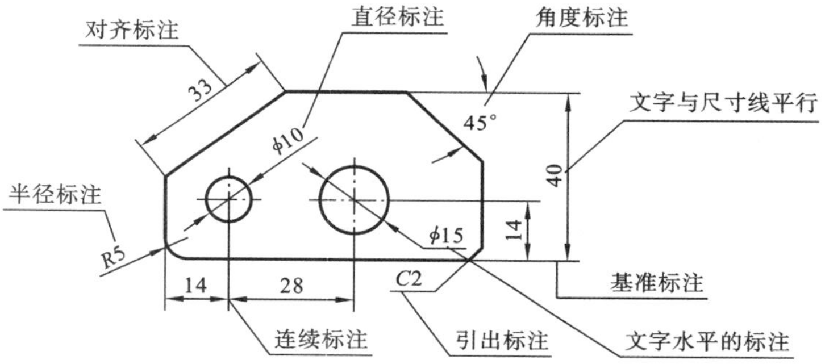

图 6-39　"标注"工具栏命令示例

（1）将"尺寸"图层设置为当前图层。

（2）创建标注样式并设置所需当前标注样式。

（3）输入标注命令，选择界线点或对象，确认放置位置点。

6.3.2　标注常用尺寸的操作

1."线性"标注

【功能】　"线性"标注命令用于标注两个界线点之间的水平或垂直尺寸。

【方法】　输入命令的方式如下。

● 工具栏：〖标注〗→〖线性〗按钮 ⊢┐。

● 菜单命令：【标注】→【线性】。

● 键盘命令：DLI ↙ 或 DIMLIN ↙ 或 DIMLINEAR ↙。

【操作步骤】　输入"线性"命令，按提示信息，捕捉第 1 个界线点，捕捉第 2 个界线点，移动光标到合适放置尺寸位置点单击左键。

【示例 6-1】 绘制如图 6-40 所示图形,用线性标注命令标注图 6-41 所示 4、27、10、35 的尺寸,用前面设置的"线性"样式的标注尺寸样式。

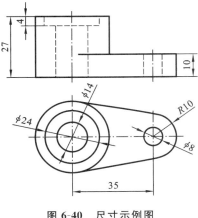

图 6-40 尺寸示例图

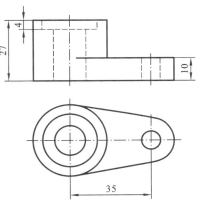

图 6-41 "线性"标注

操作步骤如下:将"线性"样式设置为当前标注样式,单击"标注"工具栏左边"线性"标注命令按钮,按系统提示信息,捕捉第 1 个尺寸界线点单击,捕捉第 2 个尺寸界线点单击,移动光标到尺寸放置的位置点单击。重复四次操作,完成四个标注尺寸。标注 4、27 时,捕捉完两个界线点后,向左移动光标,再单击放置尺寸的位置点,将尺寸放置在图的左边;标注 10 时,捕捉完两个界线点后,向右移动光标,再单击放置尺寸的位置点,将尺寸放置在图的右边;标注 35 时,捕捉完两个界线点后,向下移动光标,再单击放置尺寸的位置点,将尺寸放置在图的下方。

【命令行提示信息】 输入"线性"命令后,系统提示"指定第一个尺寸界线原点或〈选择对象〉:",此时有两种操作方法:一是取第一种方式,即单击指定一个点,如图 6-42 所示的点 A 或 B,将其作为第一条尺寸界线的起点;系统提示"指定第二条尺寸界线原点:",单击指定第二条尺寸界线的起点;继续操作。二是取第二种方式,即按回车键,系统提示"选择标注对象:",可选取要进行标注的线段,如图 6-42 所示的对象 C;继续操作。

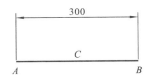

图 6-42 "选择尺寸界线原点和选择标注对象"示例

完成以上两种操作方法中的任意一种后,移动光标,都会在两点之间拖动一条水平方向或垂直方向的尺寸线,系统提示"指定尺寸线位置或[多行文字(M)/文字(T)/角度(A)/水平(H)/垂直(V)/旋转(R)]:",拖动鼠标,选择把尺寸线放置在水平或垂直位置,以达到标注水平线性尺寸和垂直线性尺寸的要求,此时可以在指定的放置位置单击左键完成了线性标注;还可以先输入选项字母,按回车键,完成相应操作后,在指定的放置位置单击左键完成了线性标注。选项操作方式相同,各功能说明如下。

(1) 多行文字:键入字母[M],按回车键,系统弹出"文字格式"对话框,如图 6-43 所示,可以在数字前后添加其他文字,也可以输入新值代替测量值(缺省的数字为实际测量值)。

图 6-43 "文字格式"对话框

（2）文字：键入字母〖 T 〗，按回车键，系统提示"输入标注文字 <330>"，可输入替代测量值的文字。

（3）角度：键入字母〖 A 〗，按回车键，系统提示"指定标注文字的角度："，用于确定尺寸数字的角度。

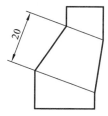

（4）水平：键入字母〖 H 〗，按回车键，确定在前面指定的两点之间标注水平尺寸。

（5）垂直：键入字母〖 V 〗，按回车键，确定在前面指定的两点之间标注垂直尺寸。

（6）旋转：键入字母〖 R 〗，按回车键，系统提示"指定尺寸线的角度 <0>："，可在前面指定的两点之间设置尺寸线的旋转角度。标注示例如图 6-44 所示。

图 6-44　旋转线性尺寸标注

2."对齐"标注

【功能】　"对齐"标注命令用于标注两个界线点之间直线尺寸。如图 6-45 所示尺寸 29 即为对齐标注。

【方法】　输入命令的方式如下。

● 工具栏：〖标注〗→〖对齐〗按钮 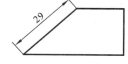。

● 菜单命令：【标注】→【对齐】。

● 键盘命令：DIMALIGNED ✓、DAL ✓ 或 DILALI ✓。

图 6-45　对齐标注

【操作步骤】　输入"对齐"命令，命令行提示："指定第一条尺寸界线原点或〈选择对象〉"，下列两种方法可选择：一是捕捉需要标注斜线的两个端点，移动光标找到合适放置尺寸的位置点后单击左键；二是直接按回车键，光标变成小方框形状，拾取需要标注的斜线，然后在适当的位置单击，确定尺寸的位置。

3."半径"标注和"直径"标注

【功能】　"半径"标注命令用于测量圆或圆弧的半径并进行标注，"直径"标注命令用于测量圆或圆弧的直径并进行标注。用"半径"标注命令标注圆和圆弧的半径时，系统自动加"R"，如图 6-46 所示，图 6-46（a）所示当前样式为〖线性〗样式，图 6-46（b）所示当前样式为〖水平〗样式。用"直径"标注命令标注圆和圆弧的直径时，系统自动加"φ"，如图 6-47 所示，图 6-47（a）所示当前样式为〖线性样式〗，图 6-47（b）所示当前样式为〖水平样式〗。

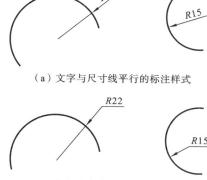

（a）文字与尺寸线平行的标注样式

（a）文字与尺寸线平行的标注样式

（b）文字水平的标注样式

图 6-46　半径标注示例

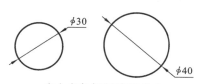

（b）文字水平的标注样式

图 6-47　直径标注示例

【方法】 输入"半径"命令的方式如下:

● 工具栏:〖标注〗→〖半径〗按钮 。

● 菜单命令:【标注】→【半径】。

● 键盘命令:DIMRADIUS ✓、DRA ✓ 或 DIMRAD ✓。

【方法】 输入"直径"命令的方式如下:

● 工具栏:〖标注〗→〖直径〗按钮 。

● 菜单命令:【标注】→【直径】。

● 键盘命令:DIMDIAMETER ✓、DDI ✓ 或 DIMDIA ✓。

【操作步骤】 输入命令,按提示信息,单击圆或圆弧,移动光标找到合适放置尺寸位置点后单击左键。

【示例 6-2】 如图 6-48 所示,用"半径"标注或"直径"标注命令标注尺寸 $R10$、$\phi24$、$\phi14$、$\phi8$。

操作步骤如下:设置"线性"样式为当前标注样式;标注 $R10$,单击"标注"工具栏上"半径"标注命令按钮,按提示信息,单击右边圆弧,向右上移动光标到合适放置尺寸位置点单击左键。标注尺寸 $\phi24$、$\phi14$、$\phi8$,单击"标注"工具栏上"直径"标注命令按钮,按提示信息,单击圆,移动光标到合适放置尺寸位置点单击左键,重复三次操作,完成三个直径尺寸。

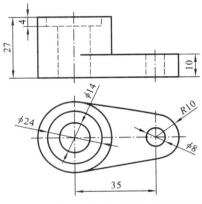

图 6-48 使用线性样式标注半径、直径

4."角度"标注

【功能】 "角度"标注命令用于标注两条直线之间的夹角、圆弧的弧度或三点间的角度,系统自动加上角度符号"°"。如图 6-49 所示。

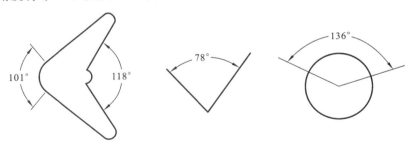

图 6-49 "角度标注"示例

【方法】 输入命令的方式如下。

● 工具栏:〖标注〗→〖角度〗按钮 。

● 菜单命令:【标注】→【角度】。

● 键盘命令:DIMANGULAR ✓、DAN ✓ 或 DIMANG ✓。

【操作步骤】 输入"角度"标注命令,命令行提示"选择圆弧、圆、直线或〈指定顶点〉",根据不同要求进行选择。

(1)若要标注两条边的角度,则直接拾取两条边,在适当位置单击确定尺寸位置。

(2)对于圆弧对象,可直接拾取圆弧,然后在适当位置单击确定尺寸的位置。系统以圆心为角的顶点、以圆弧端点为尺寸界线的起点来确定要标注的角度。

（3）对于圆对象，先拾取圆周，再指定圆周上另一点，然后在适当位置单击确定尺寸的位置。标注的角度为拾取圆周上的一点与另一点之间的角度。

（4）若要按顶点标注角度，则按回车键，先拾取角度顶点，再分别拾取两条边的另一顶点，或在两条边上各拾取一点，然后在适当位置单击确定尺寸的位置。

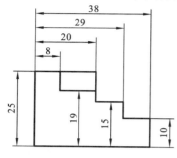

图 6-50　基线标注

5. "基线"标注

【功能】　"基线"标注用于创建从同一个基准引出的标注，如图 6-50 所示。基线标注是以已有标注的一个尺寸界线为公共基准生成的多次标注，因此在基线标注之前，必须已经存在标注。基线标注可以应用于线性标注、角度标注。

【方法】　输入命令的方式如下。

● 工具栏：〖标注〗→〖基线〗按钮 。

● 菜单命令：【标注】→【基线】。

● 键盘命令：DIMBASELINE ✓、DBA ✓ 或 DIMBASE ✓。

【操作步骤】　标注完成第一个尺寸后，单击"基线"标注命令，指定第二个尺寸界线点即可完成标注，因为系统会自动以第一个尺寸的起点为第一个界线点，且各尺寸线之间的距离在标注样式中已设置，即标注样式设置时，"线"选项中"基线间距"选项中设置的距离。基线间距可以通过修改标样式对话框中的"线"选项卡中的"基线间距"来调整。

【示例 6-3】　创建从一个基准引出的多个尺寸标注，如图 6-51 所示。

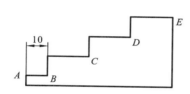
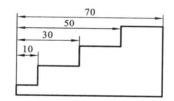

图 6-51　基线标注

标注方法：单击"标注"工具栏上"基线"标注命令按钮，系统提示"指定第二条尺寸界线原点或［放弃（U）/选择（S）］＜选择＞"；如果上次是线性标注、对齐标注、角度尺寸、基线标注或连续标注，则系统自动捕捉标注的第一个尺寸界线起点为起点，则指定第二个尺寸界线点即可。否则按回车键或输入〖S〗，按回车键，选择基线，再指定第二个尺寸界线点。

基线标注可以连续操作，一次输入命令，可标注很多组基线尺寸。

6. "连续"标注

【功能】　"连续"标注命令用于创建一系列端点对端点放置的标注，每个连续标注都从前一个标注的第二个界线处开始，如图 6-52 所示。

【方法】　输入命令的方式如下。

● 工具栏：〖标注〗→〖连续〗按钮 。

● 菜单命令：【标注】→【连续】。

● 键盘命令：DIMCONTINUE ✓、DCO ✓ 或 DIMCONT ✓。

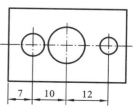

图 6-52　连续标注

【操作步骤】　标注第一个尺寸后，单击"连续"标注命令，自动捕捉第一个尺寸的第二个界线为起点，继续进行连续标注，指定标注尺寸的第二个尺寸界线点即可。

【示例 6-4】　用"连续"标注命令标注如图 6-53 所示的尺寸。

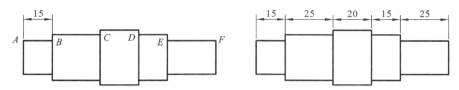

图 6-53　连续标注

标注方法:标注第一个尺寸,如"15";单击"标注"工具栏上"连续"标注命令按钮,系统提示:"指定第二条尺寸界线原点或〔放弃(U)/选择(S)〕＜选择＞";如果上次是线性标注、对齐标注、角度尺寸、基线标注或连续标注等,指定连续标注的第二个尺寸界线点即可,因系统自动捕捉标注的第一个尺寸界线点。否则按回车键或输入〔S〕,按回车键,选择连续标注的第一个尺寸界线,再指定第二个尺寸界线点。依次单击 C 点、D 点、E 点、F 点,按回车键结束标注。

连续标注可以连续操作,一次输入命令,标注很多组连续尺寸。

标注命令是确定尺寸界线和尺寸数字放置位置,但以什么形式显示尺寸数字,则是由尺寸标注样式确定的。下面介绍常用标注样式。

6.4　常用尺寸标注样式的设置

根据图上尺寸类型不同,设置一些相应的标注样式,以方便标注尺寸时直接应用,从而提高绘图速度。常用标注样式如表 6-3 所示。若合理选用设置顺序,可快速新建标注样式,其思路如下:先新建"线性"样式,再新建其他样式时,选择"线性"样式为〔基础样式〕,单击〔继续〕后,只需改变其他要求。

表 6-3　常用尺寸标注样式

尺寸类型	样式名称	基本要求	其他要求
两点距离尺寸,如 60;圆弧半径尺寸,如 $R60$;圆弧直径尺寸,如 $\phi60$	线性或(XX)	(1) 尺寸线颜色、线型、线宽为"ByLayer",基线间距为"8"; (2) 尺寸界线颜色、线型、线宽为"ByLayer";超出尺寸线为"3";起点偏移量为"0";箭头大小设置为"3.5"; (3) 文字样式为"SZ5";文字颜色为"ByLayer"; (4) 单位格式用"小数",精度为"0",小数分割符为"句点"	
用线性命令标注直径,如 $\phi10$	线直径或(XZJ)		前缀为"％％C"
数字水平放置,如角度尺寸,水平放置的半径和直径尺寸	水平或(SP)		选择"文字"中对齐方式为"水平"
只有一端尺寸界线和箭头的尺寸	对称或(DC)		选择尺寸线中第二条"隐藏",尺寸界线第二条"隐藏"

6.4.1　"线性"标注样式设置

"线性"标注样式主要用于标注长、宽、高基本尺寸和圆弧半径、圆弧直径等尺寸,如图

6-54 所示的尺寸。"线性"标注样式设置按照前面"示例与训练 6-1"设置方法即可完成。如图 6-54 所示的尺寸为用"线性"标注样式,分别用"线性"命令、"半径"命令、"直径"命令,进行长度、圆弧半径、圆弧直径等的尺寸标注。半径 R 和直径 ϕ 是半径标注命令和直径标注命令自动产生的,不用自己输入。

6.4.2 "线直径"标注样式设置

"线直径"标注样式用于在非圆弧上用"线性"命令或者"对齐"命令标注的直径形式尺寸,如图 6-55 所示的 $\phi15$、$\phi22$。

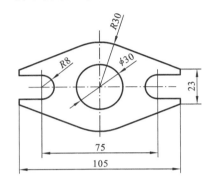

图 6-54 用设置的线性尺寸标注的尺寸

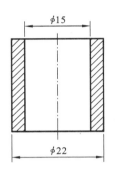

图 6-55 "线直径"标注样式

设置步骤如下:

(1)输入"标注样式",系统弹出"标注样式管理器"对话框,如图 6-56 所示,单击选中"线性"样式,即使用设置好的"线性"样式为基础样式进行"线直径"标注样式的设置。

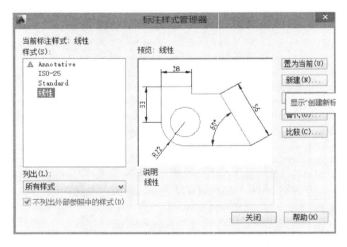

图 6-56 使用已有的线性样式进行线直径样式设置

(2)单击〖新建〗按钮,系统弹出"创建新标注样式"对话框,如图 6-57 所示,把新样式名设置为"线直径"。单击〖继续〗按钮,系统弹出如图 6-58 所示"新建标注样式:线直径"对话框。

(3)"线"、"符号和箭头"、"文字"、"调整"的设置采用默认设置,不进行改动,单击〖主单位选项卡〗,在〖前缀〗栏输入"%%c",如图 6-59 所示,单击〖确定〗按钮,完成线性直径样式的设置。

图 6-57　线直径尺寸设置"创建新标注样式"对话框

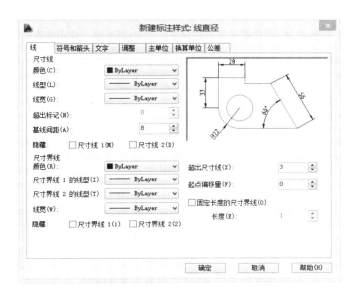

图 6-58　"新建标注样式:线直径"对话框

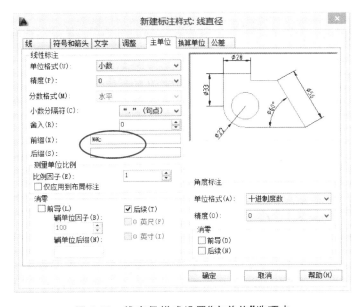

图 6-59　线直径样式设置"主单位"选项卡

图 6-60 所示中的 $\phi14$、$\phi28$ 即为使用"线直径"样式,用"线性"命令标注的尺寸示例,而 50、80 为用"线性"标注样式,用"线性"命令标注的尺寸。虽然都是用的"线性"标注命令,但显示效果不同,因显示效果由标注样式控制。

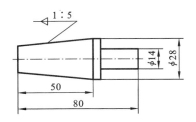

图 6-60 使用"线直径"样式标注的直径尺寸   图 6-61 使用线直径样式标注直径

【示例 6-5】 标注如图 6-61 所示尺寸 $\phi22$。

如果要在非圆弧或圆上标注直径,如图 6-61 所示尺寸 $\phi22$,还是要用"线性"标注命令来标注,但要用"线直径"样式。操作步骤如下:

将"线直径"标注样式设置为当前标注样式,如图 6-62 所示;单击"标注"工具栏左边"线性"标注命令按钮;按提示信息,捕捉第 1 个界线点,即下方左端点;捕捉第 2 个界线点,即下方右端点;向下移动光标,单击放置尺寸位置点,即线下方点。因用的是"线直径"样式,系统会自动加"ϕ"。

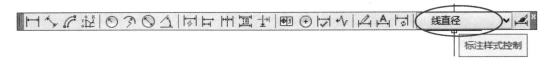

图 6-62 将线性直径设置为当前样式

6.4.3 "水平"标注样式设置

"水平"标注样式用于标注尺寸数字始终处于水平的尺寸,如角度的标注。如图 6-63(a)所示,尺寸标注中的 $\phi12$、$\phi21$、$R27$、$R14$、$R3$ 为使用"水平"标注样式,用"半径"和"直径"命令标注尺寸的示例;如图 6-63(b)所示为使用"水平"标注样式用"角度"命令进行的标注。

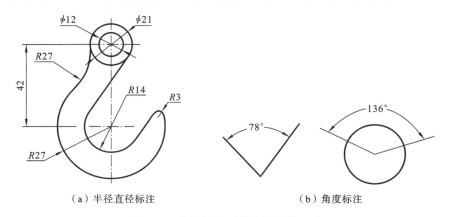

(a)半径直径标注   (b)角度标注

图 6-63 使用"水平"样式标注的尺寸

设置步骤如下:

（1）输入"标注样式"命令,系统弹出"标注样式管理器"对话框,如图 6-64 所示,单击"线性",即使用设置好的"线性"样式为基础样式进行"水平"样式设置。

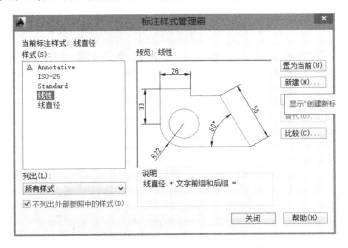

图 6-64 使用设置的线性样式进行水平样式设置

（2）单击〖新建〗按钮,系统弹出"创建新标注样式"对话框,如图 6-65 所示,输入新样式名为"水平",单击〖继续〗按钮,系统弹出对话框。

（3）"线"、"符号和箭头"、"调整"、"主单位"的设置采用默认"线性"样式设置,不进行改动,单击〖文字〗选项卡,在右下方"文字对齐"栏选择"水平",如图 6-66 所示,单击〖确定〗按钮,完成线水平样式设置。

图 6-65 水平样式设置"创建 新标注样式"对话框

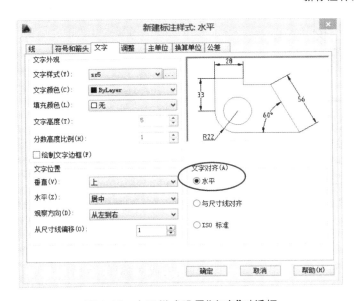

图 6-66 水平样式设置"文字"对话框

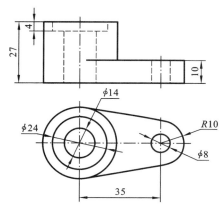

图 6-67   使用水平样式进行半径、直径标注

【示例 6-6】   如图 6-67 所示,用"半径"或"直径"命令标注尺寸 $\phi24$、$\phi14$、$\phi8$、$R10$。

标注步骤:设"水平"样式为当前标注样式,如图 6-68 所示;输入"半径"命令,选择右边圆弧,向右上移动光标单击;输入"半径"命令,选择右边小圆,向右下移动光标单击;输入"直径"命令,选择左边小圆,向右上移动光标单击;输入"直径"命令,选择左边中间圆,向左上移动光标单击。

6.4.4   "对称"样式设置

"对称"标注样式用于只有一端有箭头的对称尺寸。如图 6-69 所示的 $\phi14$、$\phi7$ 为使用"对称"标注样式,用"线性"命令标注尺寸的示例。

图 6-68   将"水平"样式设置为当前样式

设置步骤如下:

(1)输入"标注样式"命令,系统弹出"标注样式管理器"对话框,单击"线性",使用设置好的"线性"样式为基础样式进行"对称"样式的设置。

(2)单击〖新建〗按钮,系统弹出"创建新标注样式"对话框,如图 6-70 所示,输入新样式名为"对称"。单击〖继续〗按钮,系统弹出"新建标注样式:对称"对话框,如图 6-71 所示,设置"线"选项卡。

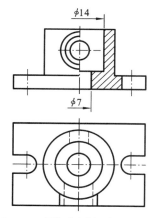

图 6-69   用"对称"样式标注尺寸

图 6-70   对称样式设置"创建新标注样式"对话框

(3)"符号和箭头"、"文字""调整"、"主单位"的设置采用默认"线性"样式设置,不进行改动,在〖线〗选项卡〖尺寸线〗栏的"隐藏"中勾选〖尺寸线 2〗;在〖尺寸界线〗栏的"隐藏"中勾选〖尺寸界线 2〗,如图 6-71 所示,单击〖确定〗按钮,完成对称样式设置。

完成上述设置后的样式如图 6-72 所示。单击〖关闭〗按钮,完成常用标注样式的设置。

上述这些是常用的一些标注样式,如果需要还可以创建其他样式,即使要求基本相同,只是

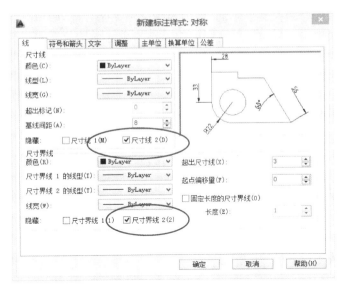

图 6-71　对称样式设置"线"选项卡

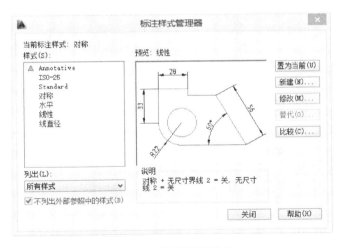

图 6-72　常用标注样式

字高不一样,也需要设置新的样式。用显示缩放命令缩小图形时,尺寸数字也会缩小,由于上述常用标注样式中的文字样式用的是"SZ5",也就是字高为"5",若图形缩小比例太大时,有可能尺寸数字就看不清楚了。因此,若绘制的图形需要用较大的缩小比例来观看或打印,则标注样式需要用字高更大的文字样式,如"SZ25"。绘制图形还是采用 1∶1 比例,以方便测量数据。

【训练习题 6-1】　创建如表 6-3 所示的常用尺寸标注样式。

6.5　修改、重命名与删除标注样式

输入"标注样式"命令,系统弹出"标注样式管理器"对话框,在"标注样式管理器"对话框左边样式列表中单击一个样式名,再分别单击〖新建〗、〖修改〗或〖替代〗按钮,继续操作,可以增加一个新的样式、修改选择的标注样式或替代选择的标注样式。单击〖新建〗、〖修改〗或〖替代〗按钮,系统分别弹出"新建标注样式"对话框、"修改标注样式"对话框或"替代标注样式"对话框,虽然对话框标题栏文字不同,但内容和选项完全一样,操作方法也一样。但要注意"修改"与"替代"的区别,当"修改"了标注样式后,图形中之前用此样式已标注的所有尺寸都会改变为修改后的样式,而创建了"替代"标注样式后,该标注样式只对之后标注的尺寸起作用,而不会改变"替代"前已标注尺寸的样式。

6.5.1 增加标注样式

如果已建立的标注样式还不能满足需要,可以继续创建新标注样式。方法是:输入"标注样式"命令,弹出"标注样式管理器"对话框,在左边样式列表中单击一个样式名,单击右边〖新建〗按钮,同前面讲的新建方法一样继续操作,即可以选择的样式为基础增加新的样式。完成后的样式列表中有新的样式。

【训练】 增加"线性 2"标注样式。其文字样式用"SZ5"或"数字 5"。

6.5.2 修改已建标注样式

如果对已建立的尺寸样式不满意,可以修改已创建的标注样式的设置,方法如下。

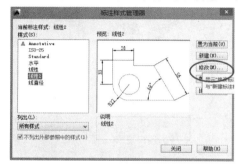

图 6-73 修改标注样式

(1)输入"标注样式"命令,弹出"标注样式管理器"对话框。

(2)在左边样式列表中单击需要修改的样式名,如"线性 2",如图 6-73 所示。

(3)单击右边〖修改〗按钮,系统弹出"修改标注样式:线性 2"对话框,如图 6-74 所示。

(4)在对话框中修改参数设置,修改方法与新建样式的方法一样,如,将"前缀"修改为"4×%%c",如图 6-75 所示。

(5)修改完成后,单击〖确定〗按钮,返回"标注样式管理器"对话框。

(6)单击〖关闭〗按钮完成修改。

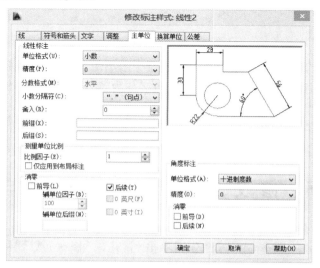

图 6-74 "修改标注样式"对话框

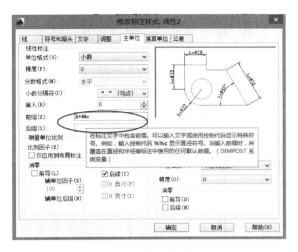

图 6-75　修改"前缀"

当标注样式修改后,用该标注样式标注的尺寸会自动更新显示模式。例如,用标注样式"线性 2"修改前标注的尺寸,如图 6-76(a)所示,用标注样式"线性 2"修改后标注的尺寸,如图 6-76(b)所示,用标注样式"线性 2"修改后标注的尺寸数字前方均有"4×ϕ"。

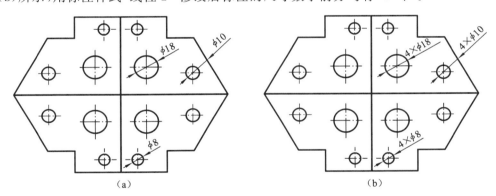

图 6-76　修改标注样式后的尺寸

【训练】　修改"线性 2"标注样式。将"前缀"修改为"4×％％c"。

6.5.3　重命名标注样式与删除标注样式

在"标注样式管理器"对话框中,若单击选中需要修改的样式后,按右键,会弹出快捷菜单如图 6-77 所示,可对选中的样式进行重命名、删除等操作。

如果要对某个样式进行重命名,在〖样式〗列表中的样式名上单击鼠标右键,出现快捷菜单,单击〖重命名〗选项,输入新的名称,完成修改。

如果要删除样式,先要确认此样式是没有使用的样式且不是当前样式。删除样式的方法:在"样式"列表中的样式名上单击鼠标右键,在快捷菜单中,单击〖删除〗选项即可。

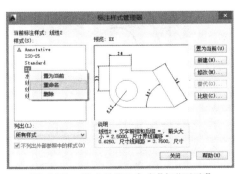

图 6-77　样式的"重命名"与"删除"

6.6　标注尺寸示例

【示例与训练 6-2】　绘制如图 6-78 所示图形，并进行标注

操作步骤如下：

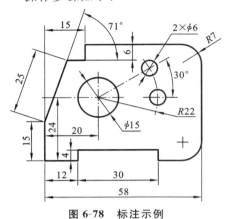

图 6-78　标注示例

（1）设置绘图界面，完成图层、文字样式、标注样式三个设置。按照给定的尺寸绘制图形，如图 6-79 所示。

（2）设"尺寸"层为当前层，打开"标注"工具栏，设置"线性"样式为当前标注样式。单击"标注"工具栏上"线性"命令按钮，完成线性尺寸 6、15、15、20、58 的标注，如图 6-80 所示。

（3）单击"标注"工具栏上"线性"命令按钮，完成线性尺寸 12 的标注，单击"标注"工具栏上"连续"命令按钮，完成尺寸 30 的标注；单击"标注"工具栏上"线性"命令按钮，完成线性尺寸 4 的标注，单击"标注"工具栏上"基线"命令按钮，完成尺寸 24 的标注。如图 6-81 所示。

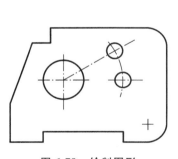

图 6-79　绘制图形

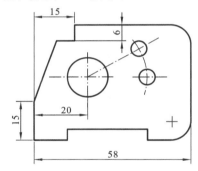

图 6-80　标注线性尺寸 6、15、15、20、58

（4）单击"标注"工具栏上"对齐"命令按钮，完成尺寸 25 的标注；单击"标注"工具栏上"半径"命令按钮，完成尺寸 R7 的标注，如图 6-82 所示。

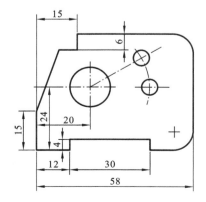

图 6-81　标注连续尺寸 30 和基线尺寸 24

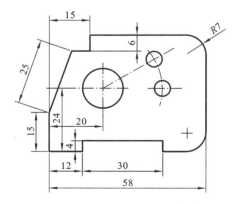

图 6-82　标注对齐尺寸 25 和半径 R7

（5）设置"水平"样式为当前标注样式。单击"标注"工具栏上"半径"命令按钮,完成尺寸 $R22$ 的标注;单击"标注"工具栏上"直径"命令按钮,完成尺寸 $\phi6$、$\phi15$ 的标注,如图 6-83 所示。

（6）单击"标注"工具栏上"角度"命令按钮,完成角度尺寸 71°、30°的标注,如图 6-84 所示。

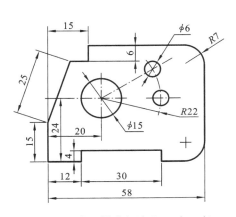

图 6-83　水平样式标注 $R22$、$\phi15$、$\phi6$　　　图 6-84　水平样式标注 71°、30°

（7）但是在原图中,直径为 $\phi6$ 的圆有 2 个,最终标注的是 $2\times\phi6$,其修改过程后面再介绍。保存图形文件。

【训练习题 6-2】　绘制图 6-85 图形,建立"常用尺寸标注样式",并标注尺寸。

提示:图 6-85(a)涉及线性尺寸标注、对齐尺寸标注、角度标注;图 6-85(b)涉及线性尺寸标注、半径标注、直径标注、基线标注、连续标注。

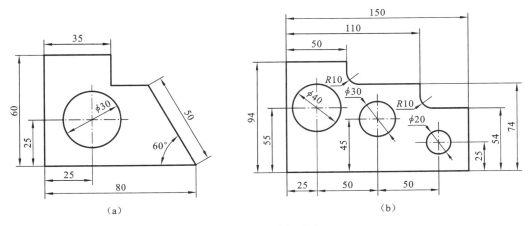

图 6-85　尺寸标注法

6.7　修改标注的尺寸

6.7.1　修改尺寸位置

在尺寸标注的编辑过程中,一般利用夹点的编辑进行尺寸界线和尺寸数字位置的修改。方法如下:选择要修改的尺寸,会出现夹点,如图 6-86(a)所示。光标放在起点或者终点两端的夹点,向上拖动鼠标,可调整尺寸界线起点或者尺寸界线终点的位置,尺寸四要素会自动调整,如图 6-86(b)所示;光标放在尺寸数字处夹点上拖动鼠标,可调整尺寸数字放置的位置,尺寸四要素会自动调整,如图 6-86(c)所示。

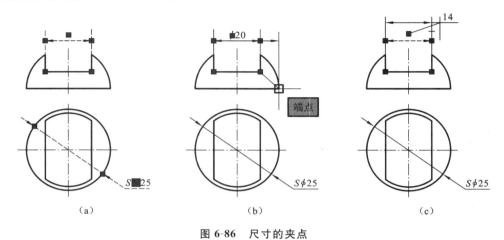

图 6-86　尺寸的夹点

6.7.2　查看标注样式与更换标注样式

1. 查看标注样式

选中一个尺寸对象,可通过"样式"工具栏样式控制和"标注"工具栏样式控制查看该尺寸使用的标注样式,如图 6-87 所示,选中尺寸使用的标注样式是"线性"样式。

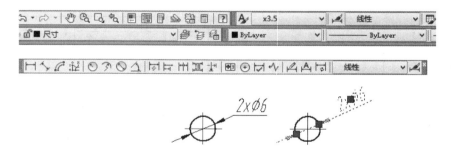

图 6-87　查看尺寸使用的标注样式

2. 更换标注样式

若将图中已标注尺寸的标注样式使用错了,可以将已标注尺寸的标注样式更换为另一种标注样式,而不需要删除后重新标注。方法如下:选取要更换样式的尺寸对象;单击"标注"工具栏"标注样式控制"下弹按钮,出现样式列表,如图 6-88 所示;单击所需的新样式的名称。

【示例 6-7】　如图 6-88 所示,将左边尺寸样式改成右边尺寸样式。

分析:将"φ9"尺寸的"线性"标注样式更换为"线性 2×"标注样式。

操作方法如下:选取要更换样式的尺寸对象"φ9";单击"标注"工具栏"标注样式控制"下弹按钮,出现样式列表,如图 6-88 所示;单击所需的新样式的名称"线性 2×"。

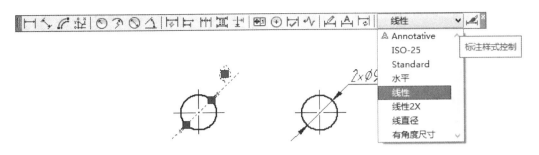

图 6-88　更换尺寸标注的样式

6.7.3　标注更新

【功能】　"标注更新"命令可以将图中已标注尺寸的标注样式更新为当前标注样式。

【方法】　输入命令的方式如下。

● 工具栏:〖标注〗→〖标注更新〗按钮 。

● 菜单命令:【标注】→【更新】。

● 键盘命令：DIMSTYLE✓。

【操作步骤】　先输入"标注更新"命令,再选取该尺寸对象,然后按回车键即可将一尺寸的标注样式更新为当前标注样式。

【示例 6-8】　如图 6-89 所示,将左边尺寸样式改成右边尺寸样式。

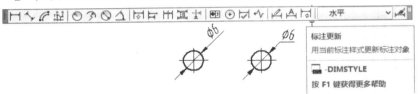

图 6-89　更新尺寸标注样式

分析:将尺寸"φ6"的"线性"标注样式更新为"水平"标注样式。

操作方法如下:在"标注"工具栏中将"水平"样式置为当前样式,再单击标注工具栏中的"标注更新"按钮,选取"φ6"尺寸,按回车键。

6.7.4　修改尺寸数字与命令选项说明

1. 修改尺寸数字

双击尺寸数字即可编辑数值。利用"编辑标注"命令可以修改选定尺寸对象的尺寸数字,也能将尺寸数字按指定角度旋转以及将尺寸界线倾斜指定角度。

【方法】　输入命令的方式如下。

● 工具栏:〖标注〗→〖编辑标注〗按钮 。

● 菜单命令:【修改】→【对象】→【文字】→【编辑】。

● 键盘命令:DIMEDIT✓或 DDEDIT✓。

【操作步骤】　选中需要修改的尺寸,单击"标注"工具栏的"编辑标注"按钮,系统提示"输入标注编辑类型［默认（H）/新建（N）/旋转（R）/倾斜（O）］＜默认＞:"，输入〖N〗，按回车键，系统弹出如图 6-90 所示的文字格式对话框和文字输入窗口。该窗口中文字为原来测量有尺寸数字，可以在其前或后加注文字，也可以删除原尺寸文字后，重新输入文字。在文字输入窗口中输入尺寸标注文字后，单击〖确定〗按钮即可。

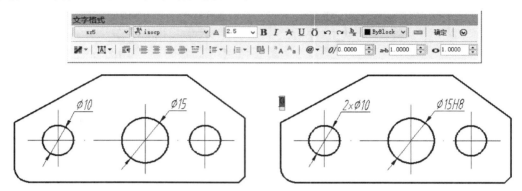

图 6-90　文字格式工具栏和文字输入窗口

【示例 6-9】　如图 6-90 所示，将左边尺寸数字改成右边尺寸数字。

分析:需要修改尺寸数字，用"编辑标注"命令完成。

修改方法:单击选择"$\phi10$"尺寸，单击"标注"工具栏的"编辑标注"按钮，在原文字的前面输入"2×"，单击〖确定〗按钮。单击选择"$\phi15$"尺寸，单击"标注"工具栏的"编辑标注"按钮，在原文字的后面输入"H8"，单击〖确定〗按钮。

2. 选项说明

单击"标注"工具栏的"编辑标注"按钮，系统提示"输入标注编辑类型［默认（H）/新建（N）/旋转（R）/倾斜（O）］＜默认＞:"，各功能如下:

（1）新建:设置新的尺寸数字。

（2）旋转:被选择尺寸对象的尺寸数字将旋转到指定的角度，如图 6-91 所示。

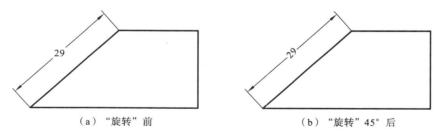

（a）"旋转"前　　　　　　　（b）"旋转"45°后

图 6-91　旋转后的尺寸数字

（3）默认:用于将旋转过的尺寸对象的尺寸数字恢复为原来位置，但对未作旋转修改的尺寸不起作用。

（4）倾斜:用于控制尺寸界线的倾斜角度。如图 6-92 所示。

【示例与训练 6-3】　绘制如图 6-93 所示三视图并标注图中的尺寸

操作步骤如下:

（1）设置绘图界面，完成图层、文字样式、标注样式的设置。按照给定的尺寸绘制图形，如图 6-94 所示。

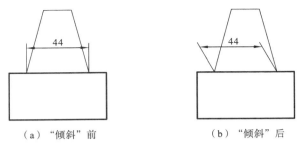

（a）"倾斜"前 　　　　　　　（b）"倾斜"后

图 6-92　尺寸界线的倾斜编辑

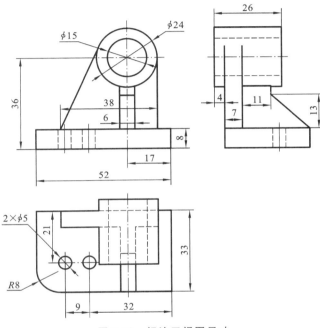

图 6-93　标注三视图尺寸

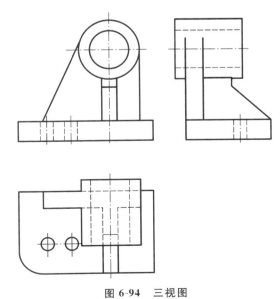

图 6-94　三视图

（2）换"尺寸"层为当前层。打开"标注"工具栏,将"线性"样式设置为当前样式。用"线性"标注命令标注所有的长、宽、高等线性尺寸,如图 6-95 所示。

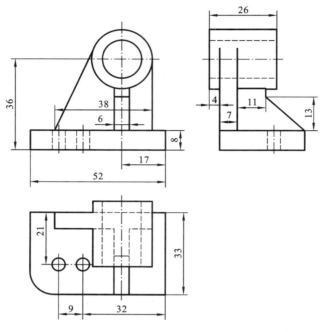

图 6-95　标注线性尺寸

（3）将"水平"样式设置为当前样式;用"半径"标注命令标注圆弧上的半径尺寸,如 R8。用"直径"标注命令标注圆弧上的直径尺寸,如主视图上 $\phi24$、$\phi15$ 和俯视图上 $\phi5$。如图 6-96 所示。

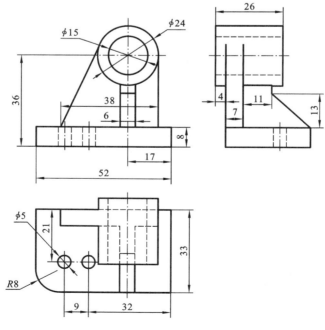

图 6-96　标注半径与直径

（4）修改俯视图上 φ5。选中需要修改的尺寸"φ5"，输入"编辑标注"命令；系统提示"输入标注编辑类型［默认（H）/新建（N）/旋转（R）/倾斜（O）］〈默认〉："，输入〖 N 〗，按回车键，系统弹出"文字格式"对话框和文字输入窗口；该窗口中文字为原尺寸文字，将光标移到其左边，输入"2"，单击〖确定〗按钮，结果如图 6-97 所示。

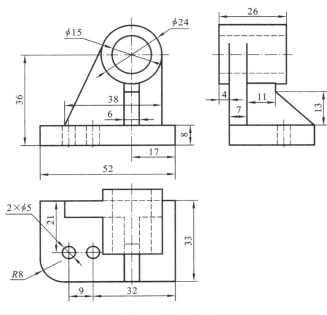

图 6-97　修改标注

（5）保存文件。

【训练习题 6-3】　绘制如图 6-98 所示图形，并标注尺寸。

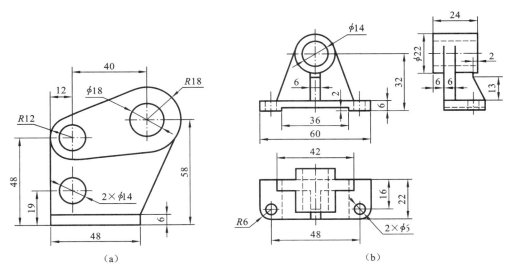

（a）　　　　　　　　　　　　　　（b）

图 6-98　标注尺寸训练图

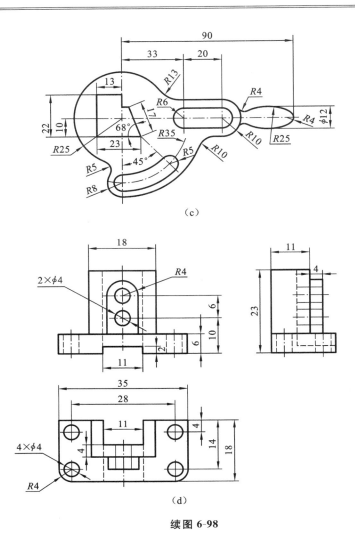

（c）

（d）

续图 6-98

6.8　绘制指引线与引出尺寸的标注

6.8.1　创建多重引线样式

【功能】　设置多重引线的样式，如带箭头的线。

"多重引线"工具栏如图 6-99 所示。

多重引线　　　　　　多重引线样式控制　　多重引线样式

图 6-99　"多重引线"工具栏

【方法】　输入命令的方式如下：

● 工具栏：〖多重引线〗→〖多重引线样式〗按钮 ⚬。

- 工具栏:〖样式〗→〖多重引线样式〗 。
- 菜单命令:【格式】→【多重引线样式】。
- 键盘命令:MLEADERSTYLE↙。

【操作步骤】 操作步骤如下:

（1）输入命令,弹出"多重引线样式管理器"对话框,如图 6-100 所示。单击〖新建〗按钮,弹出"创建新多重引线样式"对话框,在〖新样式名〗文本框中输入名称,如"箭头引线",如图 6-101所示。

图 6-100 "多重引线样式管理器"对话框

图 6-101 "创建新多重引线样式"对话框

（2）单击〖继续〗按钮,系统弹出"修改多重引线样式:箭头引线"对话框,如图 6-102 所示。

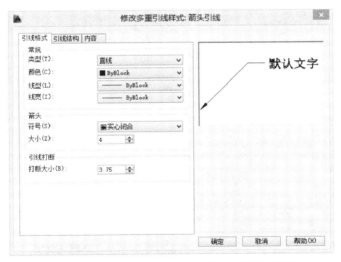

图 6-102 "修改多重引线样式:箭头引线"对话框

（3）单击〖引线格式〗选项卡,设置引线格式。如在〖常规〗区域中,默认〖类型〗下拉列表中创建的"直线"标注样式,从〖颜色〗、〖线型〗和〖线宽〗下拉列表中选择"ByLayer";在〖箭头〗区域中,默认〖符号〗下拉列表中的"实心闭合",在〖大小〗文本框中输入"3",如图 6-103 所示。

（4）单击〖引线结构〗选项卡,设置引线结构。如在〖基线设置〗区域中,去掉〖自动包含基线〗选项,其他选项默认,如图 6-104 所示,只有一段直线,若想后续还自带一条直线,则不要去掉〖自动包含基线〗选项。若想规定绘制的线必须是一定角度的线,可以在〖约束〗区域中设置其角度。如在〖第一段角度〗左边方框中单击,并从〖第一段角度〗右边下拉列表中选择"45",在〖第二段角度〗左边方框中单击,并从〖第二段角度〗的下拉列表中选择"90",如图 6-105 所示,则规定了线的角度必须是 45°和 90°。

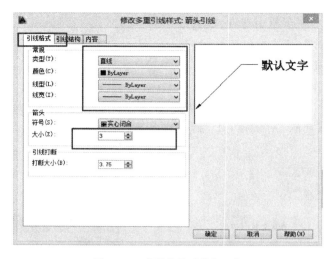

图 6-103 "引线格式"选项卡

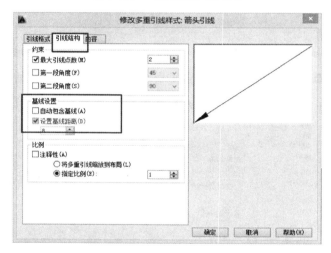

图 6-104 "引线结构"选项卡

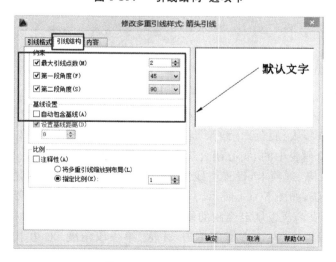

图 6-105 设置引线结构

（5）单击〖内容〗选项卡，如图 6-106 所示，设置线后内容。如在〖多重引线类型〗下拉列表中选择"无"，如图 6-107 所示。

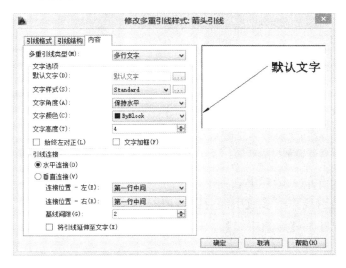

图 6-106　"内容"选项卡

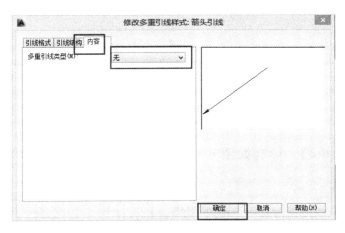

图 6-107　设置"内容"

（6）单击〖确定〗按钮完成一个样式的创建，返回"多重引线样式管理器"对话框，如图 6-108 所示，新建样式在左边样式列表中。可以再创建几个样式，所有的创建完成后，单击〖关闭〗按钮。

6.8.2　更换当前多重引线样式

用"多重引线"命令绘制的指引线按当前多重引线样式显示，所以绘制前需要更换当前多重引线样式。方法是：单击"多重引线"工具栏"多重引线样式控制"下弹按钮，单击所需的样式名称即可，如单击"箭头引线"，如图 6-109 所示。

6.8.3　绘制指引线

用"多重引线"命令可以绘制指引线。

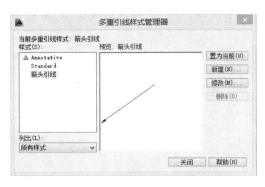

图 6-108　新建的多重引线样式

图 6-109　当前多重引线样式

【方法】　输入命令的方法如下。

● 工具栏:〖多重引线〗→〖多重引线〗按钮 ⌀。

● 菜单命令:【标注】→【多重引线】。

● 键盘命令:MLEADER ↙。

【操作步骤】　输入命令后,系统提示"指定引线箭头的位置或[引线基线优先(L)/内容优先(C)/选项(O)]〈选项〉:",移动光标到放置箭头处单击左键,移动光标到引线位置处单击左键,完成箭头线的绘制。

6.8.4　修改多重引线样式

输入"多重引线样式"命令,弹出"多重引线样式管理器"对话框。移动光标指向左边样式列表需要修改的样式名称上,单击〖修改〗按钮,弹出"修改多重引线样式"对话框,如同新建一样进行修改。

【示例与训练 6-4】　绘制如图 6-110 所示的图并标注尺寸和相关符号

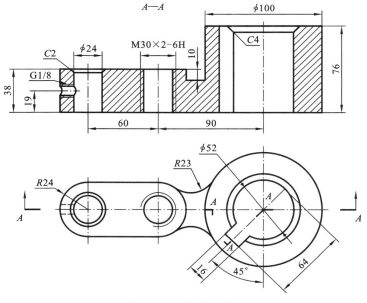

图 6-110　标注尺寸

操作步骤如下：

（1）设置绘图界面，完成图层、文字样式、标注样式等设置。按照给定的尺寸绘制图形，如图 6-111 所示。

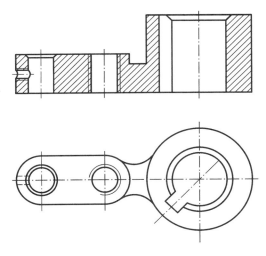

图 6-111　图形

（2）换"粗实线"层为当前层，绘制剖切符号线；换"文字"层为当前层，用"文字"命令输入剖视图名称字母；换"尺寸"层为当前层，将"极轴追踪"设置为 45°并打开"极轴追踪"，绘制直线，用"文字"命令输入"C2"、"C4"，如图 6-112 所示。

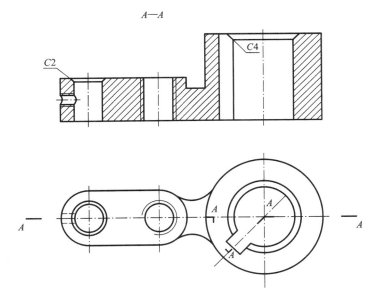

图 6-112　标注文字

（3）打开"标注"工具栏。将"线性"样式设置为当前样式，用"线性"命令标注所有的长、宽、高等线性尺寸，如长 60、90，高 38、19、10、76，用"对齐"标注命令标注俯视图上的尺寸 16、64，如图 6-113 所示。

（4）将"线直径"样式设置为当前样式。用"线性"命令标注直线方向的直径尺寸，如主视图

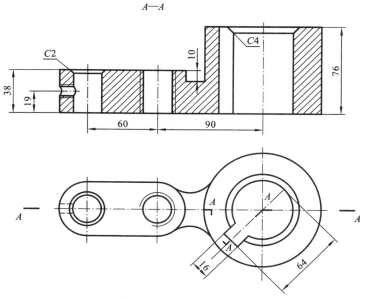

图 6-113　标注线性尺寸

上的 $\phi24$、$\phi100$。将"水平"样式设置为当前样式。用"半径"标注命令标注圆弧上的半径尺寸,如俯视图上 $R12$、$R23$。用"直径"标注命令标注圆弧上的直径尺寸,如俯视图上 $\phi52$。用"角度"标注命令标注角度尺寸,如 45°。结果如图 6-114 所示。

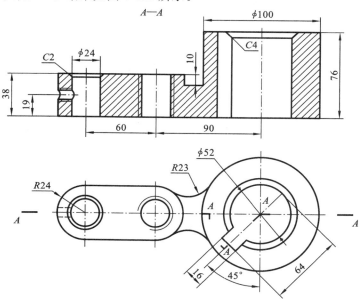

图 6-114　标注直径、半径和角度

（5）将"线性"样式设置为当前样式。用"线性"命令标注长"30",用"编辑标注"命令修改成"M30×2-6H",如图 6-115 所示。

（6）打开"多重引线"工具栏。设置"多重引线"样式,用"多重引线"命令绘制箭头和指引线,用文字命令输入"G1/8"。完成全图,如图 6-116 所示。

（7）保存文件。

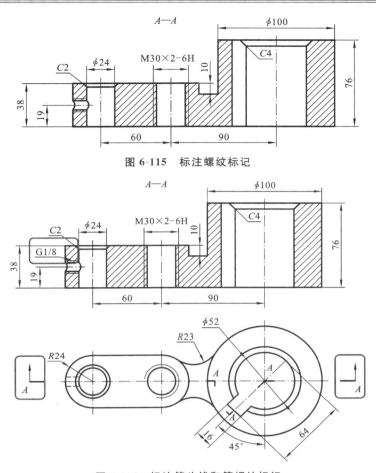

图 6-115　标注螺纹标记

图 6-116　标注箭头线和管螺纹标记

6.9　标注有公差的尺寸

6.9.1　公差标注样式的要求

公差尺寸有公差代号、偏差公差和对称公差三种形式，如图 6-117 所示。如图 6-117（a）所示尺寸为公差代号样式，如图 6-117（b）所示尺寸为偏差公差样式，如图 6-117（c）所示尺寸为

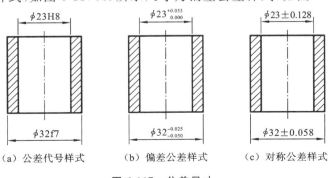

（a）公差代号样式　　　　（b）偏差公差样式　　　　（c）对称公差样式

图 6-117　公差尺寸

对称公差样式,所用标注样式不同,但都是用"线性"标注命令标注的。公差尺寸标注样式的尺寸类型与要求如表6-4所示。

表6-4 公差尺寸标注样式

尺寸类型	样式名称	基础样式	其他要求(参考值)
有公差代号的尺寸,如 $\phi60H8$	公差代号或(GC)	线性	"前缀"为"%%c";"前缀"为"H8"
有上下偏差的尺寸	偏差公差或(PC)	线性	"前缀"为"%%c";"方式"为"极限偏差";"精度"为"0.000";"上偏差"为"-0.025","下偏差"为"-0.050";"高度比例"为"0.7"
有对称偏差的尺寸	对称公差或(DC)	线性	"前缀"为"%%c";"方式"为"对称";"精度"为"0.000";"上偏差"为"0.128"

6.9.2　新建公差样式

1. 新建"公差代号"样式

步骤如下:输入"标注样式"命令;弹出"标注样式管理器"对话框,单击左边列表中"线性"标注样式作为基础样式,单击〖新建〗按钮弹出对话框;在〖新样式名〗后输入"公差代号";单击〖继续〗按钮,弹出对话框。在"主单位"菜单中,〖前缀〗文本框中输入"%%c",〖后缀〗文本框中输入"H8",光标在〖前缀〗框中单击可预览,如图6-118所示。单击〖确定〗按钮完成创建。

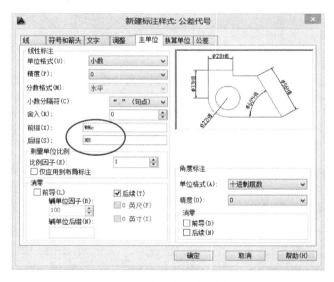

图6-118　修改"主单位"选项

2. 设置标注样式中"公差"参数

〖公差〗选项卡用于确定是否标注公差,如果标注,以何种方式进行标注。〖公差〗选项卡包含〖公差格式〗和〖换算单位公差〗两个选项组。

1)〖公差格式〗选项组

〖公差格式〗选项组如图6-119所示。

〖方式〗:设置公差的产生方式。"无"表示不标注公差;"对称"表示添加正负值相同的公

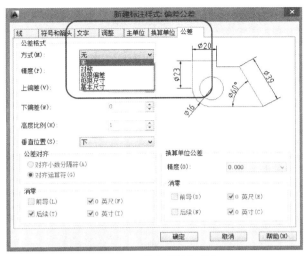

图 6-119　〚公差〛选项卡

差；"极限偏差"表示添加正负值不同的公差，公差值在〚上偏差〛文本框和〚下偏差〛文本框中输入确定；"极限尺寸"表示添加正负值不同的公差，这种公差中最大值等于标注值加上"上偏差"中的值，最小值等于标注值减去"下偏差"中的值；"基本尺寸"表示在实际测量值外绘出方框。如图 6-120 所示显示了这些方式产生的不同标注效果。

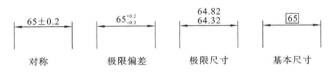

图 6-120　公差的标注效果

〚精度〛：用于设置公差值的小数位数。

〚上偏差〛和〚下偏差〛：用于设置上偏差的值和下偏差的值。系统默认的值为上偏差是正值，下偏差是负值，如图 6-121 所示，如所需为相反的符号，则需在数值前先输入负号"－"，如图 6-122 所示。

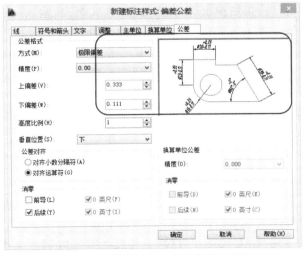

图 6-121　上、下偏差值输入正的设置及预览效果

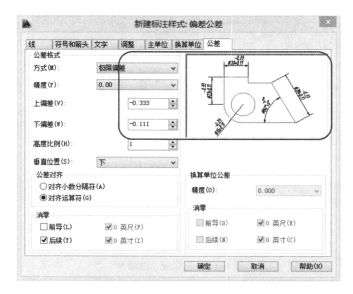

图 6-122　上、下偏差值均输入负的设置及预览效果

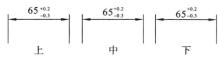

图 6-123　"垂直位置"示例

〖高度比例〗:用于设置公差文字与基本尺寸文字的高度比例。

〖垂直位置〗:用于设置基本尺寸文字与公差文字的相对位置,有"下"、"中"、"上"三种选择,如图 6-123 所示。

〖消零〗:有〖前导〗和〖后续〗复选框,分别用于设置公差数字的前面零和后面零是否显示。

2)〖换算单位公差〗选项组

该选项组中的各选项功能与〖公差格式〗选项组中的同类选项相同。

3. 新建"偏差公差"样式

步骤如下:

(1) 输入"标注样式"命令;弹出"标注样式管理器"对话框,单击左边列表中"线性"标注样式作为基础样式,单击〖新建〗按钮弹出对话框;在〖新样式名〗后输入"偏差公差";单击〖继续〗按钮,弹出对话框;单击〖主单位〗菜单,在〖前缀〗文本框中输入"%%c"。

(2) 单击〖公差〗菜单,选择〖方式〗为〖极限偏差〗,选定〖精度〗为"0.000",输入〖上偏差〗为"-0.025",〖下偏差〗为"0.050",〖高度比例〗为"0.7",如图 6-124 所示,预览到偏差值均为负。

(3) 单击〖确定〗按钮完成创建。

4. 新建"对称公差"样式

步骤如下:

(1) 输入"标注样式"命令;弹出"标注样式管理器"对话框,单击左边列表中"线性"标注样式作为基础样式,单击〖新建〗按钮弹出对话框;在〖新样式名〗后输入"对称公差";单击〖继续〗按钮,弹出对话框;在"主单位"菜单中,〖前缀〗文本框中输入"%%c"。

(2) 在"公差"菜单中选择〖方式〗为〖对称〗,〖精度〗为"0.000",〖上偏差〗为"0.128",如图 6-125 所示。

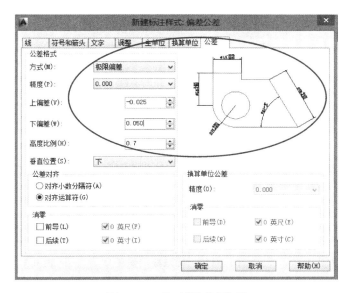

图 6-124　修改"公差"选项

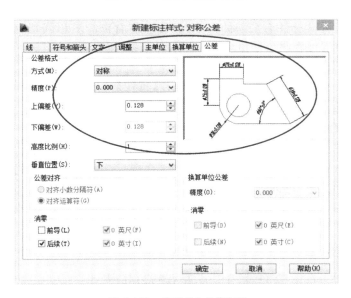

图 6-125　修改"公差"选项

（3）单击〖确定〗按钮完成创建。

6.9.3　标注有公差的尺寸

1. 标注有公差代号的尺寸

方法：新建"公差代号"标注样式，如表 6-4 所示；设置"公差代号"标注样式为当前样式，用"线性"标注命令即可标注有公差代号的尺寸，如图 6-126 所示尺寸"$\phi23H8$"。用此样式所标注的尺寸后面都有"H8"。

2. 标注有极限偏差值的尺寸

方法：新建"偏差公差"标注样式，如表 6-4 所示；设置"偏差公差"标注样式为当前样式，用

"线性"标注命令即可标注有极限偏差的尺寸,如图 6-127 所示。用此样式所标注的尺寸后面都有上下偏差。

3. 标注有对称公差值的尺寸

方法:新建"对称公差"标注样式,如表 6-4 所示;设置"对称公差"标注样式为当前样式,用"线性"标注命令即可标注有对称公差的尺寸,如图 6-128 所示尺寸"$\phi23\pm0.128$"。用此样式所标注的尺寸后面都有对称公差。

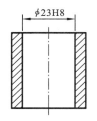

图 6-126　标注公差代号

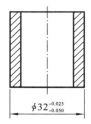

图 6-127　标注极限偏差

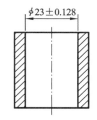

图 6-128　标注对称公差

6.9.4　修改尺寸的公差值

虽然可以用公差样式标注有公差的尺寸,但公差值有可能不相同,因此,先用公差样式标注,再用"特性"命令进行修改公差值。

【方法】　"特性"命令输入的方法如下。

- 快捷键:选中一个尺寸对象,单击右键,选择【特性】命令。
- 工具栏:〖标准〗→〖特性〗按钮 ⬛。
- 菜单命令:【修改】→【特性】。
- 键盘命令:PROPS ✓、PROPERTIES ✓或 DDMODIFY ✓。

【操作步骤】　选中一个尺寸对象,输入"特性"命令后,弹出"特性"对话框,对话框中列出了尺寸所有的特性和内容,可以进行修改。如果选项没有看见,可拖动滚动条向下移动。拖动滚动条向下移动到"后缀"处,单击"后缀"文本框即可进行修改公差代号,修改完成后,单击"关闭"按钮,图上标注即可修改。拖动滚动条向下移动到"公差"处,单击项目的文本框即可进行偏差值的修改,修改完成后,单击〖关闭〗按钮,图上标注即可修改。

6.9.5　标注有公差代号和极限偏差的尺寸

一般先用"线性"命令标注基本尺寸,再用"编辑标注"命令将尺寸修改成所需的尺寸。

【示例与训练 6-5】　标注如图 6-129 所示的有公差代号和极限偏差的尺寸

分析:先换"线直径"标注样式为当前样式,并用"线性"命令标注基本尺寸,再用"编辑标注"命令修改成所需的尺寸。

图 6-129　有公差代号和极限偏差的尺寸

标注步骤如下:

(1)换"线直径"标注样式为当前样式,并用"线性"命令标注尺寸"$\phi50$"。

(2)选中要修改的尺寸"$\phi50$";单击"标注"工具栏上"编辑标注"命令,或者输入"DDEDIT"命令;输入〖N〗,按回车键,弹出"文字格式"对话框,如图 6-130 所示。

图 6-130　"文字格式"对话框

（3）输入数量代号"2×"；移动光标到文本"ϕ0"右边，输入公差代号"K8"，如图 6-131 所示。

图 6-131　输入文字格式

（4）继续添加上下偏差值。先输入上下偏差值，输入格式为"上偏差值^下偏差值"，此处输入"+0.007^−0.018"，如图 6-132 所示。

图 6-132　公差的输入

（5）拖动鼠标，选中输入的上下偏差值，如图 6-133 所示。

图 6-133　选择公差文本

（6）单击"堆叠" 按钮，结果如图 6-134 所示。

图 6-134　添加后的公差

（7）单击对话框上的〖确定〗按钮，完成修改。

【训练习题 6-4】 绘制如图 6-135 所示图形,并完成图上所有标注。

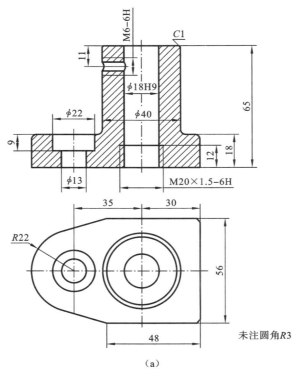

（a）

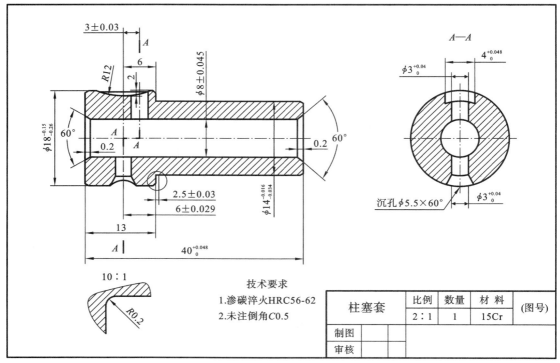

（b）

图 6-135 训练题

6.10 "使用全局比例"的应用

前面介绍的标注样式,"字高"和"箭头大小"是固定的,若图形缩放比例太大时,有可能尺寸数字和箭头就看不清楚或太大了,因此需要设置很多文字样式和不断调整标注样式中的文字样式和箭头大小来满足要求,比较麻烦。下面介绍应用"使用全局比例"来标注尺寸,通过调整"使用全局比例"同步调整箭头和尺寸数字的大小。

使用全局比例标注尺寸的方法:设置文字样式,字高设置为"0";设置标注样式,均用字高为 0 的文字样式;用这些标注样式标注尺寸,尺寸数字将用标注样式中的默认字高。若不满意,则调整标注样式中的"使用全局比例"值。

【示例与训练 6-6】 "使用全局比例"标注尺寸

标注如图 6-136 所示的尺寸。

操作步骤如下:

(1) 设置文字样式,字高设置为"0",如表 6-5 所示。

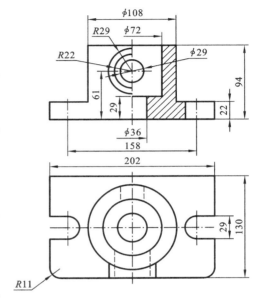

图 6-136 标注尺寸示例

表 6-5 文字样式

样式名称	字 体	字 高	宽 度 因 子	倾 斜 角 度	排 列 效 果
工程字	gbenor. shx	0	0.7	0	不选
SZ0	isocp. shx	0	0.7	15	不选

(2) 设置标注样式,均用字高为 0 的文字样式,如表 6-6 所示。先创建"线性 0"样式,再以"线性 0"样式为基础样式创建其他的样式。

表 6-6 标注样式

尺 寸 类 型	样 式 名 称	基 本 要 求	其 他 要 求
两点距离,圆弧半径,圆弧直径	线性 0	(1) 尺寸线颜色、线型、线宽为"ByLayer",基线间距为"8"	
用线性命令标注直径	线直径 0	(2) 尺寸界线颜色、线型、线宽为"ByLayer";超出尺寸线为"3",起点偏移量为"0",箭头大小为"3.5"	前缀为"%%c"
数字水平放置尺寸	水平 0	(3) 文字样式为"工程字",文字颜色为"ByLayer",文字高度为"3.5"	选择"文字"中对齐方式为"水平"
只有一端尺寸界线和箭头的尺寸	对称 0	(4) 单位格式用"小数",精度为"0",小数分割符为"句点"	选择尺寸线中第二条"隐藏",尺寸界线第二条"隐藏"

"线性 0"标注样式"文字"菜单设置如图 6-137 所示。

（3）用这些标注样式标注尺寸，尺寸数字将用标注样式中的默认字高"3.5"，如图 6-138 所示。

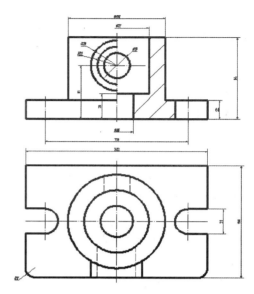

图 6-137 "线性 0"样式"文字"菜单的设置　　　　　　　图 6-138 标注的尺寸

（4）尺寸看不清楚，现修改标注样式中的"调整"菜单，设置"使用全局比例"值为"3"，如图 6-139 所示。四个标注样式分别修改，修改完成后，尺寸数字与箭头都放大了 3 倍，能看清楚了。如图 6-140 所示。

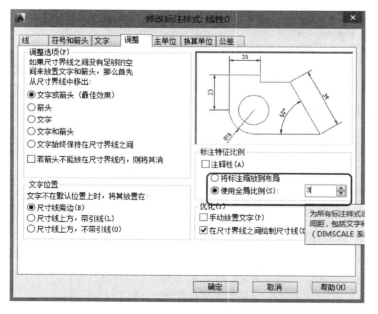

图 6-139 "线性 0"样式"调整"菜单的设置

（5）用"夹点"方式调整尺寸数字放置的位置，达到题目要求。

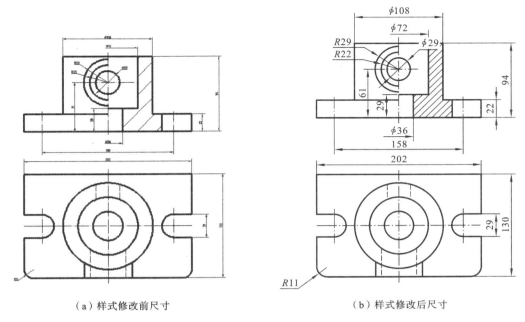

（a）样式修改前尺寸　　　　　　　　　　（b）样式修改后尺寸

图 6-140　样式修改前后尺寸对比

6.11　查询周长与面积

6.11.1　"标注"命令的应用

"标注"命令可以用于相应数据的测量,即虽然不需要标注某个尺寸,但可以用标注命令去标注,从而测量到相应数据。如要测量两点之间的水平距离或垂直距离,则用"线性"标注命令;如要测量两点之间的直线距离,则用"对齐"标注命令;如要测量两线之间的角度,则用"角度"标注命令;如要测量圆或圆弧的半径,则用"半径"标注命令;如要测量圆或圆弧的直径,则用"直径"标注命令。

6.11.2　查询命令

【功能】　"查询"命令可以测量选定对象的坐标、距离、半径、角度、面积和周长等。

测量工具栏如图 6-141 所示,有距离、半径、角度、面积等相应按钮。

"查询"菜单如图 6-142 所示,有距离、半径、角度、面积、坐标等相应子菜单。

【方法】　输入命令的方式如下。

● 工具栏:〖测量工具〗→相应按钮。

● 菜单命令:【工具】→【查询】→相应子菜单。

● 键盘命令:MEASUREGEOM ✓。

【操作步骤】　输入命令→选择对象,回车确认。

由于距离、半径、角度等数据通过尺寸标注命令也可以测量,这里就不再介绍了,下面重点介绍面积查询命令。

图 6-141   测量工具栏   图 6-142   "查询"菜单

6.11.3   面积命令

【功能】   该命令用来测量选定区域的面积和周长。

【方法】   输入命令的方式如下。

● 工具栏:〖测量工具〗→〖面积〗按钮 。

● 菜单命令:【工具】→【查询】→【面积】。

● 键盘命令:MEASUREGEOM ↙或 area ↙。

当光标停留在测量工具栏的面积按钮上时,有显示信息如图 6-143 所示,停留 1 秒时如图 6-143(a)所示,停留超过 1 秒时,如图 6-143(b)所示。

(a)   (b)

图 6-143   面积按钮显示信息

【操作步骤】   输入"面积"命令→选择区域→选择完毕后按回车键确认。

选择区域可以用依次捕捉点的方式选择,如多边形图形的选择;如果图形中有非直线,则可以先制作成面域,再查询。

【示例与训练 6-7】   求图形的面积和周长

【示例与训练 6-7-1】   求图 6-144 所示多边形图形的面积和周长。

操作步骤如下:

(1) 输入"面积"命令,提示信息"指定第一个角点或〔对象(O)/增加面积(A)/减少面积(S)/退出(X)〕〈对象(O)〉:"。

(2) 依次捕捉图形第一个顶点、第二个顶点,提示信息"指定下一个点或〔圆弧(A)/长度(L)/放弃(U)/总计(T)〕〈总计〉:"。

（3）依次捕捉图形第三个顶点、第四个顶点，如图 6-145（a）所示，直到回到第一个顶点，如图 6-145（b）所示，按回车键结束。

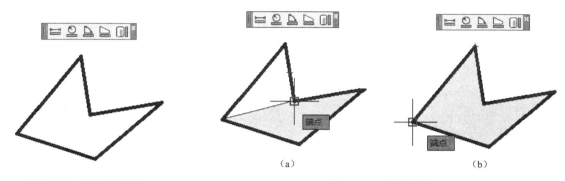

图 6-144　多边形图形　　　　　　　　　　　　　　　　图 6-145　选择区域

每捕捉一个点，可观察到选择区域的变化，由于第五个顶点与第一个顶点之间是直线，所以只捕捉到第五个顶点，值是一样的。

（4）回车结束后，提示信息"区域 ＝ 705.9142，周长 ＝ 144.0598"，即面积 ＝ 705.9142，周长 ＝ 144.0598。

【示例与训练 6-7-2】　求图 6-146 所示不规则图形的面积和周长，中间五边形为空孔。

操作步骤如下：

（1）利用面域命令将二维闭合线框转化整体对象形成面域。

【操作步骤】　输入"面域"命令→选择图 6-146 所示二维封闭图形→按回车键确认，系统提示信息"已创建 2 个面域"。

（2）通过"差集"命令从外面域中减去中间面域，创建所需的面域。

【操作步骤】　输入"差集"命令→选择被减去的面域，即选择外面域，按回车键确认→选择要减去的面域，即选择中间五边形面域，按回车键确认。

（3）输入"面积"命令，系统提示信息如下：

命令：_MEASUREGEOM

输入选项［距离（D）/半径（R）/角度（A）/面积（AR）/体积（V）］＜距离＞：_area

指定第一个角点或［对象（O）/增加面积（A）/减少面积（S）/退出（X）］＜对象（O）＞：

（4）按回车键，选择"对象（O）"选项，系统提示"选择对象："。

（5）选择面域对象，如图 6-147 所示，按回车键结束。

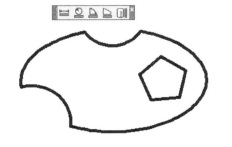
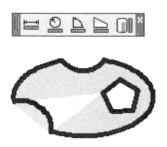

图 6-146　不规则图形　　　　　　　　　　　　　　图 6-147　选择面域对象

（6）按回车键结束，系统提示信息"区域＝417.3831，修剪的区域＝0.0000，周长＝115.3157"，即面积＝417.3831，修剪的区域＝0.0000，周长＝115.3157。

【训练习题 6-5】 测量粗实线区域的面积和周长。

绘制图 6-148 所示图形，并测量粗实线区域的面积和周长，图 6-148（a）所示中间图形为空孔。

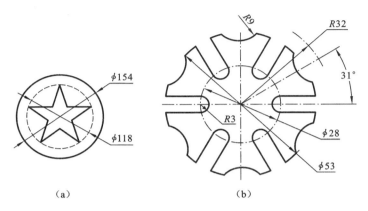

（a）   （b）

图 6-148　训练题

第 7 章　图块的应用与绘制工程图

【本章学习内容】

1．图块的创建和使用方法。

2．表面粗糙度的标注方法；基准符号的标注方法；几何公差的标注方法。

3．机械零件图、装配图的绘制方法。

7.1　图块的创建与使用

　　图块是一个或多个对象组成的对象集合，常用于绘制重复的图形。一旦一组对象组合成块，就可以根据作图需要将这组对象插入到图中任意指定位置，而且可以按不同的比例和旋转角度插入，还可以给块定义属性，在插入时填写可变文字。因此对于绘图过程中相同的图形，不必重复地绘制，只需将它们创建为一个块，在需要的位置插入即可。图块分为"内部块"（简称"块"）、"属性块"和"外部块"。"块"只能在块所在的一个文件中用；"外部块"可以在其他CAD文件中使用。"属性块"是块附带的一种可变文本信息，常用于可变文本的输入，如"粗糙度"块中表面粗糙度值的不同设置。

7.1.1　创建块与插入块

　　创建块前，组成块的对象必须先画出，而且必须是可见的。

1．创建图块的方法

【方法】　输入命令的方法。

● 工具栏：〖绘图〗→〖创建块〗按钮 ▱。

● 菜单命令：【绘图】→【块】→【创建】。

● 键盘命令：B ↙ 或 BLOCK ↙。

【操作步骤】　输入"块"命令后，系统弹出"块定义"对话框，如图 7-1 所示。在"块定义"对话框中对图形进行块的定义，然后单击〖确定〗按钮就可以创建图块。

【选项说明】　"块定义"对话框中各个选项的意义如下。

（1）〖名称〗列表框：输入图块名称（可以是字母、数字或符号）。如选择了图形中已经存在的块，则该块将被重新定义，已经插入到图形中的块也会被新定义的块所取代。

（2）〖基点〗选项组：用于确定图块插入基点的位置。基点是将图块插入到图形中时，鼠标拖动图形的基准点。包含下面选项。

〖在屏幕上指定〗：选中此复选框，关闭"块定义"对话框后，系统将提示用户指定基点。

图 7-1 "块定义"对话框

〖拾取点〗：该按钮用于指定用鼠标在屏幕上拾取点作为图块插入基点。单击 ⬚ 按钮后，"块定义"对话框暂时消失，此时用户可在屏幕上拾取点作为插入的基点，拾取点操作结束后，对话框重新弹出，可继续操作。

"X"、"Y"、"Z"文本框：用于输入坐标以确定块的插入基点。

绘图时，一般采用"拾取点"方式，操作直观、简单。

（3）〖对象〗选项组：用于选择构成块的对象，包含下面选项。

〖在屏幕上指定〗：选中此框后，关闭"块定义"对话框后，系统将提示用户选择对象。

〖选择对象〗按钮 ⬚：可直接选择块的图形对象。一般选择此方式，单击此按钮，"块定义"对话框消失，在绘图区中选择构成块的图形对象，选择完成后，按回车键，弹出"块定义"对话框，可继续操作。

〖快速选择〗按钮 ⬚：单击此按钮，系统弹出"快速选择"对话框，通过该对话框可以过滤选择当前绘图区中的某些图形对象作为块中的对象。

〖保留〗单选按钮：在创建块后，所选图形对象仍保留并且属性不变。

〖转换为块〗单选项：在创建块后，所选图形对象转换为块。

〖删除〗单选项：在创建块后，所选图形对象将被清除。

（4）〖设置〗选项组：用于指定块的设置，一般可取默认值，包含下面选项。

〖块单位〗下拉列表框：指定块插入单位。

〖超链接〗按钮：将某个超链接与块定义相关联。

〖在块编辑器中打开〗复选框：用于在块编辑器中打开当前的块定义，主要用于创建动态块。

（5）〖方式〗选项组：用于块的方式设置，一般可取默认值，包含下面选项。

〖按统一比例缩放〗复选框：指定块是否按统一比例缩放。

〖允许分解〗复选框：指定块是否可以被分解。

〖说明〗文本框：用于输入块的说明文字，一般可取默认值。

2. 创建块的一般步骤

（1）绘制创建块所需的对象，包含图形和固定的文字。

（2）输入"块"命令，弹出"定义块"对话框。

（3）在〖名称〗下方文本框中输入块名。

（4）在〖基点〗选项中单击〖拾取点〗，换成图形界面，指定块的插入点。

（5）单击〖选择对象〗，换成图形界面，在绘图区上选取组成块的对象，可以选多个对象，直到按回车键，完成对象选择，返回"定义块"对话框。

（6）在〖对象〗下选择一种对原选定对象的处理方式，如选择〖保留〗方式。

（7）单击〖确定〗按钮，完成块的创建。

【示例 7-1】　将如图 7-2 所示端面视图创建为块。

步骤如下：

（1）绘制螺钉端面视图，如图 7-3 所示，不用标注尺寸。

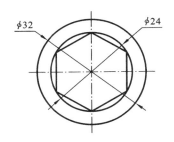

图 7-2　螺钉端面视图

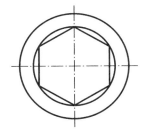

图 7-3　绘制图形

（2）输入"块"命令，弹出"块定义"对话框；在〖名称〗下输入"螺钉端面"，如图 7-4 所示。

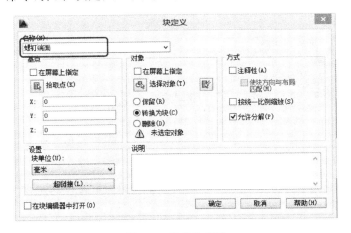

图 7-4　定义块名称

（3）单击〖基点〗选项区域的〖拾取点〗按钮，"块定义"对话框消失，自动换到绘图界面，移动光标指向图上圆心，单击左键，即取圆心作为块的插入点，自动返回对话框。

（4）单击〖对象〗选项区域的〖选择对象〗按钮，"块定义"对话框消失，自动换到绘图界面，选择绘制的螺钉端面视图，按回车键，自动返回对话框。

（5）选中〖按统一比例缩放〗，参数的设置如图 7-5 所示。

（6）单击〖确定〗按钮，完成块的创建。

3．插入块

创建了块就可使用"插入"命令把块插入到当前图形中了。在插入图块时，需要指定块的名称、插入点、缩放比例和旋转角度等。插入前，至少要有一个块。

图 7-5　参数设置

【方法】　输入"插入块"命令的方法：

● 工具栏：〖绘图〗→〖插入块〗按钮。

● 菜单命令：【插入】→【块】。

● 键盘命令：I↙或 INSERT↙。

【操作步骤】　输入"插入块"命令，系统弹出"插入"对话框，如图 7-6 所示，从中即可指定要插入的块名称与位置，单击〖确定〗按钮完成操作。

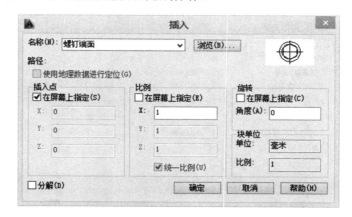

图 7-6　"插入"对话框

【选项说明】　"插入"对话框中各个选项的意义如下。

(1)〖名称〗列表框：用于输入或选择需要插入的块名称。

〖浏览〗按钮：用于选择文件。单击该按钮，将打开"选择图形文件"对话框。

(2)〖插入点〗选项组：用于指定块的插入点的位置。可以利用鼠标在绘图窗口中捕捉指定插入点的位置，也可以输入 X、Y、Z 坐标，一般选择前一种方式。

〖在屏幕上指定〗复选框：选择该复选框，指定由光标在当前图形中捕捉插入点，单击〖确定〗按钮后命令行会提示指定插入点。一般选用此方式。

〖X〗、〖Y〗、〖Z〗文本框：此三项文本框用于输入坐标值确定在图形中的插入点。当选中"在屏幕上指定"后，此三项呈灰色，表示不可用。

(3)〖比例〗选项组：用于指定块的缩放比例。用户可以直接输入块的 X、Y、Z 方向的比例因子,也可以利用鼠标在绘图窗口中指定块的缩放比例。

〖统一比例〗复选框:该复选框用于统一三个轴方向上的缩放比例。当选择该复选框后,Y、Z 文本框呈灰色,在 X 文本框中输入比例因子后,Y、Z 文本框中显示相同的值。一般选择打开〖统一比例〗开关。

(4)〖旋转〗选项组:用于指定块的旋转角度。在插入块时,用户可以按照设置的角度旋转图块。也可以利用鼠标在绘图窗口中指定块的旋转角度。

〖在屏幕上指定〗复选框:选择该复选框,表示在命令行输入旋转角度或在图形上用鼠标指定角度,单击〖确定〗按钮后命令行会提示输入角度。

(5)〖分解〗复选框:若选择该选项,则插入的块不是一个整体,而是被分解为各个单独的图形对象。一般选择不选〖分解〗。

(6)〖块单位〗选项组:显示有关块单位的信息。

〖单位〗下拉列表:指定插入块的系统变量值。

〖比例〗文本框:显示单位比例因子,该比例因子是根据块的系统变量值和图形单位计算的。

【示例 7-2】　将"螺钉端面"块插入到图形中,如图 7-7 所示。

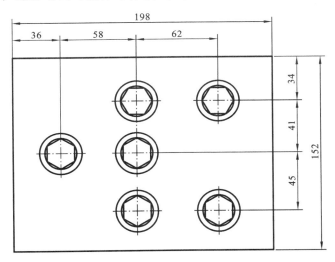

图 7-7　"插入"块示例

(1)用"直线"命令和"偏移"命令绘制边框及位置线。如图 7-8 所示。

(2)插入"螺钉端面"块。

① 输入"插入块"命令,系统弹出"插入"对话框,在〖名称〗下拉列表中选择"螺钉端面",设置"插入点"为"在屏幕上指定",设置比例值为"1",旋转角度为"0",如图 7-9 所示。

② 单击〖确定〗按钮,"插入"对话框消失,系统提示指定插入点,在位置线交点处单击,即确定块的插入位置,如图 7-10 所示。

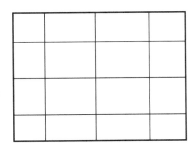

图 7-8　绘制边框及位置线

③ 同理,插入下面 3 个"螺钉端面"块,如图 7-11 所示。可以按空格键重复输入"插入块"命令。

图 7-9   "插入"块对话框

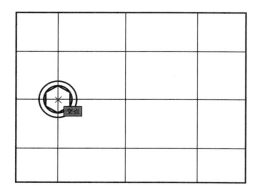

图 7-10   插入第 1 个"螺钉端面"块

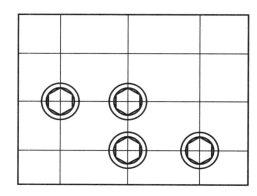

图 7-11   插入 3 个"螺钉端面"块

④ 输入"插入块",系统弹出"插入"对话框,在〖名称〗下拉列表中选择"螺钉端面",设置"插入点"为"在屏幕上指定",设置比例值为"1",设置"旋转"为"在屏幕上指定",如图 7-12所示。

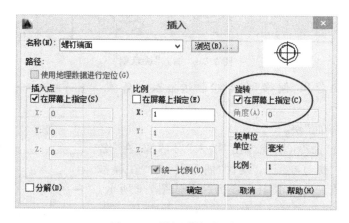

图 7-12   "插入"块对话框

⑤ 单击〖确定〗按钮,"插入"对话框消失,系统提示"指定插入点";在右上方位置线交点处单击,即确定块的插入位置,系统提示"指定旋转角度";输入"90",按回车键完成块插入;同理,插入中上方 1 个"螺钉端面"块。结果如图 7-13 所示。

（3）删除位置线，完成图形，如图 7-14 所示。

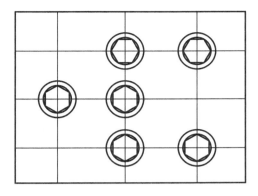

图 7-13　插入 2 个旋转的"螺钉端面"块

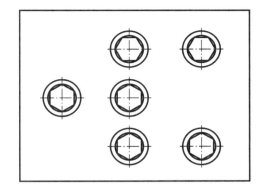

图 7-14　完成的图形

7.1.2　创建属性块与插入属性块

块属性是块附带的一种可变文本信息，是块的组成部分。在创建一个块前，属性必须先定义。

1. 创建属性块的一般步骤

（1）绘制创建块所需的对象，包含图形和固定的文字。

（2）定义块属性。

（3）输入"块"命令，创建块。在创建带有属性的块时，需要同时选择块属性作为块的对象。

2. 定义块属性

【方法】　输入"定义属性"命令的方法有如下两种。

● 菜单命令：【绘图】→【块】→【定义属性】。

● 键盘命令：ATT✓或 ATTDEF✓。

【操作步骤】　输入"定义属性"命令后，系统弹出"属性定义"对话框，如图 7-15 所示，完成各项设置后，单击〖确定〗按钮即可。

【选项说明】　"属性定义"对话框中的各选项含义如下：

（1）〖模式〗区域：设置块属性的模式属性值。一般不用修改。各个模式含义如下。

〖不可见〗复选框：用于控制块属性在插入块时的可见性。

〖固定〗复选框：用于设置是否为块属性指定一个在块插入时的固定值，即块的属性将会是一个固定不变的值。

图 7-15　"属性定义"对话框

〖验证〗复选框：用于设置是否在块插入图中时校检块属性的正确性。

〖预设〗复选框：用于设置是否在插入包容预置属性的块时把属性指定为缺省值。

〖锁定位置〗复选框:用于锁定块参照中属性的位置。解锁后,属性可以相对于使用夹点编辑的块的其他部分移动,并且可以调整多行属性的大小。

〖多行〗复选框:指定属性值可以包含多行文字。

(2)〖属性〗区域:设置属性数据。

〖标记〗文本框:标识图形中出现的属性。输入字符作为属性标记,输入的小写字母会自动转换为大写字母。

〖提示〗文本框:指定在插入有该属性定义的块时,命令行显示的提示信息。

〖默认〗:指定默认属性值。命令行显示提示信息时,"〈〉"中的值。

(3)〖插入点〗区域:指定属性文字放置的位置。选择"在屏幕上指定",或者输入坐标值,一般选择"在屏幕上指定"方式。

(4)〖文字设置〗区域:设置属性文字的对正方式、文字样式、高度和旋转。

〖对正〗下拉列表:指定属性文字的对正方式。

〖文字样式〗下拉列表:指定属性文字的文字样式。

〖注释性〗复选框:指定属性是否为"注释性"。

【示例 7-3】 绘制如图 7-16 所示电脑桌布置图。

其中编号"A01"需要变化,字高为"160",图形上下对称。

分析:创建带属性的块,设置"A01"为块属性。

绘制步骤如下:

(1)按尺寸绘制固定对象,如图 7-17 所示。"板凳"可以用"圆环"命令绘制。

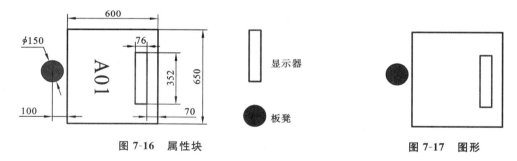

图 7-16　属性块　　　　　　　　　　　图 7-17　图形

(2)创建文字样式"SZ160",设置"字高"为"160"。

(3)定义块属性。

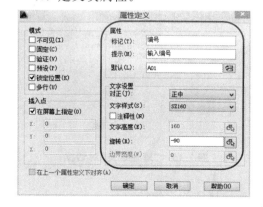

图 7-18　"属性定义"对话框

① 单击菜单【绘图】→【块】→【属性定义】,弹出"属性定义"对话框。在〖标记〗文本框中输入"编号";在〖提示〗文本框中输入"输入编号:";在〖默认〗文本框中输入"A01";选择〖对正〗为"正中",选择〖文字样式〗为"SZ160";在〖旋转〗文本框中输入"－90";选择〖插入点〗为默认的"在屏幕上指定"复选框。结果如图 7-18 所示。

② 单击〖确定〗按钮,系统提示"指定起点",光标指向如图 7-19 所示矩形中的点处;单击左键,即取矩形中小圆点处作为属性放置点,结果如图 7-20 所示。

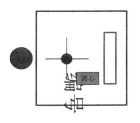

图 7-19　指向起点

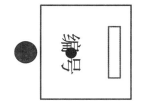

图 7-20　指定起点

（4）创建块。

① 输入"创建块"命令，系统弹出"块定义"对话框；在〖名称〗下输入"电脑桌布置"；单击〖基点〗选项区域的〖拾取点〗按钮，"块定义"对话框消失，自动换到绘图界面，移动光标指向矩形右上角，单击左键，即取矩形右上角作为块的插入点，自动返回对话框。

② 单击〖对象〗选项区域的〖选择对象〗按钮，"块定义"对话框消失，自动换到绘图界面，选择绘制的图形及定义的属性，按回车键，自动返回对话框。

③ 其他取默认值，"块定义"参数的设置如图 7-21 所示。

④ 单击〖确定〗按钮，完成块的创建，结果如图 7-22 所示。

图 7-21　"块定义"设置

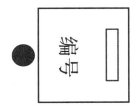

图 7-22　创建的属性块

3．插入属性块

带有属性的块创建完成后，可以使用"插入块"命令，在图中插入该块。其操作方法与前面"插入块"方法相似，只是会弹出"编辑属性"对话框，此时可输入属性具体值。

【示例 7-4】　用创建的块绘制如图 7-23 所示的图形。

【操作步骤】　操作步骤如下：

（1）用"直线"命令绘制一条长 1500 的水平线。

（2）插入一个"电脑桌布置"块。

① 输入"插入块"命令，系统弹出"插入"对话框，在〖名称〗下拉列表中选择"电脑桌布置"，设置〖插入点〗为"在屏幕上指定"，其他取默认值，如图 7-24 所示。

② 单击〖确定〗按钮，"插入"对话框消失，系统提示"指定插入点"，移动光标指向线的右端点处，如图 7-25 所示；单击左键，系统弹出"编辑属性"对话框，如图 7-26 所示。将"A01"修改为"A04"，单击〖确定〗按钮，结果如图 7-27 所示。

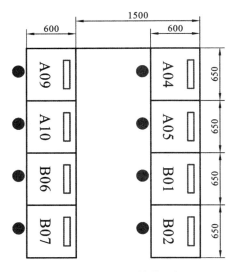

图 7-23　插入属性块示例

图 7-24　"插入"对话框

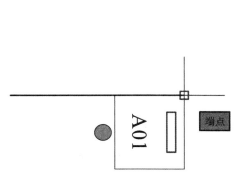

图 7-25　指定插入点

图 7-26　"编辑属性"对话框

（3）再插入一个"电脑桌布置"块。

① 输入"插入块"命令，系统弹出"插入"对话框，在〖名称〗下拉列表中选择"电脑桌布置"，设置〖插入点〗为"在屏幕上指定"，其他取默认值。

② 单击〖确定〗按钮，"插入"对话框消失，系统提示"指定插入点"，移动光标指向线的左端点处，单击左键，系统弹出"编辑属性"对话框，将"A01"修改为"A09"，单击〖确定〗按钮，结果如图 7-28 所示。

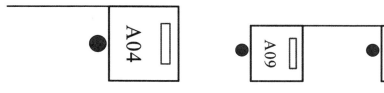

图 7-27　插入第 1 个块　　　　　　图 7-28　插入第 2 个块

（4）插入第三个"电脑桌布置"块。输入"插入块"命令，系统弹出"插入"对话框，在〖名称〗下拉列表中选择"电脑桌布置"，设置〖插入点〗为"在屏幕上指定"，其他取默认值；单击

〖确定〗按钮，系统提示"指定插入点"，移动光标指向第一个块右下角点处，如图 7-29 所示；单击左键，系统弹出"编辑属性"对话框，将"A01"修改为"A05"，单击〖确定〗按钮，结果如图 7-30 所示。

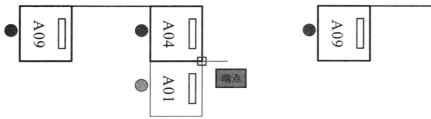

图 7-29　指定插入点

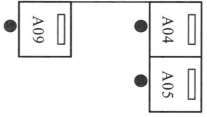

图 7-30　插入第 3 个块

（5）同理，插入其他"电脑桌布置"块，如图 7-31 所示。可以按空格键重复输入"插入块"命令。

7.1.3　编辑块属性

对于已经插入的属性块，还可以用"编辑属性"命令对其属性值进行修改。

【方法】　直接双击插入的属性块，会弹出"增强属性编辑器"对话框。采用以下方法之一输入"编辑属性"命令，再选择一个属性块，也会弹出"增强属性编辑器"对话框。

● 工具栏：〖修改Ⅱ〗→〖编辑属性〗按钮 。

● 菜单命令：【修改】→【对象】→【属性】→【单个】。

● 键盘命令：EATTEDIT ↙。

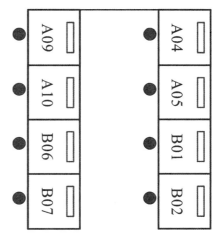

图 7-31　插入其他"电脑桌布置"块

【操作步骤】　执行命令后系统提示"选择块"，选取需要修改的带有属性定义的块后，系统弹出"增强属性编辑器"对话框，如图 7-32 所示。对话框中有〖属性〗、〖文字选项〗和〖特性〗3 个选项卡，各选项卡中均列出该块中的所有属性，在各选项卡中分别对各属性进行修改后，单击"确定"按钮，关闭对话框，结束编辑属性命令。也可以在修改属性后，单击"应用"按钮，完成一个块的修改，但不关闭对话框，也不结束命令，此时单击对话框中的"选择块"按钮，选择另一个块进行修改。

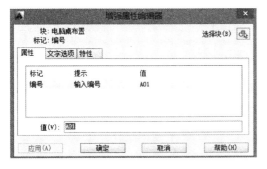

图 7-32　"属性"选项卡

【选项说明】　"增强属性编辑器"对话框中各选项卡的含义如下：

〖属性〗选项卡：用于显示当前属性的标记、提示和值。在〖值〗文本框中可修改属性值，如图 7-32 所示。

〖文字选项〗选项卡：用于修改属性文字的样式、对正方式、字高等属性，如图 7-33 所示。

〖特性〗选项卡：用于修改属性文字的图层、线型、颜色等属性，如图 7-34 所示。

图 7-33 〖文字选项〗选项卡

图 7-34 〖特性〗选项卡

7.1.4 分解块

当在图形中使用块时,系统将块作为一个整体对象处理,只能对整个块进行编辑。如果需要编辑组成块的某个对象时,需要将块的组成对象分解为单个对象。分解块的方法有两种。

(1)插入块后,用"分解"命令将其分解。分解后的对象将还原为原始的图层属性设置状态。如果分解属性块,属性值将丢失,并重新显示其属性定义。

(2)插入块时,在"插入"对话框中,选中〖分解〗复选框,再单击〖确定〗按钮,则插入后的块自动分解为单个对象。

7.2 标注表面粗糙度符号

表面粗糙度符号如图 7-35 所示。绘制方法是先制作表面粗糙度符号属性块,再通过插入块来绘制表面粗糙度符号。

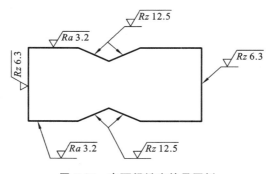

图 7-35 表面粗糙度符号图例

7.2.1 制作粗糙度符号块

【操作步骤】 操作步骤如下。

(1)据所绘制图形的大小,绘制一个表面粗糙度代号。创建"粗糙度"层,要求同"文字"层;换"粗糙度"层为当前层。按如图 7-36 所示尺寸,用"直线"命令和"偏移"命令绘制直线(角度线可设置"极轴追踪"为"60°"),再用"修剪"命令绘制成表面粗糙度代号,如图 7-37 所示。

(2)定义属性。选择【绘图】→【块】→【定义属性】菜单命令,弹出"定义属性"对话框。在

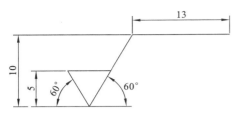

图 7-36　粗糙度代号尺寸

图 7-37　绘制的粗糙度代号

"属性"选项组的〖标记〗文本框中输入"Ra",在〖提示〗文本框中输入文字"粗糙度?",在〖默认〗文本框中输入"Ra 3.2";在"文字设置"选项组的〖对正〗文本框中选择"左上",在〖文字样式〗文本框中选择"SZ5",如图 7-38 所示。单击〖确定〗按钮,在绘图窗口中指定属性的插入点,如图 7-39(a)所示,在文本的左下角单击左键,完成的图形效果如图 7-39(b)所示。

（3）创建块。输入"创建块"命令,弹出"块定义"对话框,在〖名称〗文框中输入块的名称"粗糙度",单击〖基点〗选项组中的〖拾取点〗左

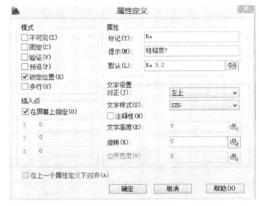

图 7-38　"定义块属性"对话框

边按钮,在绘图区中代号最低点处单击左键作为图块的基点,如图 7-40 所示。单击"选择对象"左边按钮,在绘图窗口选择如图 7-39(b)所示的图形和属性,按回车键返回"块定义"对话框,如图 7-41 所示。单击〖确定〗按钮,弹出"编辑属性"对话框,如图 7-42 所示,可以输入相应粗糙度数值,单击〖确定〗按钮。完成后图形效果如图 7-43 所示。

（a）　　　　　　　（b）

图 7-39　定义属性插入点

图 7-40　选择基点

图 7-41　块定义

图 7-42　"编辑属性"对话框

图 7-43　创建的块

7.2.2　绘制粗糙度符号

【操作步骤】　操作步骤如下。

（1）输入"插入块"命令，弹出"插入"对话框，在"名称"下拉菜单中选"粗糙度"的块。在〖插入点〗选项区选择"在屏幕上指定"选项；在〖旋转〗选项区的"角度"文本框输入要旋转的角度。如图 7-44 所示。

（2）单击〖确定〗按钮，在绘图窗口内相应的位置单击。弹出"编辑属性"对话框，此时按回车键完成，也可输入新的粗糙度值，如输入"Ra 1.6"后，按回车键完成。

【示例 7-6】　插入"粗糙度"块到如图 7-45 所示的图形中。

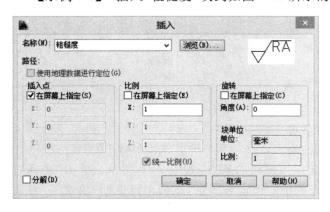

图 7-44　插入带属性的块（一）

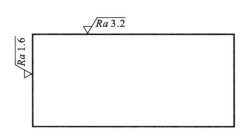

图 7-45　插入带属性的块（二）

操作步骤如下。

（1）绘制上方的一个粗糙度符号。输入"插入块"命令，弹出"插入"对话框，在"名称"下拉菜单中选"粗糙度"的块。在〖插入点〗选项区选择"在屏幕上指定"选项；在〖旋转〗选项区选择"在屏幕上指定"选项。如图 7-46 所示。

图 7-46　插入带属性的块（三）

（2）单击〖确定〗按钮；系统提示"指定插入点"，移动光标到上方线上，利用"最近点"捕捉，找到合适的点，如图 7-47 所示；单击左键；系统提示"定旋转角度〈0〉"，按回车键；系统弹出"编辑属性"对话框，按回车键完成。

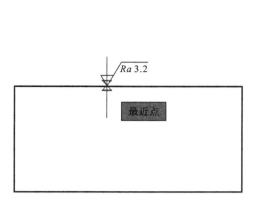

图 7-47　指定插入点

图 7-48　编辑属性

（3）绘制左方的一个粗糙度符号。输入"插入块"命令，弹出"插入"对话框，在"名称"下拉菜单中选"粗糙度"的块。在〖插入点〗选项区选择"在屏幕上指定"选项；在〖旋转〗选项区选择"在屏幕上指定"选项。单击〖确定〗按钮，移动光标到左方线上，利用"最近点"捕捉，找到合适的点后单击；系统提示"定旋转角度 ＜0＞"，输入"90"，按回车键；系统弹出"编辑属性"对话框，此时输入新的粗糙度值"Ra 1.6"，如图 7-48 所示。按回车键完成，结果如图7-45所示。

7.3　标注几何公差

一般用"多重引线"命令绘制引线与"公差"标注命令来标注几何公差符号。

7.3.1　样式设置及准备工作

设置几何公差图层，设置文字样式，设置标注样式，如表 7-1 所示，并将样式置为当前样式。打开"标注"工具栏、"多重引线"工具栏。

表 7-1　设置要求

项　目	名　称	要　求	备　注
图层	几何公差	线型取"Continuous"，线宽取 0.25	置为当前层
文字样式	GB-0	字体选择"isocp. shx"，字高取"0"	
标注样式	几何公差	（1）尺寸线〖颜色〗、〖线宽〗改为"ByLayer"； （2）尺寸界线〖颜色〗、〖线宽〗改为"ByLayer"； （3）文字〖颜色〗改为"ByLayer"； 文字样式为 GB-0，字高取"5"	置为当前样式

7.3.2　设置几何公差引线样式

创建带箭头的线，且只能水平方向和竖直方向摆放，其操作步骤如下。

（1）选择"几何公差"图层为当前图层。

图 7-49 "创建新多重引线样式"对话框

（2）输入"多重引线样式"命令，弹出"多重引线标注样式管理器"对话框；单击〖新建〗按钮，弹出"创建新多重引线样式"对话框，在〖新样式名〗文本框中输入"几何公差线"，如图 7-49 所示。

（3）单击〖继续〗按钮，弹出"修改多重引线样式：几何公差线"对话框，选中〖引线格式〗选项卡，在"常规"区域中，从〖颜色〗、〖线型〗和〖线宽〗下拉列表中选择"ByLayer"；在〖箭头〗区域中，在〖大小〗文本框中输入"3"，其他选项为默认，如图 7-50 所示。

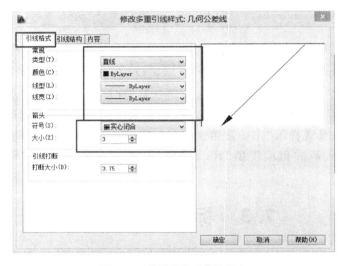

图 7-50 〖引线格式〗选项卡

（4）选中〖引线结构〗选项卡，在〖约束〗区域，选中"最大引线点数"且设置其值为"3"；选中"第一段角度"，并在其下拉列表中选择"90"；选中"第二段角度"，并在其下拉列表中选择"90"；不选择"自动包含基线"，其他选项为默认，如图 7-51 所示。

（5）选中〖内容〗选项卡，在〖多重引线类型〗下拉列表中选择"无"，如图 7-52 所示。

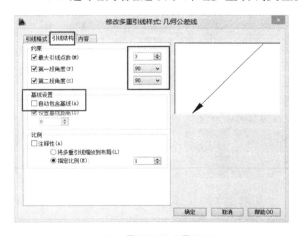

图 7-51 〖引线结构〗选项卡

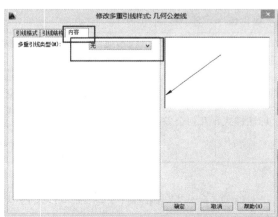

图 7-52 〖内容〗选项卡

（6）完成创建后，单击〖确定〗按钮，返回"多重引线样式管理器"对话框，单击〖关闭〗按钮。

7.3.3　绘制几何公差引线

更换"几何公差线"样式为当前多重引线样式：在"样式"工具栏的〖多重引线样式控制〗下拉列表中，选择"几何公差线"样式。

输入"多重引线"命令，系统提示"指定引线箭头的位置或［引线基线优先（L）/内容优先（C）/选项（O）］＜选项＞："，在图中单击指定引线箭头位置，移动光标，再单击左键。

7.3.4　标注几何公差符号

标注几何公差符号的步骤如下。

（1）输入"公差"命令。输入"公差"命令的方法如下：

● 工具栏：〖标注〗→〖公差〗按钮 ⊕1 。

● 菜单命令：【标注】→【公差】。

● 键盘命令：TOLERANCE↙。

输入"公差"命令，会弹出"几何公差"对话框，如图 7-53 所示。

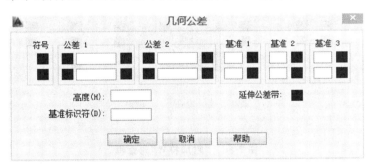

图 7-53　"几何公差"对话框

（2）移动光标指向〖符号〗区域下的黑色方框上，单击左键，弹出"特征符号"对话框，如图 7-54 所示。

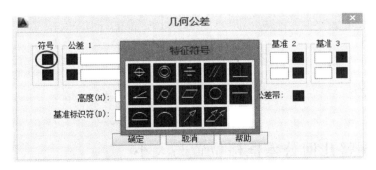

图 7-54　"几何公差"和"特征符号"对话框

（3）在"特征符号"对话框中单击选择某个符号，如选择第一行第二列的同轴度符号，返回几何公差对话框。

（4）在"几何公差"对话框中，在〚公差 1〛白色文本框格中输入需要设置的参数值，如"0.05"；单击左侧的黑色方块，选择直径符号∅是否插入，如图 7-55 所示。

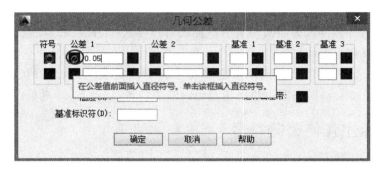

图 7-55　选择直径符号

（5）在〚基准 1〛白色文本框格中输入与基准符号圆圈中相同的字母，如"A"。如需标注"附加符号"，则在"公差 1"区域后的黑色方框上单击，弹出"附加符号"对话框，如图 7-56 所示，可单击选择相应符号。

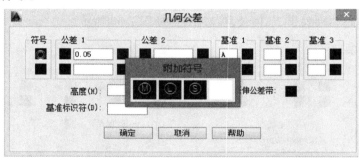

图 7-56　"附加符号"对话框

（6）单击〚确定〛按钮，在绘图区显示几何公差框格，如图 7-57 所示。

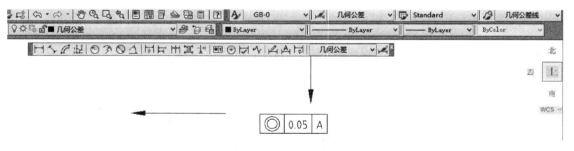

图 7-57　几何公差框格

7.3.5　调整几何公差框格位置与大小

1. 调整几何公差框格位置

即让几何公差框格到引线位置，并满足摆放方向要求。用"移动"命令将几何公差框格移动到引线位置;若需要竖直放置,先用"旋转"命令旋转 90°,再移动,从而完成几何公差的标注。也可以用"夹点"移动,如图 7-58 所示。

2.调整几何公差框格大小

如果图形缩放后,公差符号显示太小,可以调整"几何公差"标注样式中的"使用全局比例"的值,如由"1"改为"3",如图 7-59 所示。单击〖确定〗按钮后,符号显示自动变大。

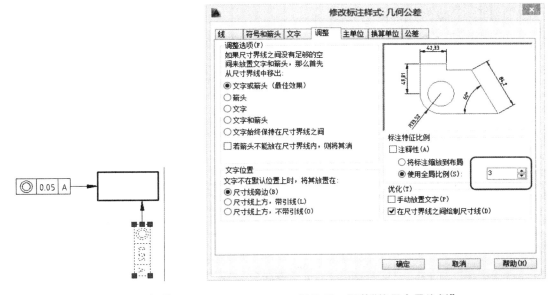

图 7-58　调整后的几何公差框格

图 7-59　调整"使用全局比例"

7.4　标注基准符号

基准符号如图 7-60 所示,用制作基准符号块并插入基准符号块的方法绘制。上方方框及文字可用公差标注命令绘制,在几何公差对话框中只填写基准 1 项目。

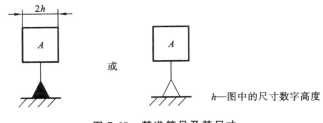

h—图中的尺寸数字高度

图 7-60　基准符号及其尺寸

【训练习题 7-1】　绘制如图 7-61 所示图形,并完成所有标注。

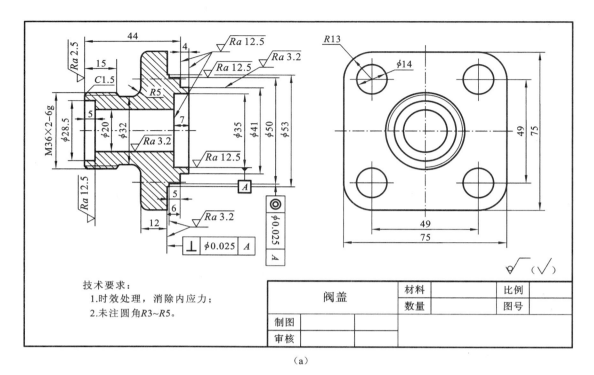

（a）

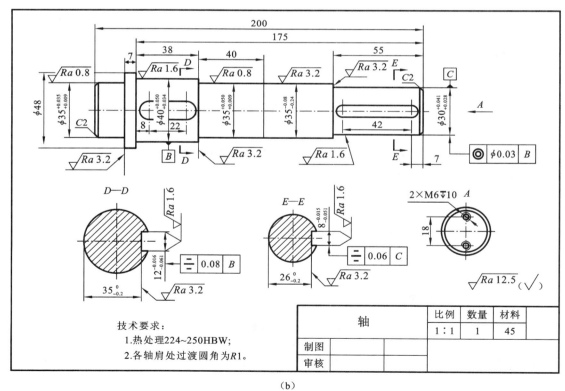

（b）

图 7-61　标注训练习题

7.5　绘制零件图

用 AutoCAD 绘制零件图,一般是根据草图来绘制的,若零件有三维模型图,也可以由模型转换成视图后再进行修改。本节介绍根据草图绘制零件图的方法。

7.5.1　绘制零件图的方法与步骤

1. 绘制零件图的方法

(1) 新建样板图文件。在绘制工程图时,若每次都要设置绘图环境,将是一件很烦琐的事,为了减少重复操作,创建样板图是一个较好的途径。样板图即是把每次需要设置的绘图环境做成一个文件,制作样板图包括设置图层、设置文字样式、设置尺寸标注样式、设置多重引线样式、绘制标题栏表格、绘制块。所以绘图前,一般先准备好样板图。有了样板图,每次新建图形时,先不是从"新建"文件开始,而是先"打开"所需样板图文件,再"另存为"新的文件名,然后再进行绘图及其他操作。

(2) 图幅比例。为方便查询数据和绘制装配图,AutoCAD 图的比例始终为 1∶1,但打印时,需要选择合适的图幅和绘图比例,不一定是 1∶1。保证合适的图幅和绘图比例有两种方式,一种方式是保证图的比例为 1∶1 而按对应比例缩放图框,并在图框内绘制 1∶1 的图,并完成布局(也可以先在图框外绘制完成图,最后移动布局到图框中);另一种方式是用图纸空间缩放图,并重新布局。本章采用第一种方式,第二种方式在第 9 章介绍。

2. 绘制零件图的步骤

AutoCAD 绘制零件图一般按以下步骤:

(1) 打开样板图,"另存为"新的文件。

(2) 确定图幅,移动标题栏。根据图形选定图幅,插入相应图幅块,插入点可以取在坐标原点;移动表格标题栏到图框右下角。

(3) 确定比例,缩放图幅块,填写标题栏,调整标注样式。

① 选定比例,缩放图幅块和标题栏。选定比例后,CAD 图仍然是 1∶1 的,而是缩放图幅和标题栏,例如若选定比例为 1∶5,则将图幅块和标题栏放大 5 倍。

② 填写标题栏,注意比例。

③ 按选定比例调整标注样式的"全局比例因子"。例如,选定比例为 1∶5,则将所有标注样式的"调整"菜单中"全局比例因子"修改为"5"。同时修改标注样式名,如"线性尺寸 5"。

(4) 绘制零件图图形。要求分图层绘制,绘制的尺寸和线型要符合国家标准规定。先用绘图和编辑命令完成图上各种图线,再用图案填充命令填充剖面符号。绘图过程中有如下建议。

① 采用 1∶1 比例绘制,即按图上标注的尺寸直接输入绘制图形。输出图形时,再确定比例,可打印成不同比例的图。

② 为直观看图,打开状态栏的"线宽"显示开关。若粗实线看起来太粗或者太细,可调整"线宽显示比例",不要修改图层设置的线宽尺寸。方法是将光标放在状态栏"线宽"上,单击右键,选择"设置",出现对话框,向左或向右拖动〖调整显示比例〗下的滚动条。

③ 图形尽量绘制在不同层上,"特性"工具栏中当前〖颜色控制〗、〖线型控制〗、〖线宽控制〗设为"ByLayer",一般是默认值,这样的图形属性方便修改。

④ 需要的端点、中点、圆心、交点、垂足、切点等特殊点,要借助"对象捕捉"方式确定。

（5）绘制剖视图的标注符号。剖视图标注符号也可在后面绘制。

（6）标注零件图的尺寸。先标注一般尺寸,要求更换相应标注样式依次标注线性尺寸、直径尺寸、半径尺寸、角度尺寸。再标注公差尺寸、偏差尺寸。后通过修改编辑方式标注其他尺寸,包括不同尺寸公差、螺纹标记等。

（7）标注零件图技术要求。包括表面粗糙度、几何公差及基准符号、其他技术要求、文字说明等。

（8）保存文件。

7.5.2 样板图文件的制作

绘制零件图前要制作样板图,包括设置图层、设置文字样式、设置标注样式、设置多重引线样式、绘制标题栏表格、绘制图幅块、绘制粗糙度块、绘制基准块等。

1. 新建文件

新建文件,并以"机械零件图"作为文件名保存。换背景色为白色,更换方法参考"1.18 更换绘图区背景颜色"。

2. 新建图层

图层设置要求如表 7-2 所示,其中"用途"一栏是图层使用时的要求,设置图层时不需要考虑。图层颜色以白色为背景色设置,而且颜色不必严格按表中设置,可以自己选定颜色。新建图层的方法参考"3.1.3 新建图层"。新建的图层如图 7-62 所示。

表 7-2　图层设置

名　称	颜　色	线　型	线　宽	用　途
轮廓线	黑	Continuous	0.50	绘制轮廓粗实线
粗实线	黑	Continuous	0.50	绘制粗实线、剖切符号
波浪线	绿	Continuous	0.25	绘制波浪线
细实线	绿	Continuous	0.25	绘制螺纹细实线、辅助线
点画线	红	Acad04w100	0.25	绘制轴中心线、对称线
虚线	青	Acad02w100	0.25	绘制虚线
剖面符号	黄	Continuous	0.25	绘制剖面符号线
文字	蓝	Continuous	0.25	标注文字
尺寸	蓝	Continuous	0.25	标注尺寸
粗糙度	洋红	Continuous	0.35	标注粗糙度
几何公差	洋红	Continuous	0.25	标注几何公差、基准符号等
双点画线	红	Acad05w100	0.25	画双点画线

3. 设置文字样式

设置要求如表 7-3 所示,基础样式为"standard",设置方法参考"5.1 文字样式设置与使用"。

4. 设置标注样式

设置要求如表 7-4 所示,基础样式为"ISO-25",设置方法参考"6.4 常用尺寸标注样式的设置"、"6.9 标注有公差的尺寸",和"7.3.1 样式设置及准备工作"。设置时,可先新建"线性尺寸"标注样式,按基本要求修改后保存。再新建其他标注样式时,选择"线性尺寸"标注样式为基础样式,单击〖继续〗后,只需改变其他要求。

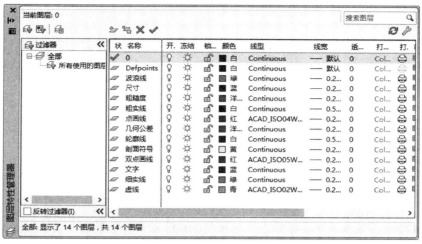

图 7-62　新建的图层

表 7-3　文字样式

样式名	字　　体	字　　高	宽度因子	倾斜角度	排列效果	用　　途
工程字	gbenor.shx	0	1	0	不选	
HZ3.5	仿宋	3.5	0.7	0	不选	标注汉字
HZ5	仿宋	5	0.7	0	不选	标注汉字
HZ10	仿宋	10	0.7	0	不选	标注汉字
GB-0	isocp.shx	0	0.7	0	不选	设置标注样式
SZ3.5	isocp.shx	3.5	0.7	0	不选	标注除汉字外
SZ7	isocp.shx	7	0.7	0	不选	的其他数字
SZ10	isocp.shx	10	0.7	0	不选	及特殊字符

表 7-4　标注样式

尺寸类型	样式名	基本要求	其他要求(参考值)
两点距离,圆弧半径,圆弧直径	线性尺寸	(1) 尺寸线〖颜色〗、〖线型〗、〖线宽〗为"ByLayer";基线间距为"8"。	
用线性命令标注直径	线直径		〖前缀〗为〖%%c〗
数字水平放置尺寸	水平尺寸	(2) 尺寸界线颜色、线型、线宽为"ByLayer";〖超出尺寸线〗为"2",〖起点偏移量〗为"0";〖箭头大小〗为"3"。	选择〖文字〗中对齐方式为〖水平〗
只有一端尺寸界线和箭头的尺寸	对称尺寸		选择尺寸线中第二条〖隐藏〗,尺寸界线第二条〖隐藏〗
有公差代号的尺寸,如φ60H8	公差代号	(3) 文字样式为"GB-0";文字颜色为"ByLayer";文字高度为"5"。	〖前缀〗为"%%c";〖后缀〗为"H8"
有上下偏差的尺寸	偏差公差		〖前缀〗为"%%c";〖方式〗为"极限偏差";〖精度〗为"0.000";〖上偏差〗为"−0.025",〖下偏差〗为"−0.050";〖高度比例〗为"0.7"
有对称偏差的尺寸	对称公差	(4) 单位格式用"小数",精度为"0",小数分隔符为"句点"	〖前缀〗为"%%c";〖方式〗为"对称";〖精度〗为"0.000";〖上偏差〗为"0.128"
标注几何公差	几何公差	上面前三点要求	

5. 设置多重引线样式

设置要求如表7-5所示,基础样式为"standard",设置方法参考"6.8.1 创建多重引线样式"。引线格式如图7-63所示;"箭头基线文字"的引线结构如图7-64所示,"箭头基线文字"的内容如图7-65所示,"几何公差线"的引线结构如图7-66所示。

表 7-5 多重引线样式

样式名	图层	引线格式	引线结构	内 容	用 途
箭头线	文字	〖类型〗为"直线";〖颜色〗、〖线型〗、〖线宽〗为"ByLayer";〖箭头〗为"实心闭合",〖大小〗为"3"	"最大引线点线"为"3";"基线设置"去掉"自动包含基线"	无	绘制箭头线
箭头基线文字	尺寸		"最大引线点线"为"2";"基线设置"选择"自动包含基线","设置基线距离"为"2"	选择"多行文字";设置文字样式为"GB-0",文字颜色为"ByLayer",文字高度为"5";设置"引线连接"为"最后一行加下划线"	绘制带文字的箭头线
几何公差线	几何公差		"最大引线点线"为"3";"基线设置"去掉"自动包含基线","第一段角度""90";"第二段角度"选择"90"	无	绘制正交的箭头线

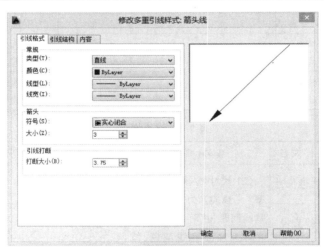

图 7-63 引线格式

6. 绘制标题栏表格

标题栏表格尺寸如图7-67所示,绘制方法参考"5.6 表格的创建与使用"。

7. 制作图幅块

(1)图幅尺寸国标有规定,如表7-6所示。

(2)图幅格式 图纸可以横放或者竖放,每张图需有粗实线的图框,图框是图纸上限定绘图范围的线框,图应绘制在图框内。其格式分为不留装订边和留有装订边两种,但同一产品的图样只能采用一种格式。留有装订边的图纸,其图框用格式如图7-68所示。不留装订边的图纸,其图框格式如图7-69所示。

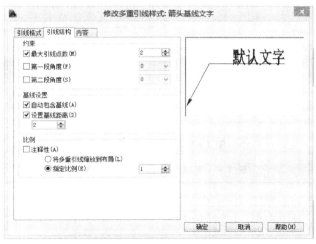

图 7-64　"箭头基线文字"的引线结构

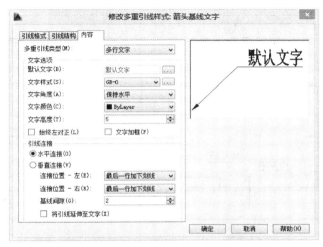

图 7-65　"箭头基线文字"的内容

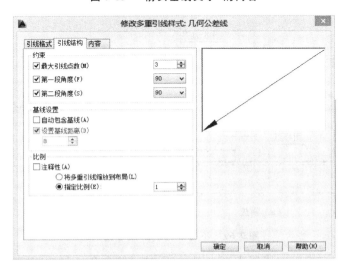

图 7-66　"几何公差线"的引线结构

图 7-67　标题栏表格尺寸

表 7-6　基本幅面尺寸及图框尺寸　　　　　　　　　　　　　（单位：mm）

基本幅面代号		A0	A1	A2	A3	A4
$B \times L$		841×1189	594×841	420×594	297×420	210×297
图框尺寸	a	25				
	c	10			5	
	e	20			10	

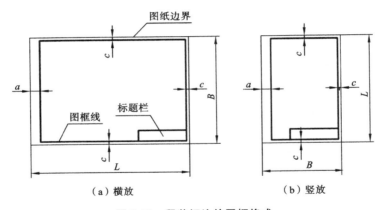

图 7-68　留装订边的图框格式

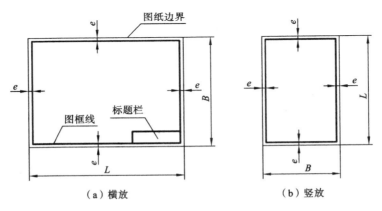

图 7-69　不留装订边的图框格式

　　（3）创建图幅块。换粗实线层为当前图层；用"矩形"命令绘制外部矩形线，用"分解"命令将矩形分成单个线对象；用"偏移"命令和"修剪"命令，绘制内部矩形线；用"特性"工具栏中的

〖线宽控制〗更换外部矩形线的线宽为"0.25 mm";用"创建块"命令创建图幅块,块名为相应的图幅。

【示例 7-6】　创建 A3 纸、横放、留有装订边的图幅块。

【操作步骤】操作步骤如下:

(1)换粗实线层为当前图层;用"矩形"命令绘制外部矩形线,矩形尺寸为长度为 420,高度为 297,左下角放置在坐标原点。因此,输入两个对角坐标点(0,0)和(420,297)。

(2)用"分解"命令将矩形分成单个线对象。

(3)用"偏移"命令和"修剪"命令,绘制内部矩形线。左边偏移距离为 25,另三边偏移距离为 5。

(4)用"特性"工具栏中的〖线宽控制〗更换外部矩形线的线宽为"0.25 mm"。

(5)用"创建块"命令创建图幅块。块名为"A3 图幅","基点"为坐标原点,如图 7-70 所示。

8. 制作粗糙度块

粗糙度符号的尺寸如图 7-71 所示,绘制方法参考"5.6 表格的创建与使用"。

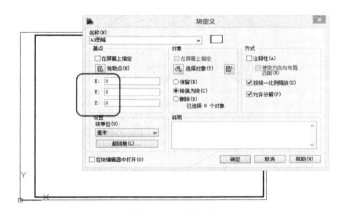

图 7-70　创建块

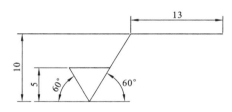

图 7-71　粗糙度符号尺寸

9. 制作基准符号块

基准符号尺寸如图 7-72 所示,绘制方法参考"5.6 表格的创建与使用"。

10. 制作深度符号图块

深度符号尺寸如图 7-73 所示。

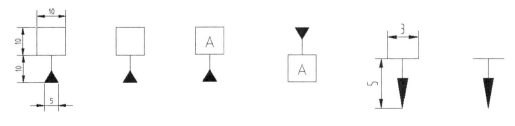

图 7-72　基准符号尺寸　　　　　图 7-73　深度符号尺寸

操作方法:换"尺寸"层为当前图层;绘制水平和竖直直线;用"多重引线"命令绘制箭头线,并用"分解"命令分成两个对象,删除分解后的直线;移动箭头到竖直线下方;用"创建块"命令创建图块。

11. 保存文件

输入"保存"文件命令,将内容更新,再关闭文件。

【训练】 创建 A3 图幅的样板文件。

7.5.3 绘制零件图示例

【示例与训练 7-1】 绘制端盖零件图

绘制如图 7-74 所示的端盖零件图。

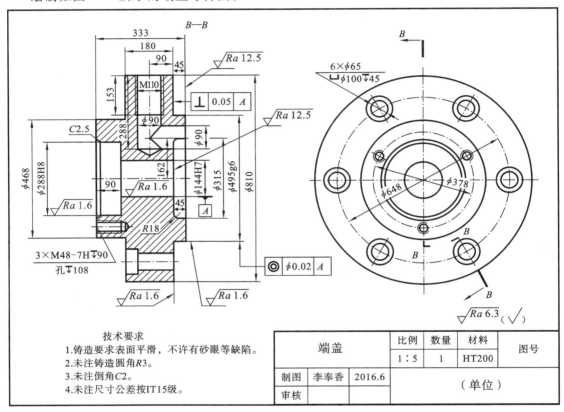

图 7-74 端盖零件图

绘制方法如下:

(1)打开"机械零件图"样板图,"另存为"新的文件名"端盖零件图"。检查并调出常用的工具栏,如"标准"工具栏、"图层"工具栏、"特性"工具栏、"绘图"工具栏、"修改"工具栏、"尺寸标注"工具栏。

(2)确定图幅,移动标题栏。

① 选定 A3 横放图幅,插入"A3 图幅"块,插入点取在坐标原点,如图 7-75 所示。

② 移动表格标题栏到图框右下角。

(3)确定比例,缩放图幅块,填写标题栏,调整标注样式比例和多重样式比例。

① 选定比例为 1∶5,用缩放命令将图幅块和标题栏放大 5 倍。

② 填写标题栏,注意比例为 1∶5。如图 7-76 所示。

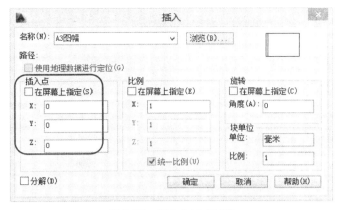

图 7-75   插入"A3 图幅"

端盖		比例	数量	材料	图号
		1：5	1	HT200	
制图	李奉香 2016.6			（单位）	
审核					

图 7-76   填写的标题栏

③ 将所有标注样式的〖调整〗选项卡中"全局比例因子"修改为"5",如图 7-77 所示。同时修改标注样式名,如图 7-78 所示。

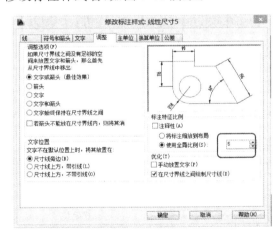

图 7-77   修改〖全局比例因子〗为"5"   图 7-78   修改后的标注样式名

④ 将所有多重样式的〖引线结构〗选项卡中〖比例〗修改为"5",如图 7-79 所示。同时修改多重引线样式名,如图 7-80 所示。

（4）绘制零件图图形。

① 换相应图层,用"直线"命令和"圆"命令绘制左视图主要线,如图 7-81 所示。倒圆尺寸和螺纹孔小径尺寸按夸大画法,即不按尺寸绘制,保证图形清楚可见。

② 用环形阵列命令完成左视图,如图 7-82 所示。

③ 绘制主视图上部分的主要线,用"镜像命令"得到下部分,如图 7-83 所示。

④ 绘制主视图内部线,如图 7-84 所示。

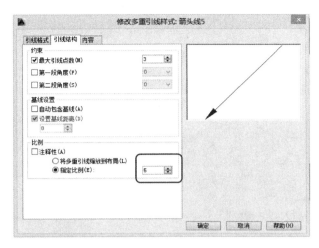

图 7-79　修改《比例》为"5"

图 7-80　修改后的多重样式名

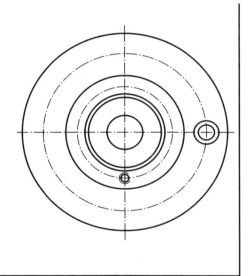

端盖	比例	数量	材料	图号
	1：5	1	HT200	
制图	李奉香	2016.6	（单位）	
审核				

图 7-81　左视图主要线

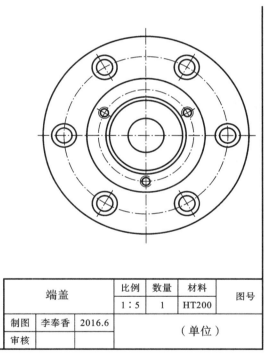

端盖	比例	数量	材料	图号
	1：5	1	HT200	
制图	李奉香	2016.6	（单位）	
审核				

图 7-82　左视图

（5）用图案填充命令填充剖面符号,如图 7-85 所示。

（6）标注零件图的尺寸。换"尺寸"层为当前图层。更换相应标注样式依次标注线性尺寸、线直径尺寸、半径尺寸;再标注公差尺寸;通过编辑尺寸的方法,修改尺寸公差、螺纹标记等。如图 7-86 所示。

（7）标注组合尺寸和剖视图的标注。

① 设置文字样式,要求如表 7-7,并设置成当前文字样式。

② 绘制线,用"文字"命令,并插入"深度块",标注左下角和中间上方的组合尺寸,如图 7-87所示。

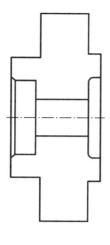 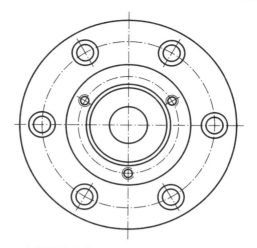

图 7-83　主视图主要线

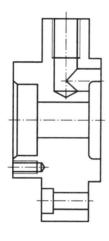 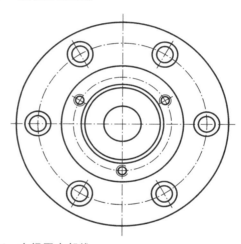

图 7-84　主视图内部线

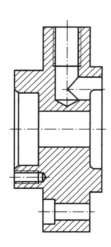 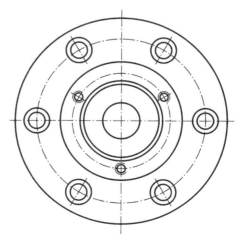

图 7-85　填充剖面符号

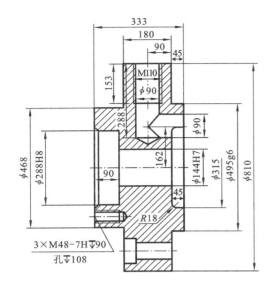
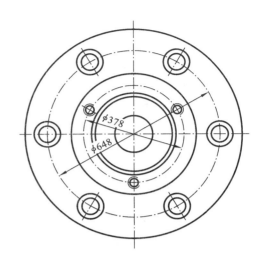

图 7-86 标注零件图的尺寸

表 7-7

样 式 名	字 体	字 高	宽度因子	倾斜角度	排列效果	用 途
文字	gbenor. shx	25	0.7	0	不选	标注文字

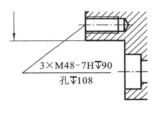
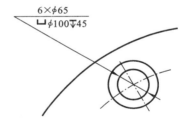

图 7-87 组合尺寸

③ 用"直线"命令和"文字"命令,标注倒角尺寸"C2.5"。

④ 换"粗实线"层为当前图层,绘制剖切符号线。换"文字"层为当前图层,换"箭头线"为当前多重引线样式,用"多重引线"命令绘制箭头线;用文字命令输入字母。结果如图 7-88 所示。

(8) 标注零件图技术要求。

① 换"粗糙度"层为当前图层,用插入块命令插入"粗糙度"块,标注粗糙度符号,换"箭头线"为当前多重引线样式,用"多重引线"命令绘制指引线;移动粗糙度符号到引线上。结果如图 7-89 所示。

② 换"几何公差"层为当前图层,换"几何公差"标注样式为当前标注样式,用公差命令标注几何公差;换"几何公差线"为当前多重引线样式,用多重引线命令绘制几何公差线;移动几何公差方格到引线处;用"插入块"命令插入"基准符号"块,标注基准符号。结果如图 7-90 所示。

③ 换"文字"层为当前图层,用文字命令输入左下角的技术要求,完成全图。

(9) 保存文件,关闭文件。

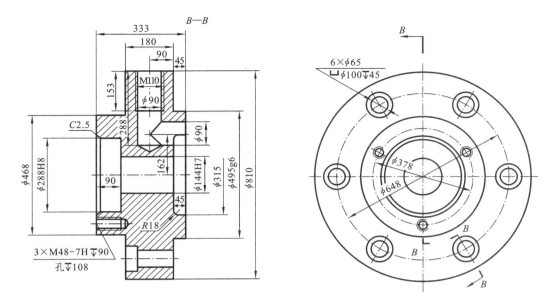

图 7-88　剖视图的标注

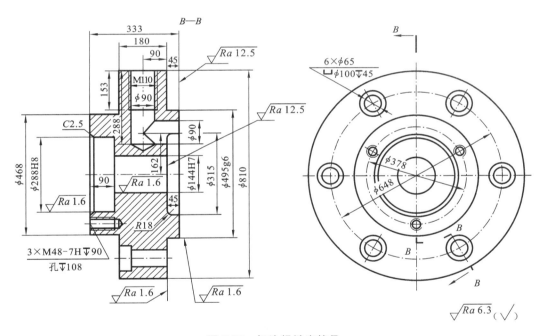

图 7-89　标注粗糙度符号

【示例与训练 7-2】　绘制阀体零件图

绘制如图 7-91 所示的阀体零件图。

绘制步骤如下。

（1）打开文件和保存文件。打开"机械零件图.dwg"文件,用"另存为"命令保存为"阀体.dwg"文件。检查并调出常用的工具栏,如"标准"工具栏、"图层"工具栏、"特性"工具栏、"绘图"工具栏、"修改"工具栏、"尺寸标注"工具栏。

（2）确定图幅,移动标题栏。确定比例,填写标题栏。

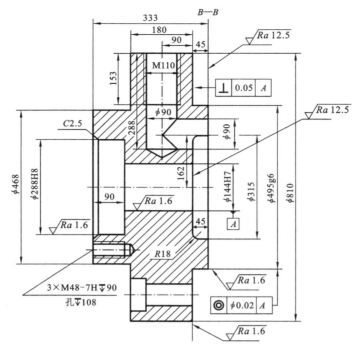

图 7-90   标注几何公差及基准符号

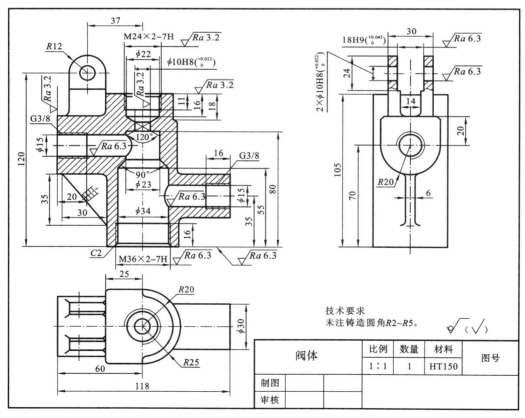

图 7-91   阀体零件图

① 选定 A3 横放图幅,插入"A3 图幅"块,插入点取在坐标原点;移动表格标题栏到图框右下角。

② 选定比例为 1∶1,图幅块和标题栏不用缩放,不用调整标注样式比例和多重样式比例。填写标题栏。

(3) 绘图。绘图方法可按自己习惯的思路和命令执行,下面是其中的一种方法。

① 设置捕捉对象,可选中端点、中点、圆心、交点、垂足、切点、最近点。打开"对象捕捉"、"对象跟踪"功能。

② 将轮廓线层设置为当前层。

③ 画主视图图形:

a. 打开正交模式,画一条竖直线,长 140(取名"主中心线");将此线移到"点画线"层(操作方法参照前面图层)。

b. 用"直线"命令绘制中心线右边的主要粗实线,只画中间圆筒的图线,下方向右伸出的圆筒图线暂不绘制;中间 90°、120°值可用极坐标输入;上方 C1、下方 C2 用"倒角"命令绘制,使用"倒角"命令时要修改距离(D);过渡圆角用"圆角"命令绘制,可取半径为 5。如图 7-92 所示。

c. 用"镜像"命令将绘制的图形沿"主中心线"左右镜像,修整上方图形,如图 7-93 所示。

d. 用"偏移"命令在左上方画一条水平直线,距离最下的一条水平线为 70;将此线移到"点画线"层。

e. 用"偏移"命令在左边画一条竖直线,距离中间"主中心线"(绘制的第一条线)为 60;将此线移到"轮廓线"层。

f. 画左边的圆筒粗实线及其他粗实线。可先用"偏移"命令,再将图形移到"轮廓线"层,用"修剪"命令剪去不要的线,完成上部分,后用"镜像"命令完成下部分。结果如图 7-94 所示。

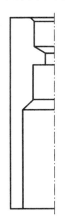 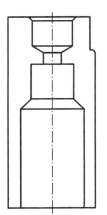 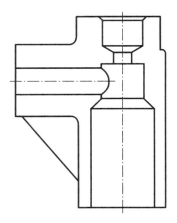

图 7-92　主视图右边主要图形　　　图 7-93　主视图主要图形　　　图 7-94　主视图左边图形

g. 用"偏移"命令在右上方画一条水平直线,距离最下的一条水平线为 35;将此线移到"点画线"层。

h. 用"偏移"命令在右边画一条竖直线,距离最左竖直线为 118。

i. 画右边的圆筒粗实线及其他粗实线。用"修剪"命令剪去不要的部分。结果如图 7-95 所示。

j. 画左边上方图形。换"细实线"层为当前层,画 4 处螺纹的细实线,可采用夸大画法。左右螺纹内孔直径为 15,大径直径可画成 18;上、下螺纹大径直径分别为 24、36。结果如图 7-96 所示。

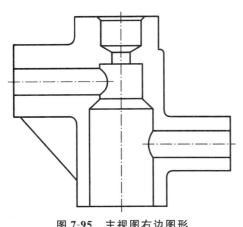

图 7-95　主视图右边图形

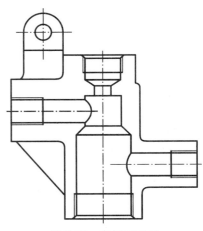

图 7-96　主视图图形

④ 画俯视图。可以采用画一半图形，再上下镜像。画 3/4 圆时，可先画出圆，再用"修剪"命令或"打断"命令剪去不要的部分。完成后的图形如图 7-97 所示。

⑤ 画左视图。可以采用画一半图形，再左右镜像。左视图上的波浪线，可先画出边界，再修剪。画 3/4 圆时，可先画出圆，再用"修剪"命令或"打断"命令剪去不要的部分。完成后的图形如图 7-98 所示。

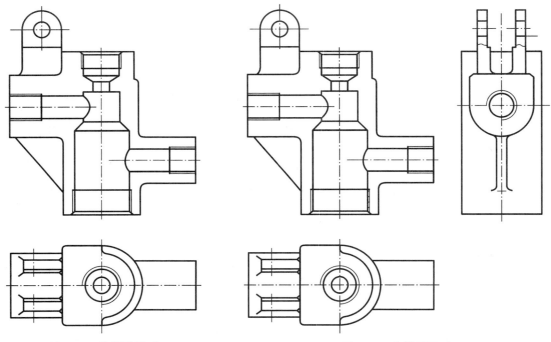

图 7-97　俯视图图形

图 7-98　左视图图形

⑥ 换"剖面符号"层为当前层，用图案填充命令画剖面符号。〖图案〗样式可取直线样式 ，取〖角度〗为 45°。选择填充区域时，可用"标准"工具栏中的"显示平移"、"窗口缩放"等透明命令改变图形的显示位置和大小，从而方便观察和选择图形区域。整理细节，完成零件图图形，如图 7-99 所示。

（4）标注尺寸。先选定所需的尺寸样式，再标注尺寸，如图 7-100 所示。

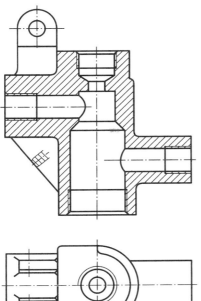

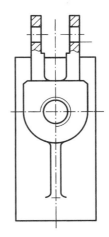

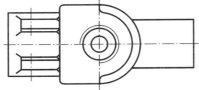

图 7-99　零件图图形

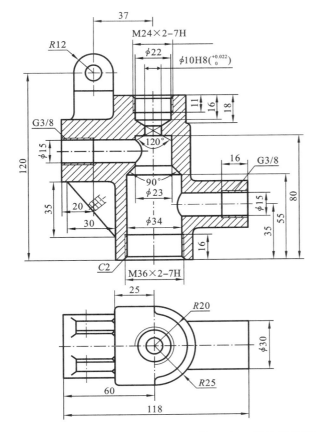

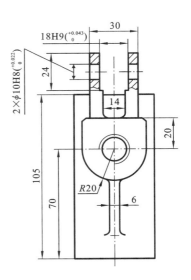

图 7-100　标注零件图尺寸

① 换"尺寸"层为当前层。关闭"剖面符号"层。

② 将"线性尺寸"标注样式设置为当前标注样式。

③ 用"线性"命令标注所有的长、宽、高等基本尺寸,如 118、120、55。

④ 用"半径"命令标注圆弧上的半径尺寸,如 $R12$、$R20$、$R25$。

⑤ 将"线直径"标注样式设置为当前标注样式。用"线性"命令标注直线方向的直径尺寸,如 $\phi15$、$\phi23$、$\phi30$。

⑥ 将"水平尺寸"标注样式设置为当前标注样式。用"角度"命令标注角度尺寸,如主视图上的 $120°$、$90°$。

⑦ 标注上下螺纹代号。将"线性尺寸"标注样式设置为当前标注样式。执行"线性"命令,捕捉下方尺寸界线的两个端点,从键盘输入〖M〗,按回车键;输入螺纹代号,按回车键;单击螺纹代号所放位置点。重复上述操作,标注上方螺纹代号。

⑧ 标注左右管螺纹代号。将"箭头基线文字"多重引线样式设置为当前多重引线样式。用多重引线命令标注。

⑨ 标注 $C1$、$C2$ 倒角尺寸。用直线命令和文字命令绘制。

(5)标注技术要求,如图 7-101 所示。

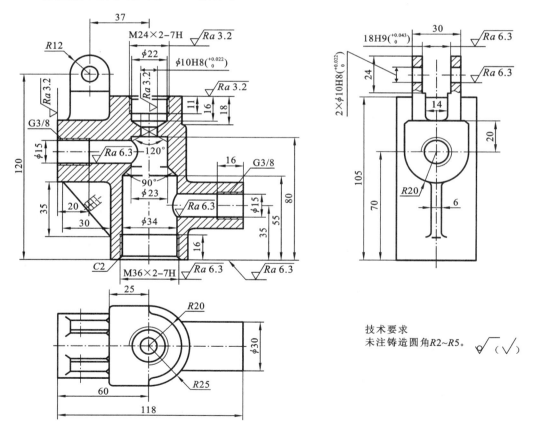

图 7-101 标注零件图技术要求

① 标注公差尺寸。

a. 标注主视图上的 $\phi18H8\left(^{+0.022}_{0}\right)$。设置"公差代号"标注样式为当前标注样式,用"线性"

命令标注,再用"编辑标注"命令修改。

b. 标注左视图上的 $\phi18H9(^{+0.043}_{0})$。设置"线性尺寸"标注样式为当前标注样式,用"线性"命令标注,再用"编辑标注"命令修改。

c. 标注左视图上的 $2\times\phi10H8(^{+0.022}_{0})$。设置"公差代号"标注样式为当前标注样式,用"线性"命令标注,再用"编辑标注"命令修改。

若数字位置不满意,可选取该尺寸数字,拖动数字夹点来移动数字位置。(可参照前面用夹点编辑尺寸)

② 标注表面粗糙度。换"粗糙度"层为当前图层。通过"插入块"命令插入"粗糙度"图块来标注。

③ 标注文字说明的技术要求。

(6) 在相应层上标注剖切符号和视图名称。

(7) 检查、修改零件图,保存零件图。打开剖面符号层,用移动夹点方法调整尺寸数字、粗糙度符号、几何公差的位置。保存文件,结果如图 7-91 所示。

【训练习题 7-2】　绘制如图 7-102 所示的零件图。

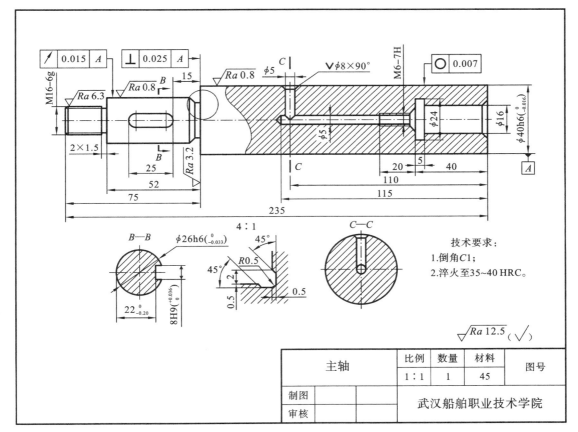

(a) 主轴零件图

图 7-102　零件图

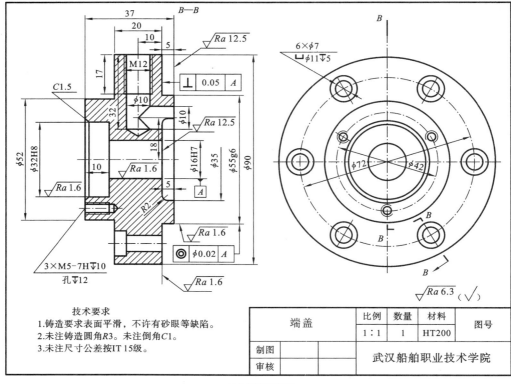

技术要求
1.铸造要求表面平滑，不许有砂眼等缺陷。
2.未注铸造圆角R3。未注倒角C1。
3.未注尺寸公差按IT 15级。

端盖	比例	数量	材料	图号
	1：1	1	HT200	
制图				武汉船舶职业技术学院
审核				

（b）端盖零件图

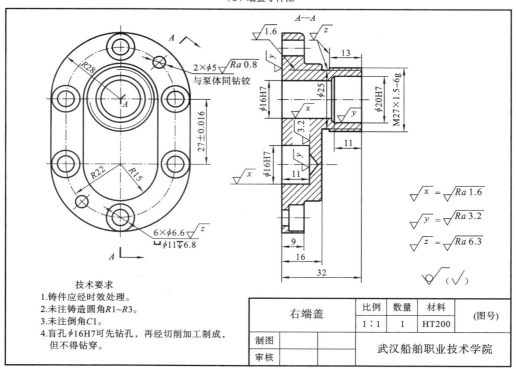

技术要求
1.铸件应经时效处理。
2.未注铸造圆角R1~R3。
3.未注倒角C1。
4.盲孔φ16H7可先钻孔，再经切削加工制成，
但不得钻穿。

右端盖	比例	数量	材料	（图号）
	1：1	1	HT200	
制图				武汉船舶职业技术学院
审核				

（c）右端盖零件图

续图 **7-102**

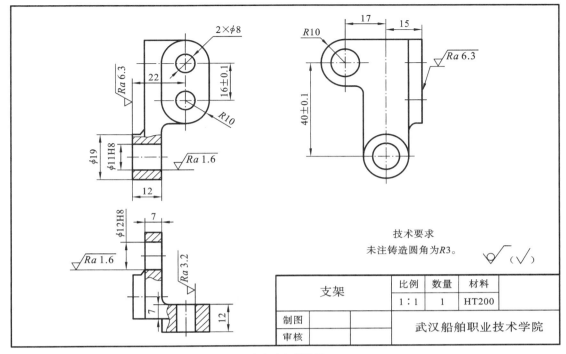

（d）支架零件图

续图 7-102

7.6　绘制装配图

7.6.1　装配图模板文件创建方法

利用 AutoCAD 绘制装配图之前最好也创建模板文件，创建装配图模板文件的方法如下。

（1）打开文件"机械零件图"，用"另存为"命令以"机械装配图"作为文件名保存。

（2）换"文字"层为当前层，创建"明细表"表格样式，"明细表"格式如图 7-103 所示。

（3）创建序号引线样式。

① 选择"文字"层为当前图层。

② 输入"多重引线样式"命令，弹出"多重引线标注样式管理器"对话框，在左边单击"Standard"，单击〖新建〗按钮，弹出"创建新多重引线样式"对话框，在"新样式名"文本框中输入"圆点引线"，如图 7-104 所示。

③ 单击〖继续〗按钮，弹出"修改多重引线样式：圆点引线"对话框，选择〖引线格式〗选项卡，在〖常规〗区域中，从〖颜色〗、〖线型〗和〖线宽〗下拉列表中选择"ByLayer"；在〖箭头〗区域中，从〖符号〗下拉列表选择"点"，在〖大小〗文本框中输入"2"，其他选项为默认，如图 7-105 所示。

④ 选择〖引线结构〗选项卡，在〖基线设置〗区域中，设置基线距离为"2"，其他选项为默认，如图 7-106 所示。

20	40	15	15	20	30
7					
6					
5					
4					
3					
2					
1					
序　号	零件名称	数　量	材　料		备　注
（部件名称）		比例	重　量	第　张	（图号）
				共　张	
制图		（日期）	（校　名）		
校核		（日期）			

图 7-103　"明细表"格式

图 7-105　"引线格式"选项卡

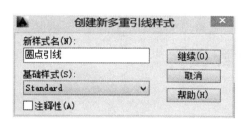

图 7-104　"创建新多重引线样式"对话框

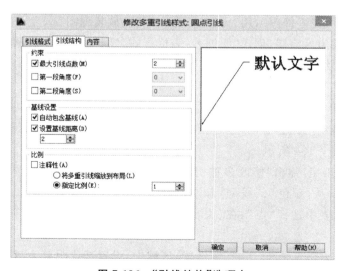

图 7-106　"引线结构"选项卡

⑤ 选择〖内容〗选项卡，从〖文字样式〗下拉列表中选择"GB-0"，从〖文字颜色〗下拉列表中选择"ByLayer"；在〖文字高度〗文本框中输入"7"；在"引线连接"区域中，从"连接位置-左"和"连接位置-右"下拉列表中选择"所有文字加下划线"，其他选项为默认，如图 7-107 所示。

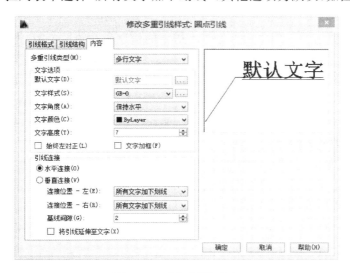

图 7-107　"内容"选项卡

⑥ 完成创建后，单击〖确定〗按钮，返回"多重引线样式管理器"对话框，如图 7-108 所示。单击〖关闭〗按钮。

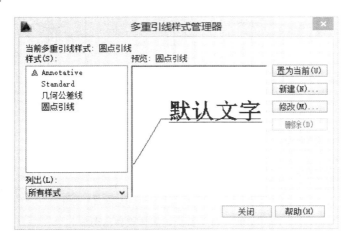

图 7-108　"多重引线管理器"对话框

（4）保存文件，关闭文件。

7.6.2　装配图绘制方法与步骤

利用 AutoCAD 绘制装配图的一般步骤如下。

（1）弄清组成装配体的每个零件的结构形状及其零件间的装配关系。绘制出各个零件图，若只需要绘制装配图，则可以只绘制零件图图形。

（2）将零件图中组成装配图的部分创建为块文件。这样先集中创建块，绘制装配图时只需要将块按图形所在位置插入即可;当然也可以创建一个块后即插入一个块。

将零件图绘制好后,每个零件图图形都可以以图块的形式保存起来。一般将零件图各内容绘制在不同的图层上,待零件图完成后,打开和关闭相应的图层即生成相应的零件图图形,这样可以方便地分离出零件图图形,进行块制作。在建立图块时注意下列问题:

① 建立块前可以将零件图中的标注等不需要的信息所在图层关闭,将零件图形复制一份到图框外,再创建块。

② 最好用"WBLOCK"命令创建成外部块,外部块方便在任何 AutoCAD 图形文件中插入使用,并新建一个装配图文件夹,将外部块文件全部放在一个文件夹中,方便查找。

③ 建立块之前,若零件图图形方向与装配图图形方向不一致,则先用旋转命令或者用镜像命令调整零件图图形方向,再创建块。

④ 可将零件图每个视图分别制作成块,方便绘制装配图时选择,如阀体零件图的主视图定义成"阀体主视图.dwg",俯视图定义成"阀体俯视图.dwg",左视图定义成"阀体左视图.dwg"。若主要零件图需全部进入装配图,且方位不变,也可将所有视图定义成一个块文件,如图 7-101 所示阀体零件图和图 7-109 所示用于装配的阀体零件图图块。

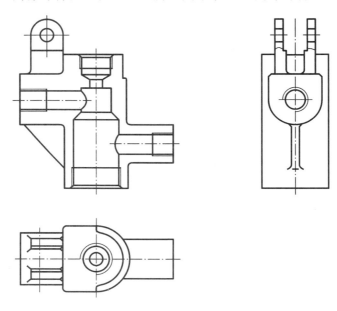

图 7-109　用于装配的阀体零件图图块

（3）打开"机械装配图"样板文件,保存为新的装配图文件,如"手压阀装配图"。根据图形选定图幅,插入相应图幅块,插入点可以取在坐标原点。移动表格标题栏和明细表到图框右下角。

（4）确定比例,缩放图幅块,填写标题栏,调整标注样式。

① 选定比例,缩放图幅块、标题栏和明细表。选定比例后,CAD 图仍然是 1∶1 的,而是缩放图幅、标题栏和明细表,例如若选定比例为 1∶5,则将图幅块、标题栏和明细表放大 5 倍。

② 填写标题栏,注意比例。

③ 按选定比例调整标注样式的"全局比例因子"。例如,选定比例为 1∶5,则将所有标注样式的〖调整〗菜单中〖全局比例因子〗修改为"5"。同时修改标注样式名,如"线性尺寸 5"。

④ 将所有多重样式的〖引线结构〗菜单中"比例"修改为"5"。同时修改多重引线样式名。

（5）调整明细表行数。调整方法,选择表格中的一个单元格,按鼠标右键,弹出快捷菜单,移动光标指向"行",如图 7-110 所示,可以增加或者删除行。

图 7-110　调整行快捷菜单

（6）将零件图的块文件各个按照装配关系分别插入到装配图的适当位置。

根据装配图或装配示意图,依次插入零件图块。先调入装配干线上的主要零件,后沿装配干线展开,逐个插入相关零件图块。插入零件的图形块到装配图形后,要旋转调整零件图块方位与装配图主视方位一致,再移入零件图块到装配图中,需用"捕捉"命令,找准定位点。

按如图 7-111 所示手压阀装配立体图和如图 7-112、图 7-113 所示零件图绘制装配图时,先用"插入块"命令,将主要零件作为第一个零件的图形块插入到装配图中(选择阀体的块文件图);再插入第二零件、第三零件……的图形块到图形外,调整零件图形方位与装配图主视方位一致,如 10 号零件的主视图块要旋转 180°,如图 7-114 所示,5 号零件的主视图块要顺时针旋转 90°,如图 7-115 所示,调整好方位后再移入装配图中,用对象捕捉,找准定位点,如图7-116所示。

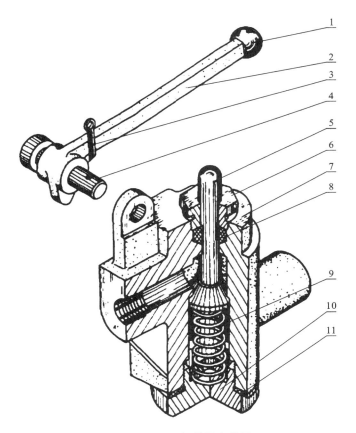

图 7-111　手压阀装配立体图

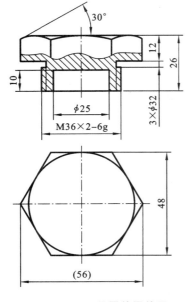

图 7-112　10 号零件零件图

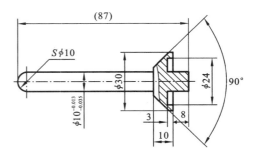

图 7-113　5 号零件零件图

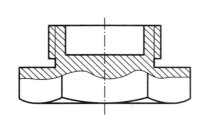

图 7-114　10 号零件零件图主视图图块

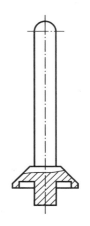

图 7-115　5 号零件零件图主视图图块

（7）修改插入后的图形，完成装配图视图部分。画装配图时，先插入块，移动块，确保各零件图形位置正确后，用"分解"命令将图形分开，再进行删除、修剪等编辑，即可得到装配图。如有螺纹连接，要根据螺纹连接的画法，适当修改线型。

（8）用"图案填充"命令绘制剖面符号。要求同一零件剖面线必须一致，不同零件剖面线必须有区别，可以用"特性匹配"命令来实现一致。

（9）标注装配图的尺寸，标注技术要求。

（10）对组成装配体的零件编排序号，标注序号引线。序号引线用"多重引线"命令绘制。方法如下：

① 将"圆点引线"设置为当前多重引线样式：在"样式"工具栏〖多重引线样式控制〗区域中，选中"圆点引线"。换"文字"图层为当前图层。

② 输入"多重引线"命令；根据提示在图中指定圆点位置，移动光标，单击指定引线基线位

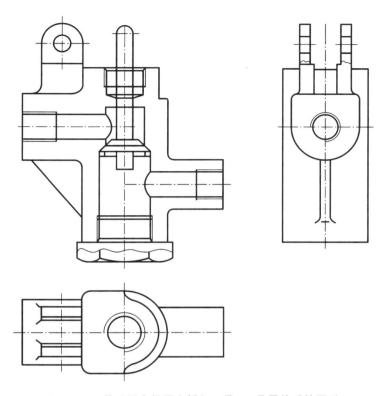

图 7-116　装配图主视图上插入 5 号、10 号零件后的图形

置,弹出"文字格式"对话框,输入序号数字,如"1",如图 7-117 所示,单击〖确定〗按钮,完成序号引线的标注,如图 7-118 所示。

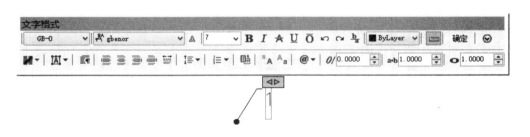

图 7-117　输入文字窗口

　　若标注箭头序号引线,将"箭头线"设置为当前多重引线样式,按上述步骤标注序号引线。

　　为了保证序号引线的第二条线整齐,可以用"构造线"命令在图形的上、下分别画一条水平线,左、右分别画一条竖直线,作为辅助线,用"多重引线"命令绘图时,第二点捕捉到辅助线上"最近点",如图 7-119 所示。序号引线绘制完成后删除四周辅助线。

　　(11)填写明细表。保存文件,关闭文件。

图 7-118　序号引线的标注

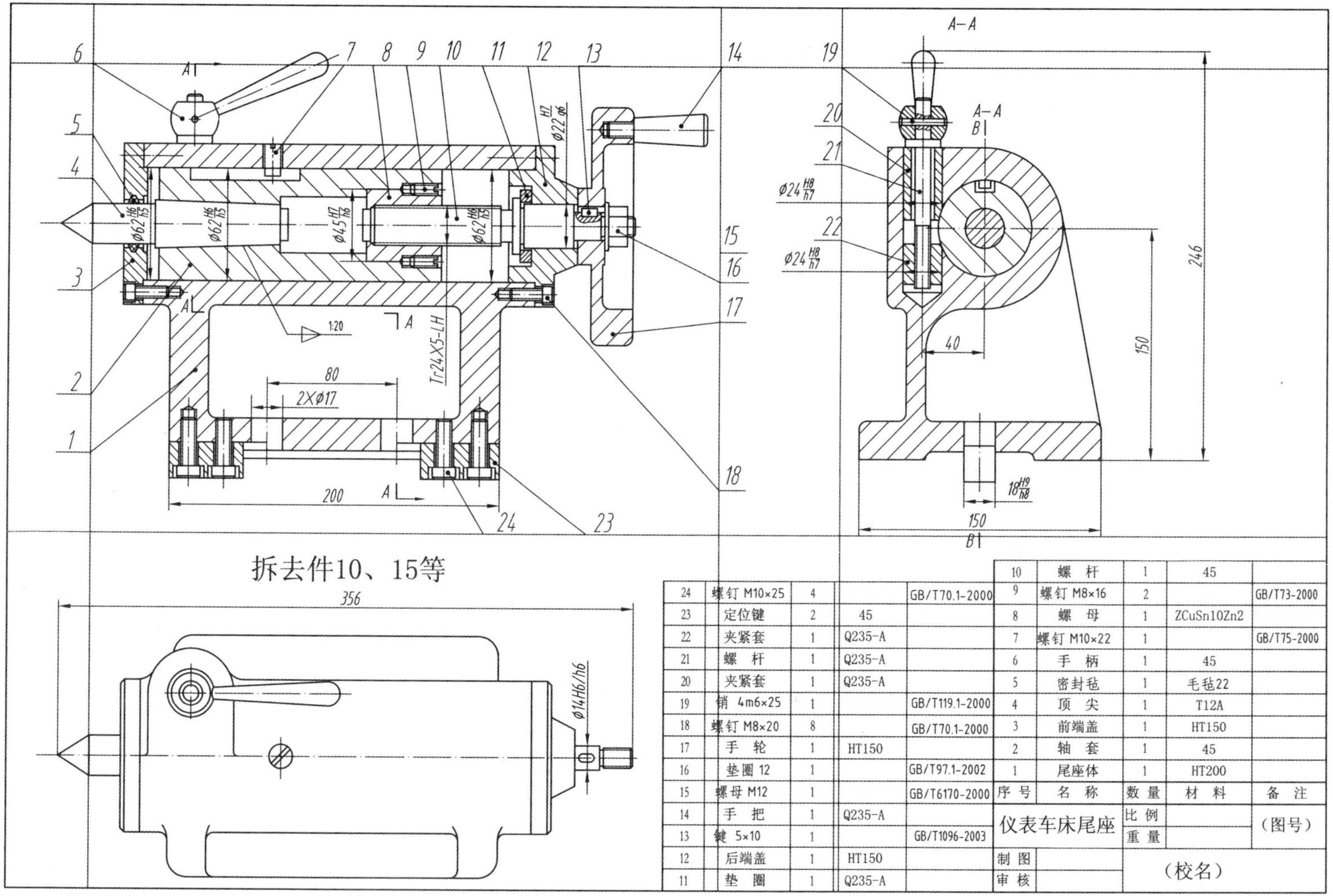

序号	名称	数量	材料	备注
24	螺钉 M10×25	4		GB/T70.1-2000
23	定位键	2	45	
22	夹紧套	1	Q235-A	
21	螺杆	1	Q235-A	
20	夹紧套	1	Q235-A	
19	销 4m6×25	1		GB/T119.1-2000
18	螺钉 M8×20	8		GB/T70.1-2000
17	手轮	1	HT150	
16	垫圈 12	1		GB/T97.1-2002
15	螺母 M12	1		GB/T6170-2000
14	手把	1	Q235-A	
13	键 5×10	1		GB/T1096-2003
12	后端盖	1	HT150	
11	垫圈	1	Q235-A	
10	螺杆	1	45	
9	螺钉 M8×16	2		GB/T73-2000
8	螺母	1	ZCuSn10Zn2	
7	螺钉 M10×22	1		GB/T75-2000
6	手柄	1	45	
5	密封毡	1	毛毡22	
4	顶尖	1	T12A	
3	前端盖	1	HT150	
2	轴套	1	45	
1	尾座体	1	HT200	

仪表车床尾座	比例		（图号）
	重量		
制图		（校名）	
审核			

图 7-119　序号辅助线

7.6.3　装配图绘制示例

【示例与训练 7-3】　绘制弹性辅助支承装配图

根据图 7-120 所示弹性辅助支承参考轴测图和图 7-121 所示零件图,不绘制 CAD 零件图,直接绘制其 CAD 装配图。说明:螺钉 4 为 M6×12(GB/T 75—2000),尺寸查有关标准。

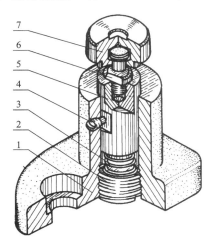

图 7-120　弹性辅助支承轴测图

1—底座;2—调整螺钉;3—弹簧;4—螺钉;5—支承柱;6—顶丝;7—支承帽

该部件的功能是:支承柱 5 由于弹簧 3 的作用能上下浮动,使支承帽 7 能随被支承物变化而始终自位,起到辅助作用。调整螺钉 2 可调节弹簧力的大小。

本题不画 CAD 零件图而直接绘制装配图,就不能用插入块的方式,绘图步骤如下。

(1) 选择表达方案。按照主视图选择原则,因图7-120 轴测图所示右前方最能反映弹性辅助支承的装配主干线和零件主要形状特征,故选择此方向为主视图方向,并按此工作位置摆放。选择主视图和俯视图两个图来表达。主视图选择全剖视图,用一个正平面在前后对称面处剖开。俯视图采用视图方式表达。主视图主要用来表达零件的相对位置、装配关系、工作原理和零件主要结构。俯视图辅助表达弹性辅助支承的外部形状。

(2) 打开"机械装配图"样板文件,保存为新的装配图"弹性辅助支承装配图"。根据图形选定图幅 A3,插入"A3 图幅"块,插入点可以取在坐标原点。移动表格标题栏和明细表到图框右下角。选定比例为 1∶1。

(3) 绘装配图图形。

① 布图。绘制各视图的主要基准线,绘制标题栏及明细表所需的位置线,如图 7-122 所示。

② 绘制零件底座 1 的轮廓,如图 7-123 所示。

③ 将支承柱 5 装入。装入时在左右方向上使支承柱 ϕ18p9 的轴心线与底座 ϕ18H9 轴心线重合,上下方向使支承柱尺寸 12 的 1/2 处对准底座上 M6 中心线处,如图 7-124 所示。

④ 擦去遮挡线。将顶丝 6 装入,装入时左右方向取轴心线重合,上下方向取支承柱 5 最上表面为贴合面,如图 7-125 所示(为减少篇幅,只截取图形,周边省略,下同)。

⑤ 将支承帽 7 装入,装入时主视图左右方向取轴心线重合,上下方向在螺纹连接范围内

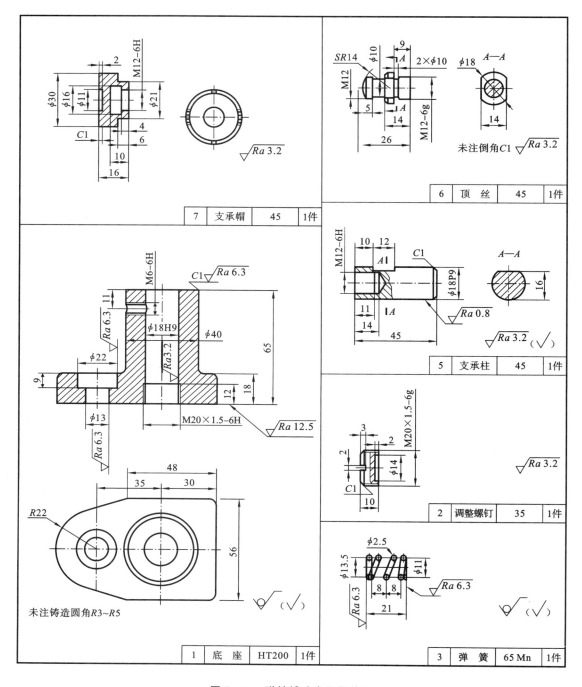

图 7-121　弹性辅助支承零件图

选择即可;再绘制俯视图上的圆,圆角省略不绘制,如图 7-126 所示。

 ⑥ 擦去遮挡线;装入调整螺钉 2,调整螺钉 2 的方向为一字槽朝下,如图 7-127 所示。

 ⑦ 将弹簧 3 装入。弹簧 3 按压缩后画出,上下面贴合,如图 7-128 所示。

 ⑧ 将螺钉 4 装入。查国标,了解其形状和尺寸,如图 7-128 所示。

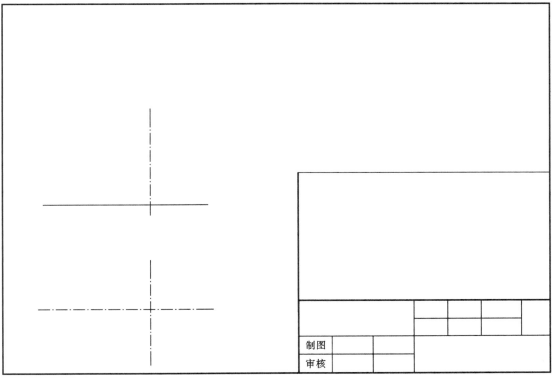

图 7-122　绘制标题栏及明细表

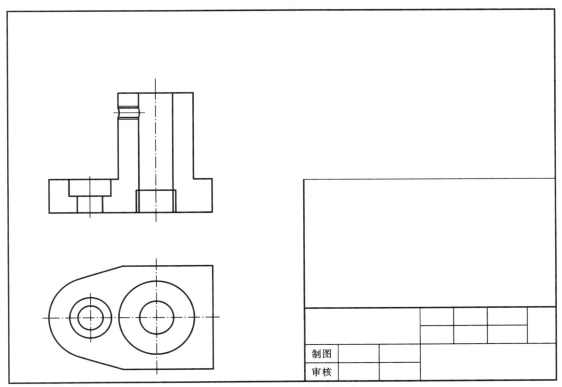

图 7-123　绘制底座 1 的轮廓

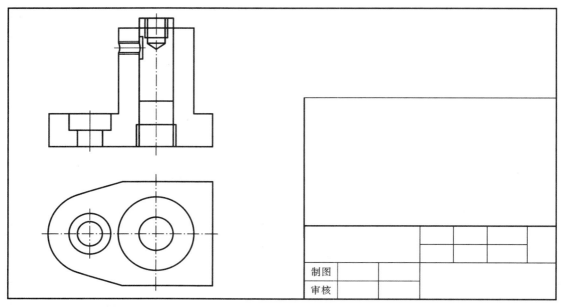

图 7-124　装入支承柱 5

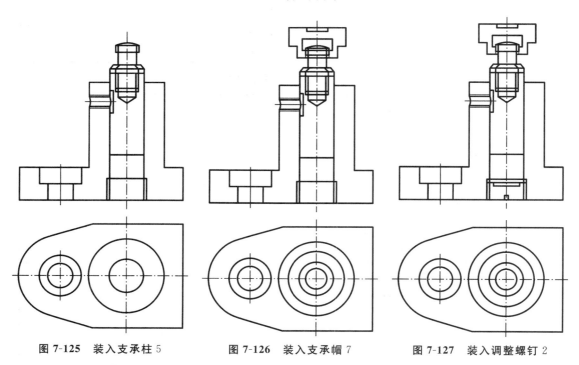

图 7-125　装入支承柱 5　　　　图 7-126　装入支承帽 7　　　　图 7-127　装入调整螺钉 2

⑨ 螺纹旋合处按外螺纹绘制，如图 7-129 所示。

（4）绘制剖面线和局部剖的波浪线。同一个零件的剖面线要相同，不同零件的剖面线不相同，如图 7-130 所示。

（5）标注尺寸。标注总体尺寸，由于弹簧 3 的高度尺寸是可变化的，因此总高是有一个范围的尺寸。标注配合尺寸时，可从零件图上找到相应的公差代号，如支承柱尺寸 $\phi18p9$ 与底座 $\phi18H9$ 在装配图上应该标注为配合尺寸 $\phi18H9/ p9$。弹性辅助支承装配图尺寸标注如图 7-131 所示。

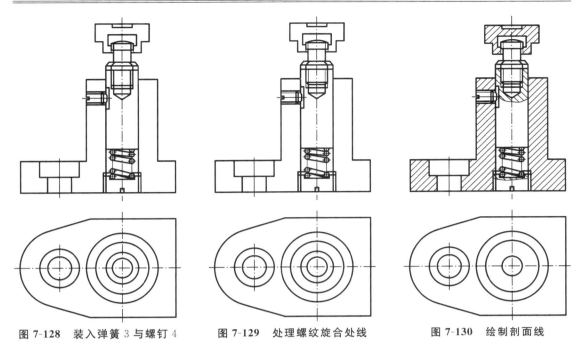

图 7-128　装入弹簧 3 与螺钉 4　　图 7-129　处理螺纹旋合处线　　图 7-130　绘制剖面线

（6）注写技术要求,如图 7-131 所示。

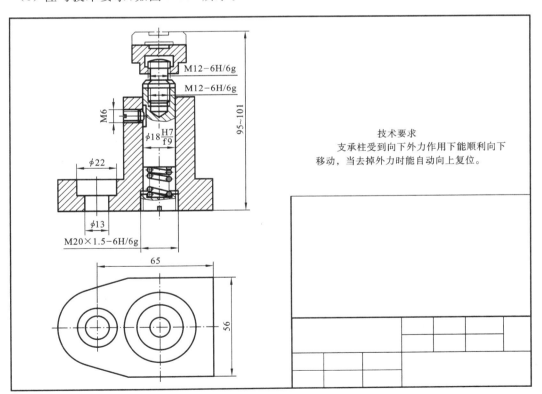

图 7-131　标注尺寸与注写技术要求

（7）对零件进行编号、填写明细表和标题栏,完成全图,如图 7-132 所示。

（8）保存文件,关闭文件。

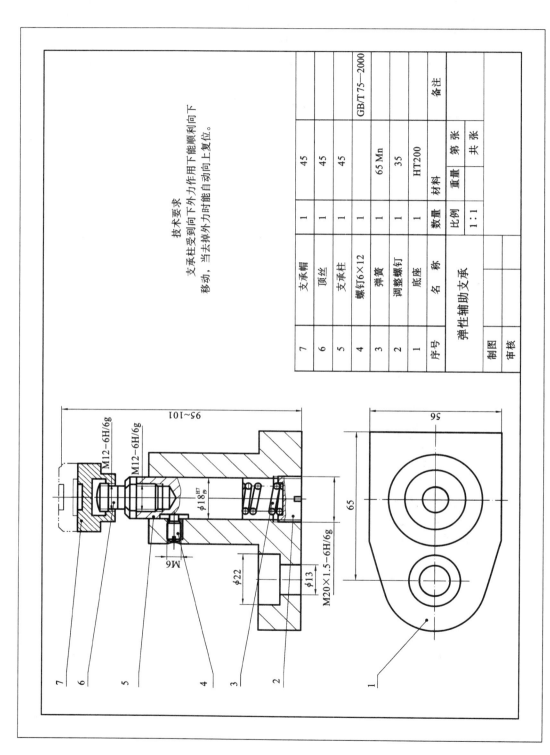

技术要求

支承柱受到向下外力作用下能顺利向下移动，当去掉外力时能自动向上复位。

7		支承帽	1	45		
6		顶丝	1	45		
5		支承柱	1	45		
4		螺钉6×12	1			GB/T 75—2000
3		弹簧	1	65 Mn		
2		调整螺钉	1	35		
1		底座	1	HT200		
序号		名 称	数量	材料	重量	备注
弹性辅助支承			比例		第 张	
			1∶1		共 张	
制图						
审核						

图7-132 弹性辅助支承装配图

306

7.7　整套零件图与装配图绘制习题

绘制虎钳零件图和装配图

绘制如图 7-133～图 7-139 所示的虎钳零件图和装配图。

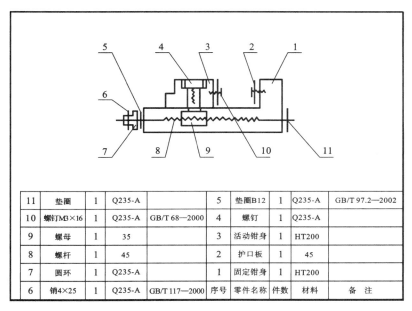

11	垫圈	1	Q235-A		5	垫圈B12	1	Q235-A	GB/T 97.2—2002
10	螺钉M3×16	1	Q235-A	GB/T 68—2000	4	螺钉	1	Q235-A	
9	螺母	1	35		3	活动钳身	1	HT200	
8	螺杆	1	45		2	护口板	1	45	
7	圆环	1	Q235-A		1	固定钳身	1	HT200	
6	销4×25	1	Q235-A	GB/T 117—2000	序号	零件名称	件数	材料	备　注

（a）机用虎钳装配示意图

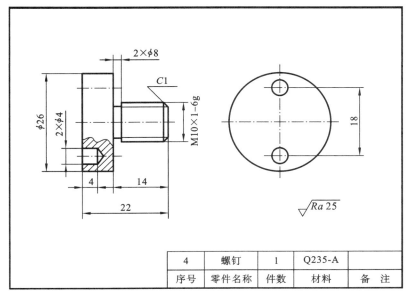

4	螺钉	1	Q235-A	
序号	零件名称	件数	材料	备　注

（b）螺钉

图 7-133　虎钳零件图（一）

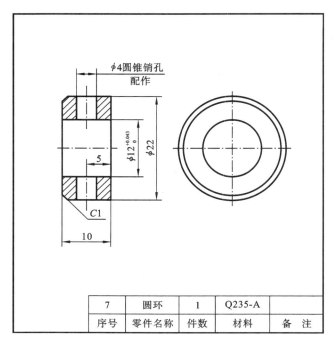

（c）圆环

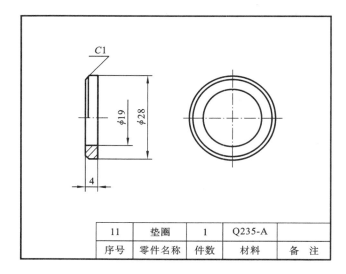

（d）垫圈

续图 **7-133**

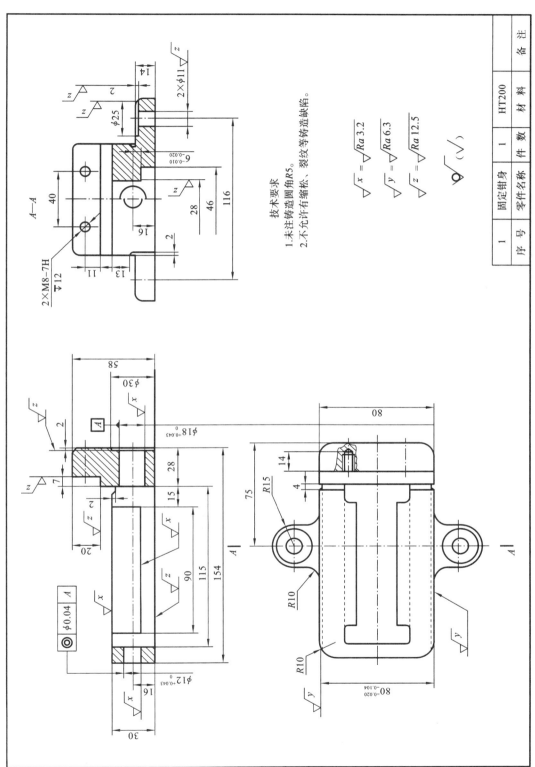

图 7-134　虎钳零件图（二）

序号	零件名称	件数	材料	备注
1	固定钳身	1	HT200	

技术要求
1.未注铸造圆角R5。
2.不允许有缩松、裂纹等铸造缺陷。

$x = \sqrt{Ra\,3.2}$

$y = \sqrt{Ra\,6.3}$

$z = \sqrt{Ra\,12.5}$

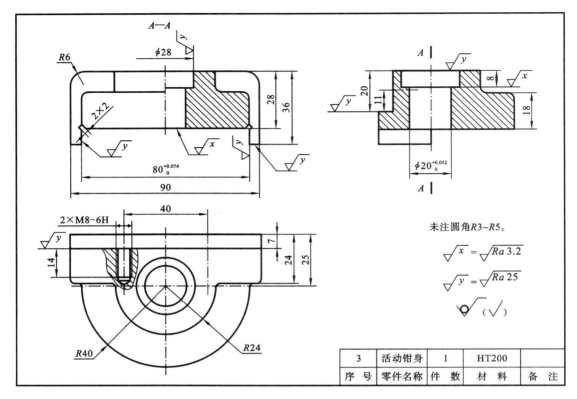

图 7-135　虎钳零件图（三）

3	活动钳身	1	HT200	
序　号	零件名称	件　数	材　料	备　注

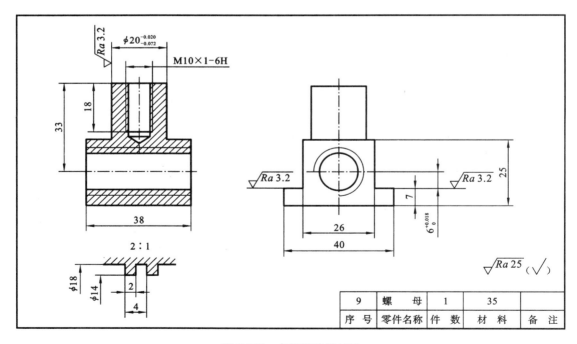

9	螺　母	1	35	
序　号	零件名称	件　数	材　料	备　注

图 7-136　虎钳零件图（四）

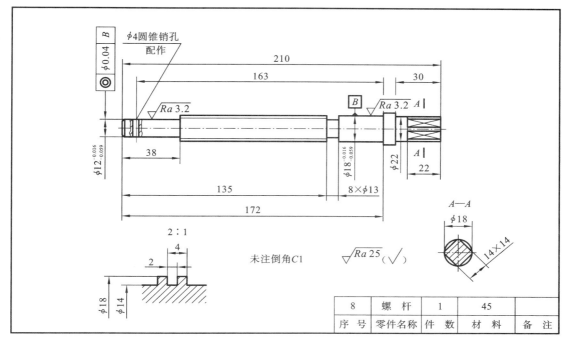

图 7-137　虎钳零件图(五)

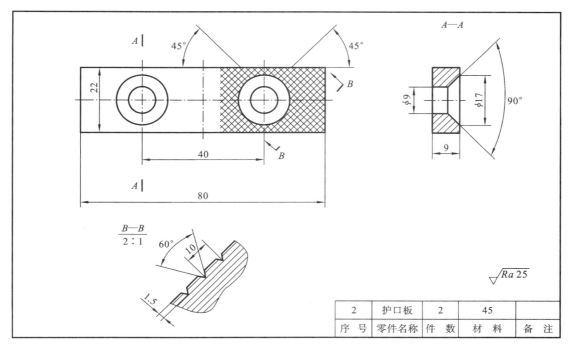

图 7-138　虎钳零件图(六)

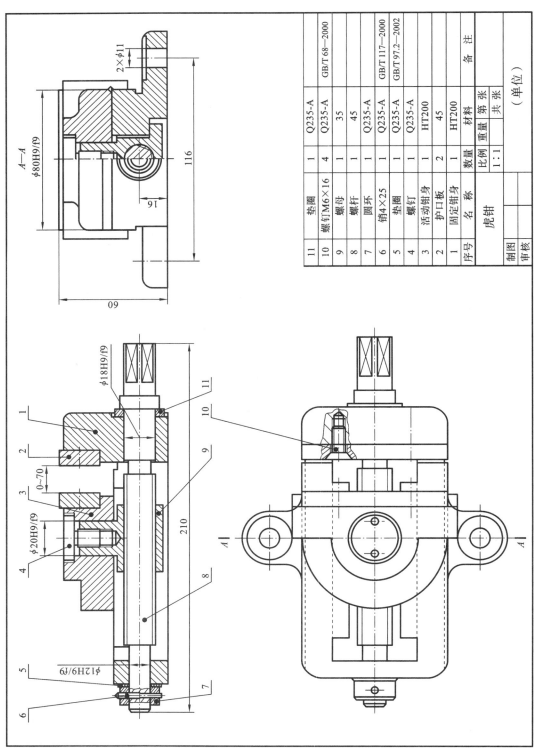

图 7-139 虎钳装配图

11		垫圈	1	Q235-A	
10		螺钉M6×16	4	Q235-A	GB/T 68—2000
9		螺母	1	35	
8		螺杆	1	45	
7		圆环	1	Q235-A	
6		销4×25	1	Q235-A	GB/T 117—2000
5		垫圈	1	Q235-A	GB/T 97.2—2002
4		螺钉	1	Q235-A	
3		活动钳身	1	HT200	
2		护口板	2	45	
1		固定钳身	1	HT200	
序号		名 称	数量	材料	备 注
			比例	第 张	
		虎钳	1:1	重量	共 张
					（单位）
制图					
审核					

第8章 绘制轴测图与绘制三维图

【本章学习内容】

1. 在 AutoCAD 中绘制等轴测图的方法,包括激活轴测投影模式、在轴测投影模式下绘制中等复杂的立体及在轴测图中添加文字和标注尺寸。

2. 学会在 AutoCAD 中观察模型,创建基本立体,用拉伸和旋转方式生成立体,用布尔运算、剖切、三维阵列、三维镜像等编辑功能创建复杂的立体模型。

8.1 绘制轴测图

8.1.1 进入轴测图绘制界面

轴测投影图是用二维图形模拟三维对象沿特定视点产生的三维平行投影视图,因具有较好的立体感,在工程设计中有广泛应用。轴测图有多种类型,正等轴测图最常用。在正等轴测图中,直角坐标系的坐标轴 OX、OY、OZ 称作轴测轴,它们之间的轴间角均为 $120°$。习惯上,正等轴侧图中与 YOZ 确定的轴测面平行的平面统称为左面,与 XOY 确定的轴测面平行的平面统称为上面,而与 XOZ 确定的轴测面平行的平面统称为右面,如图 8-1 所示。

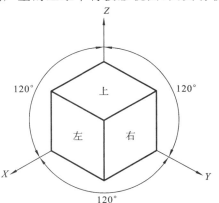

图 8-1 正等轴测图的轴测轴与轴测面

1. 打开轴测投影模式

AutoCAD 的轴测投影模式提供了方便绘制正等轴测图的绘图环境,激活轴测投影模式的方法如下。

● 菜单命令:【工具】→【草图设置…】。

● 快捷菜单方式:光标放在状态栏"捕捉模式"或"栅格显示"上右击,选择"设置"。

● 键盘命令:ISOPLANE↙。

执行前两种操作后,均出现如图 8-2"草图设置"对话框,选择〖捕捉和栅格〗选项卡,在〖捕捉类型〗区域勾选"等轴测捕捉"项,单击〖确定〗按钮,即激活轴测图绘图模式。选定轴测面后,利用绘图命令和修改命令就能绘图了。

当输入 ISOPLANE 命令后,系统命令行提示"输入等轴测平面设置〔左视(L)俯视(T)右视(R)〕<俯视>",选定一个轴测面,就可以绘图了。

2. 切换当前轴测面

AutoCAD 中绘制轴测图,必须在当前的轴测面模式中进行,即要在左、右和上三个轴测

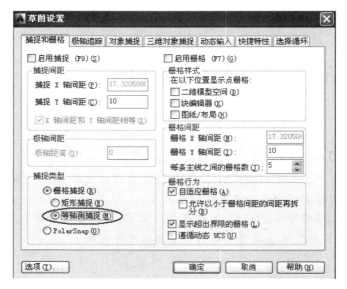

图 8-2 "草图设置"对话框

面之间进行切换,切换方式如下。

● 按〖 F5 〗键或〖ctrl 〗+〖 E 〗组合键,直接依次在上、右、左三个面之间切换。

● 使用 ISOPLANE 命令,选择当前轴测面。

当切换到某个轴测面时,AutoCAD 会自动改变光标十字线,使其成为当前的轴测面模式。

8.1.2 绘制轴测图的方法

1. 绘制直线

AutoCAD 等轴测模式下绘制直线最简单的方法是使用捕捉模式、对象捕捉和相对坐标。

(1)绘制与轴测轴平行的直线 打开正交模式,执行直线命令即可画出该线。每个轴测面上可绘制两个方向的轴平行线,按〖 F5 〗键切换轴测面,可绘制出与三条轴测轴平行的直线。

(2)非轴向直线 执行直线命令,确定二端点即可。

(3)轴测面内画平行线 轴测面内绘制平行线,一般采用"复制"命令或偏移中的"T"选项实现。不能直接用"偏移"命令进行,因为偏移中的偏移距离是两线之间的垂直距离,沿轴测轴方向的两平行直线之间的距离不等于其垂直距离。

2. 绘制圆

圆的轴测投影是椭圆,要画某个轴测面上的轴测圆,必须画椭圆,且此椭圆的长、短轴在该轴测面内。绘图时,先准确选择轴测面,再用"椭圆"命令中的"等轴测圆"选项绘制。

轴测圆的绘制步骤:激活轴测投影→按〖 F5 〗选择要画轴测圆的轴测面→"椭圆"命令→选择"等轴测圆(I)"选项,即 i↙→指定等轴测圆的圆心→指定等轴测圆的半径或〖直径(D)〗↙。

3. 绘制正等测图举例

【示例与训练 8-1】 绘制正等测图

绘制如图 8-3(a)所示的正等测图。

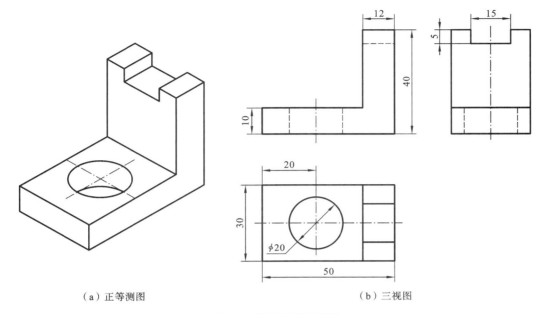

（a）正等测图　　　　　　　　　　（b）三视图

图 8-3　绘制轴测图示例

　　绘图之前,将绘图界面设置为等轴测模式:见上述激活轴测图模式的方法。在轴测投影图中,六面体仅有 3 个面是可见的,分别称作左、右和上轴测面,轴测图仅画可见面的投影即可。

　　操作步骤如下:

　　(1) 画 A 面。A 面是"右面"的平行面,画图步骤如下:按〖 F5 〗键将绘图平面切换成"右面"→打开"正交"模式→输入直线命令→指定一点(任意点)→将光标移向右方,键盘输入 50 ↙→将光标移向上方,输入 40 ↙→将光标移向左方,输入 12 ↙→将光标移向下方,输入 30 ↙→将光标移向左方,输入 38 ↙→C ↙。绘图结果如图 8-4(a)所示。

　　(2) 画 B 面。B 面是"左面"的平行面,画图步骤如下:按〖 F5 〗键将绘图平面切换成"左面"→打开"正交"模式→输入直线命令→捕捉 A 面左上角点 1→光标移向左方,键盘输入 30 ↙→光标移向下方,输入 10 ↙→光标移向右方,输入 30 ↙→↙。绘图结果如图 8-4(a)所示。

　　(3) 画 C 面。C 面也是"左面"的平行面,画图过程如下:继续输入直线命令→捕捉 A 面右上角点 2→光标左移,输入 7.5 ↙→光标下移,输入 5 ↙→光标左移,输入 15 ↙→光标上移,输入 5 ↙→光标左移,输入 7.5 ↙→光标下移,输入 30 ↙→光标右移,输入 30 ↙→↙。绘图

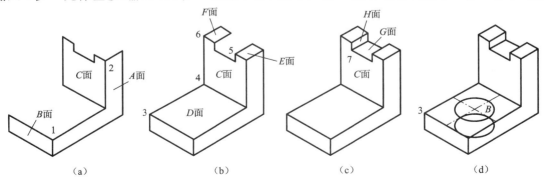

（a）　　　　　　　（b）　　　　　　　（c）　　　　　　　（d）

图 8-4　等轴测图绘图过程

结果如图 8-4(a)所示。

(4) 画 D 面。按〖F5〗键将绘图平面切换成"上面",输入直线命令→捕捉 B 面上的角点 3 →捕捉 C 面上的角点 4→✓。绘图结果如图 8-4(b)所示。

(5) 画 E 面。继续直线命令→捕捉 C 面上的角点 5→光标移向右上方,输入 12 ✓→光标移向右下方,输入 7.5 ✓→✓。绘图结果如图 8-4(b)所示。

(6) 画 F 面。输入"复制"命令→选择 E 面上的 4 条直线✓→捕捉 C 面上的角点 5→捕捉 C 面上的角点 6→✓。绘图结果如图 8-4(b)所示。

(7) 画 G 面。输入直线命令→捕捉 C 面上的槽下角点 7→光标移向右上方,输入 12 ✓→光标移向右下方,输入 15 ✓→✓。用"修剪"命令裁剪右侧不可见线段。绘图结果如图 8-4(c)所示。

(8) 画 H 面。按〖F5〗键将绘图平面切换成"右面",输入直线命令→捕捉 F 面上的右前角点→捕捉 G 面上的右后角点→✓。绘图结果如图 8-4(c)所示。

(9) 画圆孔。

① 首先用"复制"命令确定 D 面上轴测圆孔中心线:按〖F5〗键将绘图平面切换成"上面",输入"复制"命令→选择 D 面左边线✓→捕捉 D 面左后点 3 为基点→光标移向右上方,输入 20 ✓→重复"复制"命令→选择 D 面后边线✓→捕捉 D 面左后点 3 为基点→光标移向右下方,输入 15 ✓→✓,两条复制直线(复制后将它们设置在点画线图层)的交点 8 就是圆心。绘图结果如图 8-4(d)所示。

② 绘制轴测圆孔:输入"椭圆"命令"i"✓(选择轴测方式画椭圆)→捕捉 D 面上圆心点 8→输入半径 10 ✓,完成圆孔上轴测圆投影→按〖F5〗键将绘图平面切换成"右面"→ 输入"复制"命令→选择刚画的轴测圆孔✓→捕捉圆心点 8 为基点→将光标下移,输入 10 ✓,得到下轴测圆投影。绘图结果如图 8-4(d)所示。用"修剪"命令裁剪下轴测圆上不可见的多余线。

③ 完成后的图形,如图 8-3(a)所示。

8.2　在轴测图中书写文本与标注尺寸

8.2.1　在轴测图中书写文本

为了使文本看起来像是在该轴测面内,必须根据各轴测面的位置特点,使用倾斜角和旋转角来设置文本,以便有较好的视觉效果。

1. 各轴测面上文本的倾斜规律

(1) 在左轴测面上,字符倾斜角和文本基线旋转角均为−30°。

(2) 在右轴测面上,字符倾斜角和文本基线旋转角均为30°。

(3) 在上轴测面上,与 X 轴平行的文本,字符倾斜角为−30°,文本基线旋转角为30°;与 Y 轴平行的文本,字符倾斜角为30°,文本基线旋转角为−30°。

为了便于准确标注文本,一般建立字符倾斜角分别为30°和−30°的两种文字样式,文本基线旋转角则由输入文本时输入。

2. 轴测图上标注文字

在轴测图上标注文字的具体步骤如下。

（1）创建文字样式，打开"文字样式"对话框，打开方式如下。

● 菜单命令：【格式】→【文字样式】。

● 工具栏：〖样式〗→〖文字样式〗按钮。

● 功能区：【注释】→【文字】面板右下角箭头按钮 ⬊ 。

打开"文字样式"对话框如图 8-5 所示。

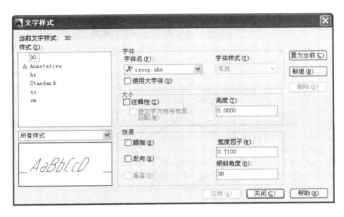

图 8-5　建立字符倾斜角 30° 的文字样式

（2）单击"文字样式"对话框中的〖新建〗按钮，分别创建"30"和"－30"两种文字样式。在"字体"设置区中设置"字体名"为 isocp.shx，在"效果"区域中设置"倾斜角度"分别为 30 和－30。如图 8-5 所示是字符倾斜角 30° 的文字样式设置，如图 8-6 所示是字符倾斜角－30° 的文字样式设置。

（3）在"文字标注"图层输入"单行文字"命令（可以单击菜单【文字】→【单行文字】），选择文字样式为"30"，指定文字起点后，设置文字旋转角度为 30°，输入后的文字显示是在右轴测面上。在其他轴测面上的文本书写，可根据前述各轴测面上的文字倾斜规律，选择"30"或"－30"文字样式，并设置旋转角度为 30° 或－30° 即可。标注完成后如图 8-7 所示。

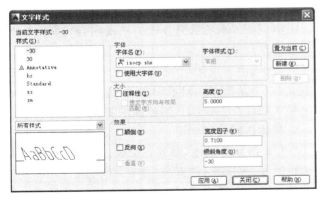

图 8-6　建立字符倾斜角－30° 的文字样式

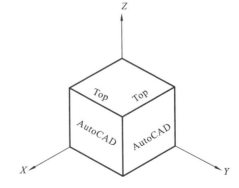

图 8-7　轴测面上的文本标注

8.2.2　在轴测图中标注尺寸

在轴测图上标注尺寸，为了使尺寸与相应的轴测面协调，需要将尺寸线、尺寸界线倾斜一定的角度,并选择上述的"30"或"-30"两种文本样式之一。

下面以轴测图 8-8(a)的尺寸标注来说明,其操作步骤如下。

(1)以线性尺寸的标注样式为蓝本,建立名为"30"或"-30"的两个标注样式,其文字分别对应上节建立的"30"和"-30"文字样式。

(2)设当前标注样式为"30",输入"标注"→"对齐"命令,注出如图 8-8(b)所示的 20、5、26 三个尺寸;以标注样式"-30"为当前标注样式,标注尺寸 30、7。

(3)输入"标注"→"编辑标注"→倾斜(O)命令,分别设置尺寸 20 的倾斜角为-30°、尺寸 30 和 26 的倾斜角为 90°、尺寸 5 和 7 的倾斜角为 30°,结果如图 8-8(c)所示。

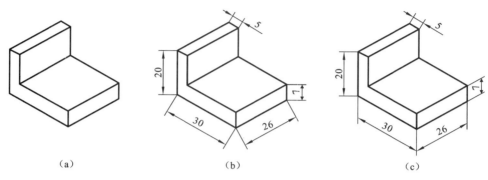

(a)　　　　　　　　(b)　　　　　　　　(c)

图 8-8　轴测图的尺寸标注

"编辑标注"命令执行过程如下:

命令:DIMEDIT ↙

输入标注编辑类型［默认(H)/新建(N)/旋转(R)/倾斜(O)］＜默认＞:O ↙　(选择倾斜编辑)

选择对象:找到 1 个　　　　　　　　　　　(选择一个要倾斜的尺寸)

选择对象:↙　　　　　　　　　　　　　　(结束选择对象)

输入倾斜角度(按回车表示无):30 ↙　　　(表示倾斜角为 30°,结束命令)

【示例与训练 8-2】　绘制等轴测图并标注尺寸

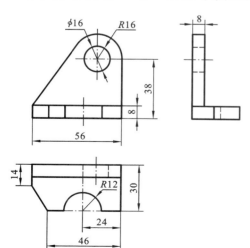

图 8-9　组合体三视图

根据图 8-9 所示组合体的三视图,绘制等轴测图并标注尺寸。

分析:由三视图可知,该组合体由两部分形体组成,一个是带半圆柱孔并缺角的长方形底板,一个是有圆柱孔并带部分圆柱面的竖板。

具体作图过程如下:

(1)激活等轴测,打开正交模式,按〖F5〗键切换轴测面,多次执行"直线"命令,绘出图 8-10(a)所示的图形。一般不平行于轴测轴的直线最后画出,平行等长的直线,可画出一条基础线后用"复制"命令完成。

(2)画底板上的半圆柱孔。按〖F5〗键切换到右轴测面,通过"复制"命令得到孔轴线位置并调整成点画线,即确定了轴测圆即椭圆的圆心。切换到上轴测面,执行"椭圆"命令,绘出半径为 12 的上、下两个轴测圆,如图 8-10(b)所示。

（3）通过"修剪"命令修剪掉多余的前半个椭圆;利用"直线"命令画出孔的两条轮廓直线;再通过"修剪"命令修剪掉其他多余的线段,完成的底板轴测图如图 8-10(c)所示。

（4）切换到右轴测面,用"直线"命令画长度 15 的竖直线,用"复制"命令得到半径 16 的轴测圆中心线位置,并确定了其圆心。执行"椭圆"命令,绘出半径为 16 的轴测圆。设置"对象捕捉"功能中的"切点捕捉"状态为开,画出与轴测圆相切的斜线,如图 8-10(d)所示。

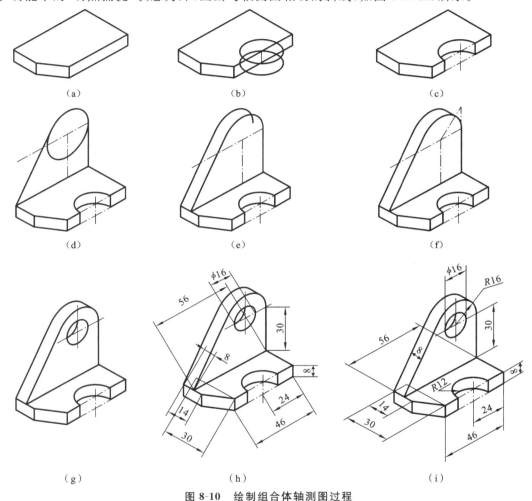

图 8-10　绘制组合体轴测图过程

（5）执行"修剪"命令,去除多余部分的椭圆曲线。切换到左轴测面,利用"复制"命令,得到竖板前面的外轮廓投影,再通过"删除"、"修剪"等命令,得到竖板的投影如图 8-10(e)所示。

（6）完成竖板局部轴测圆柱的外轮廓直线,即作出两平行轴测圆的公切线。首先通过"直线"命令画长度 16 的竖直线和通过圆心的斜线,再画出公切线,修剪掉竖板后平面多余的部分椭圆曲线,如图 8-10(f)所示。

（7）画竖板上的孔投影。切换到右轴测面,执行"椭圆"命令,绘出半径为 8 的轴测圆,切换到左轴测面,通过"复制"命令得到后面的轴测圆。接下来,利用"修剪"、"缩放"、"移动"等命令,完善图形,完成的轴测图如图 8-10(g)所示。

（8）标注等轴测图尺寸。如前所述,先设置名为 30、-30 的两种文字样式,再设置名为

30、−30 的两种标注样式。根据各轴测面的文本及尺寸和尺寸线的倾斜特点,利用"对齐"标注命令标注所有线性尺寸,如图 8-10(h)所示。其中尺寸 24、46、14、30 及竖板尺寸 8、ϕ16 等六个尺寸用"30"标注样式,尺寸 8、56 和竖板尺寸 30 用"−30"标注样式。

（9）通过"编辑"标注命令的"倾斜"子命令调整各尺寸的倾斜状态,使其与各轴测面的投影协调。设置尺寸 14、30、8 和竖板尺寸 30 的倾斜角为 30,尺寸 24、46 和竖板尺寸 ϕ16 的倾斜角为 90,尺寸 56 的倾斜角为 −30,倾斜面宽度尺寸 8 的倾斜角近似为 65。两个半径尺寸 R16、R12 利用"LEADER"命令进行标注,并利用"分解"、"旋转"等修改命令调整到合适位置。完成结果如图 8-10(i)所示。

【训练习题 8-1】 绘制其轴测图。

（1）根据如图 8-11 所示的三视图,绘制其轴测图。

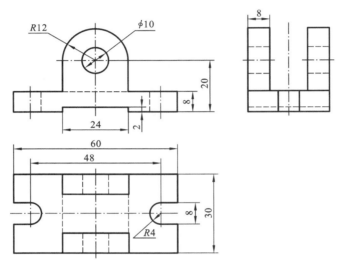

图 8-11　三视图

（2）绘制如图 8-12(a)、(b)所示的轴测图并标注其尺寸。

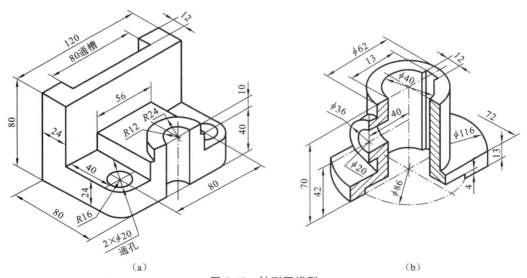

(a)　　　　　　　　　　　　　(b)

图 8-12　轴测图模型

8.3　绘制基本体与观看三维图

利用 AutoCAD 不仅可以绘制和编辑二维平面图形,满足工程设计绘图需要,也可以绘制和编辑三维立体图形(轴测投影图不是三维立体图),并实现动态观察设计产品的可视化效果。

8.3.1　绘制三维图需要的基本工具

在 AutoCAD 2014 中绘制三维图,可以通过"三维基础"工作空间进行(如图 8-13(a)所示),更多的是在"三维建模"工作空间实现,如图 8-13(b)所示。用户可以通过单击 AutoCAD 2014 工作界面自定义快速访问标题栏中"工作空间"图标 或工作界面右下状态栏中图标 ,来切换选择"三维基础"或"三维建模"工作空间。

（a）"三维基础"工作空间

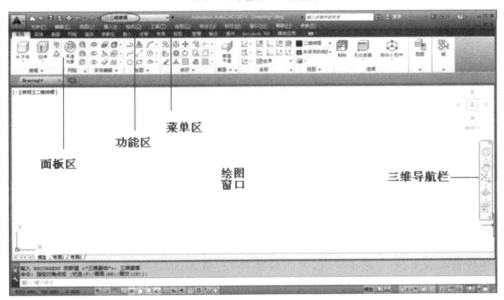

（b）"三维建模"工作空间

图 8-13　三维工作空间

"三维基础"工作空间包括的主要绘图工具有"创建"、"编辑"、"绘图"、"修改"、"坐标"等绘图面板,而"三维建模"工作空间则包括"建模"、"实体"、"实体编辑"、"绘图"、"修改"、"坐标"、"视图"等绘图面板。

下面简单介绍这些主要绘图工具的功能。

1. "创建"或"建模"绘图工具面板

利用"三维基础"工作空间的"创建"面板或"三维建模"工作空间的"建模"面板,可以直接绘制长方体、圆柱体、圆锥体、球体、圆环体、棱锥体、契体等基本实体模型,也可以平面图形为基础,通过拉伸、旋转、放样、扫掠等生成实体模型。实际上,利用三维建模工作空间实体功能的图元和实体面板,也可以很方便进行基本实体的创建,如图 8-14 所示。

2."编辑"或"实体编辑"工具

利用它们可以对两个或以上三维实体进行并集、差集、交集等布尔运算操作,以形成更复杂的三维实体。如图 8-15 所示。

3."修改"工具

除了一般的"移动"、"复制"、"偏移"对象外,还可以对三维实体进行三维陈列、三维镜像、三维对齐、三维旋转等编辑操作。如图 8-16 所示。

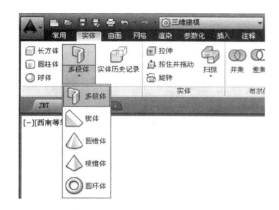

图 8-14　实体功能

并集　差集　交集

图 8-15　布尔运算操作类型

图 8-16　三维编辑

图 8-17　"UCS"工具

4."坐标"工具

AutoCAD 中绘制平面图形总是在当前坐标系的 XY 平面中,绘制复杂实体各表面时就需要经常调整坐标系的原点和 XY 平面的位置。根据绘图需要来设置相应的坐标系即建立用户坐标系(UCS)就是"坐标"能很好解决的问题。如图 8-17 所示。

5."视图"工具

"视图"工具既提供了从不同方向观察图形的功能,如图 8-18(a)所示,也提供了三维实体模型的各种显示效果,有线框模式、消影模式和实体模式等,如图 8-18(b)所示。

8.3.2　设置三维视点和动态观察

视点是指观察图形的方向。在 AutoCAD 中绘制三维立体,经常需要从不同角度观察三维对象,以便清楚地检查所画出的模型是否正确。AutoCAD 也提供了强大的三维立体显示功能,方便用户及时观察、修改模型,达到设计效果。

1. 设置三维视点

下面介绍 AutoCAD 中常用的两种三维视点的设置方法。

1) 利用标准视点观察三维图形

标准视点是相对于世界坐标系(WCS)设定的。在 AutoCAD 中,"视图"工具提供了"俯

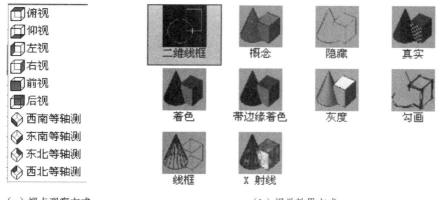

（a）视点观察方式　　　　　　　　　（b）视觉效果方式

图 8-18　视图工具

视"、"仰视"、"左视"、"右视"、"主视"、"后视"、"西南等轴测"、"东南等轴测"、"东北等轴测"和"西北等轴测"等 6 种标准视图及 4 种等轴测视图,它们就是 AutoCAD 的 10 个标准视点所观察到的图形。如图 8-19(a)所示是前视图,如图 8-19(b)所示是西南等轴测图。

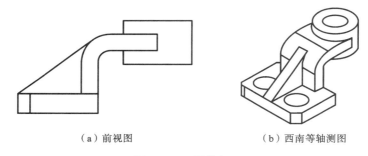

（a）前视图　　　　　　　　（b）西南等轴测图

图 8-19　不同的视图

2）使用"VPOINT"命令设置视点

输入命令"VPOINT"↙,提示行显示如下:

当前视图方向:VIEWDIR=0.000,0.000,1.000

指定视点或[旋转(R)]〈显示指南针和三轴架〉:

提示行说明:

① 指定视点,通过输入 X、Y、Z 坐标,即定义了观察三维模型的视点位置。

② 旋转(R),是以两个角度的方式确定视点的位置。第一个角度是视点在 XOY 平面内的投影与 X 轴的顺时针或逆时针夹角,第二个角度是视点与 XOY 平面的夹角。

③ 执行"VPOINT"命令后直接回车,屏幕上显示一个罗盘形状的指南针和三轴架,用来定义视口中的观察方向。

2. 三维动态观察

动态观察就是视点绕目标移动,而目标保持静止的观察方式。AutoCAD 2014 提供了具有交互功能的三维动态观察器。三维动态观察器位于绘图窗口右侧的导航栏中。用三维动态观察器,用户可以实时地控制和改变当前视口中创建的三维视图,以得到用户期望的观察效果。

1）自由动态观察

利用此功能可对视图中的图形进行任意角度的观察,此时视图在不受约束地旋转。命令启动后,可通过单击鼠标左键和拖动光标的方式,在三维空间动态观察对象。

命令输入方式如下：

● 单击"导航栏"中的"自由动态观察"按钮 。

● 键盘命令：3DFORBIT ✓ 。

输入命令后,屏幕上出现三维动态观察球,如图 8-20 所示。此时,通过单击鼠标左键和拖动光标,就可在任意方向上进行动态观察。

2）连续动态观察

利用此功能可以使观察对象绕指定的旋转轴和旋转速度连续做旋转运动,从而对图形对象进行连续动态的观察。

命令输入方式如下。

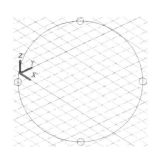

图 8-20　自由动态观察球

● 单击"导航栏"中的"连续动态观察"按钮 。

● 命令：3DCORBIT ✓ 。

输入命令后,屏幕上出现三维坐标,如图 8-21 所示。此时,通过按住鼠标左键并拖动光标,就可使对象沿拖动方向连续旋转。单击鼠标停止图形对象的转动。

3）受约束的动态观察

受约束的动态观察就是控制交互式观察三维对象,它规定沿 XOY 平面或 Z 轴方向约束三维动态观察。

命令输入方式如下。

● 单击"导航栏"中的"受约束的动态观察"按钮 。

● 命令：3DORBIT ✓ 。

输入命令后,当前视口屏幕中即出现三维动态观察坐标系,如图 8-22 所示。此时,如果水平拖动光标,观察视点将平行于世界坐标系（WCS）的 XOY 平面移动；如果垂直拖动光标,视点将沿 Z 轴移动。屏幕视觉效果看起来都好像三维模型正在随着鼠标光标的拖动而旋转。

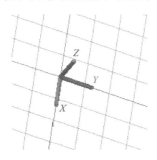

图 8-21　连续动态观察

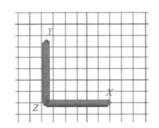

图 8-22　受约束动态观察

8.3.3　实体绘图常用工具

AutoCAD 提供三种创建三维模型的方式,因而产生三类模型,即：线框模型、表面模型和实体模型。其中实体模型容易构造和编辑,应用更广泛。

实体模型的创建方法有三种:一是根据图元即基本实体单元直接创建,二是以二维对象为基础进行拉伸或旋转生成三维实体,三是将不同的实体通过并集、差集、交集等布尔运算后形成更复杂的实体对象。

实体绘图常用工具包括:

(1) 图元、实体、布尔值等功能区的绘图面板图标,如图 8-23 所示。可在 AutoCAD 2014 的"三维建模"工作空间的"实体"菜单显示面板中直接调用。

图 8-23　实体绘图功能面板

(2) 实体绘图工具栏,如图 8-24 所示。可在 AutoCAD 2014 的"AutoCAD 经典"工作空间调用。

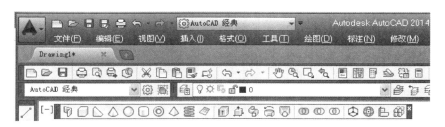

图 8-24　实体绘图工具栏

(3) 建模绘图菜单,如图 8-25 所示。在 AutoCAD 2014 的菜单区"绘图"菜单中调用。

图 8-25　建模绘图菜单

8.3.4 绘制基本体

在 AutoCAD 中，可以通过输入控制实体大小的尺寸直接生成基本实体（即 AutoCAD 提供的图元实体），包括长方体、圆柱体、圆锥体、球体、圆环体、棱锥体、多段体等基本实体。下面介绍这些基本体的绘制方法。

1. 绘制长方体（BOX 命令）

"长方体"命令可以创建实心长方体，且所创建的长方体的底面始终与当前 UCS 的 XOY 平面（工作平面）平行。

命令输入方式如下。

- 工具栏：〖建模〗→〖长方体〗按钮 ▢。
- 菜单命令：【绘图】→【建模】→【长方体】。
- 键盘命令：BOX ✓。

【示例 8-1】 创建如图 8-26 所示的长方体，说明绘图过程。已知长方体的长、宽、高分别为 80、50、30。

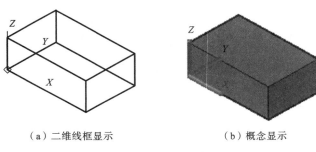

（a）二维线框显示　　　　　　　　　（b）概念显示

图 8-26 长方体

输入命令后，命令行提示：
BOX 指定第一个角点或 ［中心（C）］:0,0,0 ✓　　　　　　（指定长方体第一角点）
BOX 指定其他角点或 ［立方体（C）/长度（L）］:L ✓　　　　（选择长度）
BOX 指定长度:80 ✓　　　　　　　　　　　　　　　　　　（指定长方体底边长度）
BOX 指定宽度:50 ✓　　　　　　　　　　　　　　　　　　（指定长方体底边宽度）
BOX 指定高度或 ［两点（2P）］:30 ✓　　　　　　　　　　（指定长方体高度）

选择视图功能面板中的"东南等轴测"图标 ◇ 东南等轴测 ，画出的长方体如图 8-26 所示。

2. 绘制圆柱体（CYLINDER 命令）

"圆柱体"命令可以创建实心圆柱体或椭圆柱体，且所创建的圆柱体底面始终与当前 UCS 的 XOY 平面（工作平面）平行。

命令输入方式如下。

- 工具栏：〖建模〗→〖圆柱体〗按钮 ▢。
- 菜单命令：【绘图】→【建模】→【圆柱体】。
- 键盘命令：CYLINDER ✓。

【示例 8-2】 创建如图 8-27 所示的圆柱体，说明绘图过程。已知圆柱体的半径为 60，高

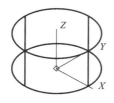

（a）二维线框显示　　　　　　　（b）概念显示

图 8-27　圆柱体

为 30。

输入命令后,命令行提示:

CYLINDER 指定底面的中心点或〔三点（3P）/两点（2P）/相切、相切、半径（T）/椭圆（E）〕:0,0,0✓　　　　　　　　　　　　　　　　（指定圆柱体底面的中心点）

CYLINDER 指定底面半径或〔直径（D）〕:60✓　　　　　　（指定圆柱体底面的半径）

CYLINDER 指定高度或〔两点（2P）/轴端点（A）〕<80>:30✓　　　（指定圆柱体高度）

选择视图功能面板中的“东南等轴测”图标 东南等轴测 ,画出的圆柱体如图 8-27 所示。

3. 绘制圆锥体（CONE 命令）

“圆锥体”命令可以创建实心圆锥体,且所创建的圆锥体的底面始终与当前 UCS 的 *XOY* 平面（工作平面）平行。

命令输入方式如下。

- 工具栏:〖建模〗→〖圆锥体〗按钮△。
- 菜单:【绘图】→【建模】→【圆锥体】。
- 命令:CONE✓。

【示例 8-3】　创建如图 8-28 所示的圆锥体,说明绘图过程。已知圆锥体的半径为 35、高为 50。

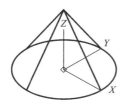

（a）二维线框显示　　　　　　　（b）概念显示

图 8-28　圆锥体

输入命令后,命令行提示:

CONE 指定底面的中心点或〔三点（3P）/两点（2P）/相切、相切、半径（T）/椭圆（E）〕:0,0,0✓　　　　　　　　　　　　　　　　　　（指定圆锥体底面的中心点）

CONE 指定底面半径或〔直径（D）〕<30>:35✓　　　　　　（指定圆锥体底面半径）

CONE 指定高度或〔两点（2P）/轴端点（A）/顶面半径（T）〕<30>:50✓

（指定圆锥体高度）

选择视图功能面板中的“东南等轴测”图标 东南等轴测 ,画出的圆锥体如图 8-28 所示。

4. 绘制球体(SPHERE 命令)

"球体"命令可以创建实心球体,该球由其半径或直径及球心确定。

命令输入方式如下。

● 工具栏:〖建模〗→〖球体〗按钮 ●。

● 菜单:【绘图】→【建模】→【球体】。

● 命令:SPHERE ✓。

【示例 8-4】 创建如图 8-29 所示的球体,说明绘图过程。已知球体的直径为 80。

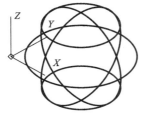 

（a）二维线框显示 （b）概念显示

图 8-29 球体

输入命令后,命令行提示:

指定中心点或 [三点(3P)/两点(2P)/相切、相切、半径(T)]:35,35,0 ✓ （指定球心）

SPHERE 指定半径或[直径(D)]<35.0000):D ✓ （选择直径）

SPHERE 指定直径<70.0000>:80 ✓ （球直径）

选择视图功能面板中的"东南等轴测"图标 东南等轴测,画出的球体如图 8-29 所示。

5. 绘制圆环体(TORUS 命令)

"圆环体"命令可以创建实心圆环体,且所创建的圆环体的中心面始终与当前 UCS 的 XOY 平面(工作平面)平行。

命令输入方式如下。

● 工具栏:〖建模〗→〖圆环体〗按钮 ◎。

● 菜单命令:【绘图】→【建模】→【圆环体】。

● 键盘命令:TORUS ✓。

【示例 8-5】 创建如图 8-30 所示的圆环体,说明绘图过程。已知圆环体的直径为 100、环管直径为 15。

输入命令后,命令行提示:

TORUS 指定中心点或 [三点(3P)/两点(2P)/切点、切点、半径(T)]:0,0,0 ✓(指定环心)

TORUS 指定半径或[直径(D)]<40.0000>:50 ✓ （指定圆环半径）

TORUS 指定圆管半径或 [两点(2P)/直径(D)]:7.5 ✓ （指定圆管半径）

选择视图功能面板中的"东南等轴测"图标 东南等轴测,画出的圆环体如图 8-30 所示。

6. 绘制棱锥体(PYRAMID 命令)

"棱锥体"命令可以创建实心棱锥体,且所创建的棱锥体的底面始终与当前 UCS 的 XY 平

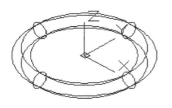
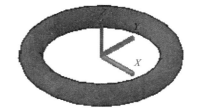

（a）二维线框显示　　　　　　　　　　（b）概念显示

图 8-30　圆环体

面（工作平面）平行。

命令输入方式如下。

- 工具栏：〖建模〗→〖棱锥体〗按钮。
- 菜单命令：【绘图】→【建模】→【棱锥体】。
- 键盘命令：PYRAMID ↙。

【示例 8-6】　创建如图 8-31 所示的四棱锥体，说明绘图过程。已知四棱锥体的底面内切圆的直径为 80，高为 70。

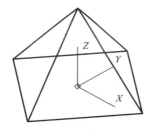

（a）二维线框显示　　　　　　　　　　（b）概念显示

图 8-31　棱锥体

输入命令后，命令行提示：

4 个侧面　外切

PYRAMID 指定底面的中心点或［边（E）/侧面（S）］:0,0,0 ↙　　　　（指定底面中心点）

PYRAMID 指定底面半径或［内接（I）］:40 ↙　　　　（指定内切于底面的圆半径）

PYRAMID 指定高度或［两点（2P）/轴端点（A）/顶面半径（T）］:70 ↙（指定棱锥高度）

选择视图功能面板中的"东南等轴测"图标，画出的四棱锥体如图 8-31 所示。

有关选项说明：棱锥体的棱面数由子命令选项"侧面（S）"确定；如果在指定棱锥高度前先选择子命令"顶面半径（T）"，则可以画棱锥台。

8.3.5　三维图形的显示

对于三维模型图的外观显示效果，AutoCAD 2014 提供了"视觉样式"工具，如图 8-32 所示。

单击"视觉样式"中"二维线框"的下拉列表箭头，可查看各种显示效果样式图标，如图 8-33 所示。选择一个你所希望的视觉样式按钮，当前视口屏幕区域内的模型就会显示其效

图 8-32 "视觉样式"工具

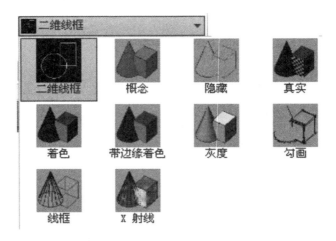

图 8-33 各种视觉样式图标

果。下面简单说明几种视觉样式的效果。

(1) 二维线框　用直线和曲线显示模型的边界,此时图形所用的颜色、线型和线宽都可见。如图 8-34(a)所示。

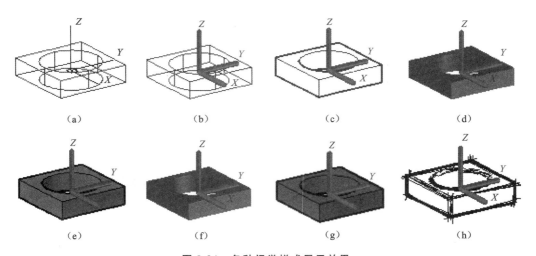

图 8-34 各种视觉样式显示效果

(2) 线框　用直线和曲线显示模型的边界,同时显示着色的三维坐标,如图 8-34(b)所示。

(3) 隐藏　用三维线框显示模型,并隐藏被挡住的不可见边线,如图 8-34(c)所示。

(4) 着色　默认用图形线的颜色显示模型各表面,如图 8-34(d)所示。

（5）概念　用着色表示模型各表面,着色时采用从冷色到暖色的过渡而非深色到浅色的过渡,如图 8-34(e)所示。

（6）真实　用着色表示模型各表面,模型的边平滑化,如图 8-34(f)所示。

（7）灰度　用单色灰色着色模型各表面,模型显示灰度效果,如图 8-34(g)所示。

（8）勾画　使用外伸和抖动特性以使模型图形显示产生手绘效果,如图 8-34(h)所示。

另外,AutoCAD 也提供了在二维线框显示模式下的消隐图形(即 hide 命令)功能。执行该功能可以暂时隐藏位于实体背后的被遮挡的轮廓线,只显示三维实体的可见轮廓线,如图 8-35 所示,这样就可以更好地观察三维立体的效果。执行消隐操作之后,绘图窗口将暂时无法使用"缩放"和"平移"命令,直到选择菜单"视图"→"重生成"命令重生成图形为止。

输入消隐命令的方式如下:

● 工具栏:〖视觉样式〗→〖隐藏〗按钮 。

● 菜单命令:【视图】→【消隐】。

● 键盘命令:HIDE↙或 HI↙。

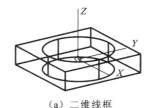

（a）二维线框　　　　　　　（b）消隐效果

图 8-35　消隐图形

第9章 设计中心、参数功能、布局与打印

【本章学习内容】

1. 利用 AutoCAD 设计中心,查阅、插入常用的外部图形文件。

2. 了解 AutoCAD 的参数绘图功能,学习对图形对象的几何约束和标注约束,更灵活、方便地进行图形设计。

3. 了解 AutoCAD 的模型空间与图纸空间,两种布局方式的概念及其设置方式,了解输入输出图形的方法、打印预览和打印基本设置。

9.1 设 计 中 心

　　一个比较复杂的设计工程,往往图形数量大、类型复杂,且由多个设计人员共同完成。因此,图形的管理就显得很重要。AutoCAD 2014 的设计中心是一个类似 Windows 资源管理器的直观、高效的资源管理工具。利用此设计中心,用户不仅可以浏览、查找、预览和管理 CAD 图形、块、外部参照及光栅图像等不同的资源文件,而且还可以通过简单的拖放操作,将位于本地计算机或"网上邻居"中文件的块、图层、外部参照等内容插入到当前图形。如果打开多个图形文件,在多文件之间也可以通过简单的拖放操作实现图形的插入。所插入的内容除包含图形本身外,还包括图层定义、线型及字体等内容。从而使已有资源得到再利用和共享,提高了图形管理和图形设计的效率。

9.1.1 输入设计中心命令的方法

AutoCAD 2014 的设计中心主要通过以下几种方式进入。

● 功能区:"视图"→"选项板"面板→"设计中心"按钮 ▦。

● 菜单命令:【工具】→【选项板】→【设计中心】。

● 键盘命令:ADC↙ 或 ADCENTER↙。

● 组合键:Ctrl+2。

输入上述命令后,系统弹出"设计中心"对话框,如图 9-1 所示。

9.1.2 设计中心对话框

AutoCAD 设计中心对话框主要由标题栏、工具栏、选项卡、状态栏、树状图和内容显示区域组成,其中设计中心窗口的左边为树状图,右边为内容显示区域。树状图是用来显示设计中心资源的树状层次图,而内容显示区域则用来显示树状图中当前选定资源的内容。

　　在 AutoCAD 设计中心,可以在〖文件夹〗、〖打开的图形〗和〖历史记录〗这 3 个选项卡之间

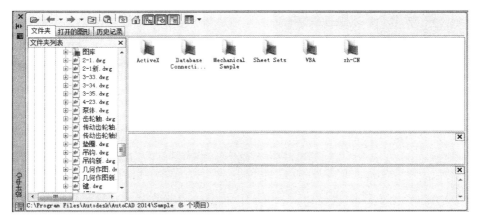

图 9-1 设计中心对话框

任意切换,下面介绍设计中心窗口上的这 3 个选项卡。

● 〖文件夹〗 该选项卡显示设计中心的资源,包括显示计算机或网络驱动器中文件和文件夹的层次结构。要使用该选项卡调出图形文件,用户可以在文件夹列表框中指定文件路径,右侧将显示图形预览信息,效果如图 9-2 所示。

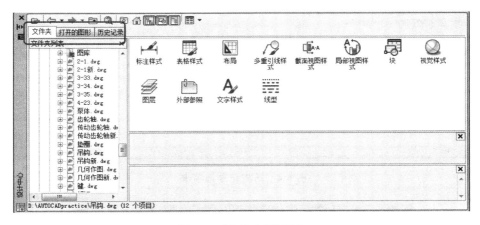

图 9-2 "文件夹"选项卡

● 〖打开的图形〗 单击该按钮后,可以显示在当前 AutoCAD 环境中打开的所有图形信息,包括标注样式、表格样式、布局、块、图层、外部参照、文字样式、线型等,单击对应的图标就能打开相应的内容,如图 9-3 所示。

● 〖历史记录〗 单击该按钮后,可以显示最近访问过的文件,包含这些文件的完整路径,如图 9-4 所示。

设计中心对话框的最上方有两个很常用的工具按钮,它们是搜索按钮和收藏夹按钮。

● 搜索按钮 用于快速查找对象,可以快速查找图形、块、图层、尺寸样式等图形内容或设置,如图 9-5 所示。

● 收藏夹按钮 在设计中有些内容可能会经常使用,如常用零件、标题栏、基本图元等,用户可以将这些内容添加到收藏夹中以便快速访问。

利用设计中心可以方便地将常用的一些对象(如图层、图形、标注样式、块、文字样式等)插

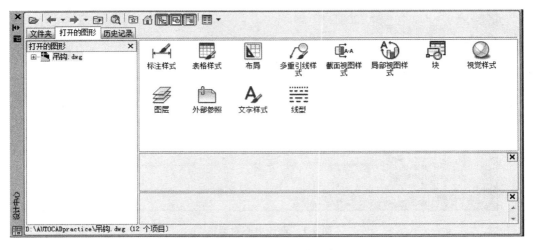

图 9-3　打开的图形选项卡

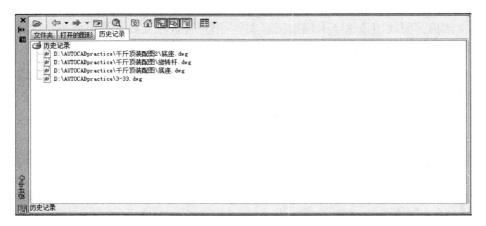

图 9-4　历史记录选项卡

图 9-5　"搜索"对话框

入到当前图形文件中。根据要添加的指定内容类型的不同,其插入的方式也不同。常用的插入方法有以下两种:

● 在图形之间插入图块　在设计中心打开的图形中双击需要插入的图块,可以将图块插入到当前图形中。

● 在图形之间复制图层　在设计中心打开的图形中选择需要复制的图层,拖动到当前图形绘图窗口中。

9.2　参　数　功　能

参数化绘图是从 AutoCAD 2010 版本开始新增的功能,它主要通过几何约束和标注约束两种方式改变了绘图的思路和方法,是设计领域今后的发展趋势。

9.2.1　几何约束

几何约束是控制图形对象及其互相之间相对位置关系的约束,例如两条直线平行或垂直、两圆相切或同心等。

1. 几何约束命令的输入方式

【方法】　几何约束命令输入方式如下。

● 功能区:"参数化"选项卡→"几何"面板,如图 9-6(a)所示。

(a)　　　　　　　　　　(b)　　　　　　　　　　(c)

图 9-6　"几何约束"的面板、菜单和工具图标

● 菜单命令:【参数】→【几何约束】下的子菜单项,如图 9-6(b)所示。

● 工具栏:参数化"几何约束"工具栏下的相应图标,如图 9-6(c)所示。

● 键盘命令:GEOMCONSTRAINT ↙。

输入命令后,选择相应的约束选项,然后再选择进行约束的一个或多个图形对象,即可以为其添加几何约束。

2. 各项几何约束的意义

(1) 水平约束(对应命令 GCHORIZONTAL):使选择的直线或两个点与当前 UCS 的 X 轴平行,如图 9-7 所示。

（2）竖直约束（对应命令 GCVERTICAL）：使选择的直线或两个点与当前 UCS 的 Y 轴平行，如图 9-8 所示。

（3）垂直约束（对应命令 GCPERPENDICULAR）：令两条选择的直线互相垂直。第二个对象将被调整到与第一个对象垂直，如图 9-9 所示。

图 9-7　水平约束　　　　图 9-8　竖直约束　　　　图 9-9　垂直约束

（4）平行约束（对应命令 GCPARALLEL）：令选择的两条直线彼此平行。设置第二个对象与第一个对象平行，如图 9-10 所示。

（5）重合约束（对应命令 GCCOINCIDENT）：令两个点重合或约束一个点，使其位于一条线（或其延长线）上，第二个对象点与第一个对象点重合，如图 9-11 所示。

（6）共线约束（对应命令 GCCOLLINEAR）：使两条或两条以上的直线位于同一直线或其延长线上，如图 9-12 所示。

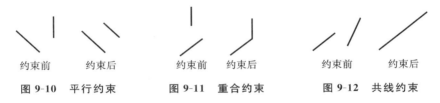

图 9-10　平行约束　　　　图 9-11　重合约束　　　　图 9-12　共线约束

（7）相等约束（对应命令 GCEQUAL）：使选取的两条直线或多段线等长度，或圆、圆弧具有相同半径值。第二个对象将改变尺寸与第一个对象相同，如图 9-13 所示。

（8）对称约束（对应命令 GCSYMMETRIC）：使两条图线或两个点相对于选定的一根直线对称，如图 9-14 所示。

（9）相切约束（对应命令 GCTANGENT）：使选择的两条曲线或一条直线与一段曲线（圆、圆弧、椭圆或实体边缘线等）彼此相切或延长线相切。第二个对象与第一个对象相切于一点，如图 9-15 所示。

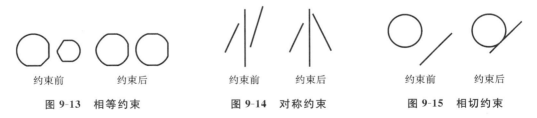

图 9-13　相等约束　　　　图 9-14　对称约束　　　　图 9-15　相切约束

（10）同心约束（对应命令 GCCONCENTRIC）：使两个圆、圆弧或椭圆具有相同的圆心。第二个对象将会移动到与第一个对象同心，如图 9-16 所示。

（11）固定约束（对应命令 GCFIX）：约束一条直线或一个点，使其固定在特定位置和方向上。当对象上所有点都进行固定约束，该对象将不可移动，如图 9-17 所示。

（12）平滑约束（对应命令 GCSMOOTH）：约束一条样条曲线，使其与其他样条曲线、直线、圆弧或多段线彼此相连，并保持平滑连续性，如图 9-18 所示。

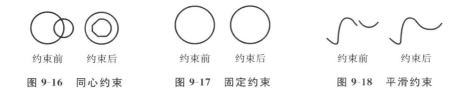

约束前　　约束后　　　　约束前　　约束后　　　　约束前　　约束后

图 9-16　同心约束　　图 9-17　固定约束　　图 9-18　平滑约束

9.2.2　标注约束

标注约束用于规范图形的大小,如定义某条线段的长度、圆的直径等。

【方法】　"标注约束"命令的输入方式如下。

● 功能区:"参数化"选项卡→"标注"面板,如图 9-19(a)所示。

图 9-19　"标注约束"的面板、菜单和工具图标

● 菜单命令:【参数】→【标注约束】下的子菜单项,如图 9-19(b)所示。

● 工具栏:参数化"标注约束"工具栏下的相应图标,如图 9-19(c)所示。

● 键盘命令:DIMCONSTRAINT↙。

输入命令后,选择相应的约束选项,就可以改变对象的大小、角度以及两点之间的距离。

【选项说明】　标注约束的各项功能如下。

(1) 水平约束:约束两点之间的水平距离。执行命令后,按提示分别指定第一个约束点 A 和第二个约束点 B,然后输入需要的尺寸值。一般来说,第一个约束点为不动点,第二个约束点为位置变动点。如图 9-20(a)所示是水平约束前的一个矩形框,对其施加标注约束后,值得注意如下情况,当需约束的对象为一个对象时,标注约束后的图形是完整的,当被约束的对象不是一个对象时,标注约束后的图形则会发生较大变形。如图 9-20(b)所示,是对矩形命令画出的矩形上 A、B 两点进行水平约束后的图形,矩形变成了直角梯形;如图 9-20(c)所示,是选择了由四条直线形成的矩形上边线上的两个点 A、B 作为约束点后的约束后图形,矩形上边线变短,图形不封闭;如图 9-20(d)所示,是分别选择了由四条直线形成的矩形左边线及右边线上的两个上面点 A、B 作为约束点后的约束后图形,矩形左边线保持原位原形,矩形右边线往左平移。

(2) 竖直约束:约束两点之间的竖直距离。执行命令后,根据提示分别指定第一个约束点 A 和第二个约束点 B,然后键入所要的尺寸值。同样,第一个约束点为不动点,第二个约束点为位置变动点。如图 9-21(a)所示,是约束前的一个矩形框;如图 9-21(b)所示,是对矩形对象上 A、B 两点进行竖直约束后的图形,矩形变成了直角梯形;如图 9-21(c)所示,是选择了组成

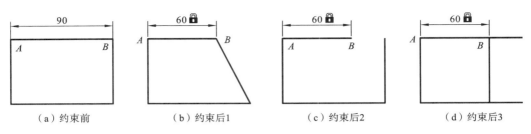

图 9-20　水平约束

矩形的四条直线的右边线上的两个点 A、B 作为约束点约束后的图形,矩形右边线变短,图形不封闭;如图 9-21(d)所示,是分别选择了由四条直线形成的矩形底边线及上边线上的两个右侧点 A、B 作为约束点约束后的图形,矩形底边线保持原位原形,矩形上边线往下平移。

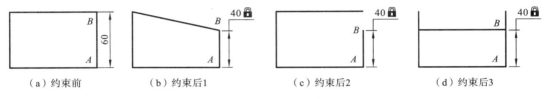

图 9-21　竖直约束

（3）对齐约束:约束两点之间的距离。执行命令后,分别指定第一个约束点 A 和第二个约束点 B,然后修改尺寸值。同样,第一个约束点为不动点,第二个约束点为位置变动点。如图 9-22(a)所示,是约束前的一个五边形封闭线框;如图 9-22(b)所示,是对一个线框对象的斜边上 A、B 两点进行对齐约束后的图形;如图 9-22(c)所示,是选择了组成五边形线框的五条直线之一的斜线上的两个点 A、B 作为约束点约束后的图形;如图 9-22(d)所示,是分别选择了五条直线形成的线框上的右边线上的 A 点和斜线上的 B 点作为约束点约束后的图形。

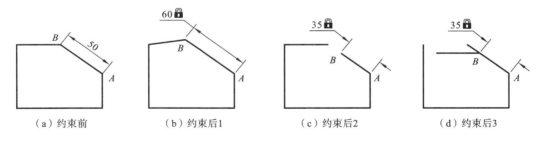

图 9-22　对齐约束

（4）半径约束:约束圆或圆弧的半径。执行命令后,选择圆或圆弧,指定尺寸线的位置,然后修改半径值。如图 9-23(a)所示是半径约束前的一个图形,如图 9-23(b)所示是只对原图形中圆弧一个对象进行半径约束后的图形,如图 9-23(c)所示是对由两直线和一圆弧组成一个对象的圆弧进行半径约束后的图形。

（5）直径约束:约束圆或圆弧的直径。执行命令后,选择圆或圆弧,指定尺寸线的位置,然后修改半径值,如图 9-24 所示。

（6）角度约束:用于约束直线之间的角度或圆弧的包含角。执行命令后,先选择第一条直线和第二条直线,然后指定尺寸线位置,再修改角度值。一般情况下,第一条直线位置不变,第二条直线绕角点旋转到所需约束的角度位置。如图 9-25(a)所示是原图形形状,如图 9-25(b)

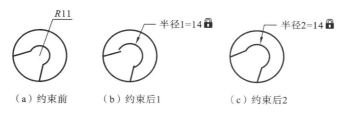

（a）约束前　　　　　（b）约束后1　　　　　（c）约束后2

图 9-23　半径约束

所示是对组成一个对象的图形右上角进行角度约束后的图形,如图 9-25(c)所示是对由多条边线对象组成的图形右上角进行角度约束后的图形。

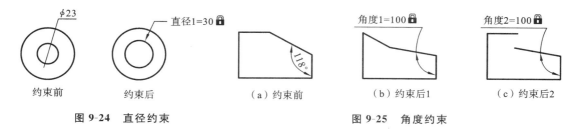

约束前　　　　　约束后　　　　（a）约束前　　　　（b）约束后1　　　　（c）约束后2

图 9-24　直径约束　　　　　　　　图 9-25　角度约束

9.2.3　编辑几何约束和标注约束

1. 编辑几何约束

当对象添加几何约束后,会在其旁边出现约束图标。将鼠标移到该对象或图标上,它们将亮显。AutoCAD 中可以对添加的几何约束进行显示、隐藏或删除等操作。

1）全部显示几何约束

当单击功能区"参数化"选项卡中"几何"面板中的"全部显示"按钮💬或选择菜单"参数"→"约束栏"→"全部显示"子菜单,即可将图形中所有的几何约束显示出来,如图 9-26 所示。

2）全部隐藏几何约束

当单击功能区"参数化"选项卡中"几何"面板中的"全部隐藏"按钮💬或选择菜单"参数"→"约束栏"→"全部隐藏"子菜单,即可将图形中所有的几何约束隐藏起来,如图 9-27 所示。

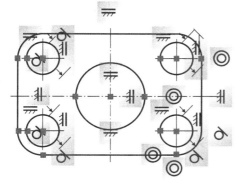

图 9-26　全部显示几何约束

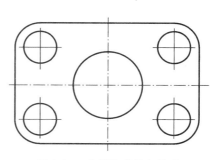

图 9-27　全部隐藏几何约束

3）隐藏几何约束

将光标放置在需要隐藏的几何约束上,该约束亮显,单击鼠标右键,系统弹出快捷菜单,选择"隐藏"命令,即可以将该约束隐藏。

4) 删除几何约束

将光标放置在需要删除的几何约束上,该约束亮显,单击鼠标右键,系统弹出快捷菜单,选择"删除"命令,即可以将该约束删除。

2. 编辑标注约束

可以通过三种方式来快速编辑标注约束。

- 双击选定的标注约束或利用 DDEDIT 命令编辑约束的值、表达式或变量名称。
- 选中要编辑的约束,单击鼠标右键,利用弹出的快捷菜单选项进行编辑。
- 选中一个约束,拖动与其相关联的三角形关键点改变约束的值,同时改变图形对象。

如图 9-28 所示是将标注名称由"名称和表达式"改为"值"及将大圆直径由 40 改为 60 的图形效果对比。

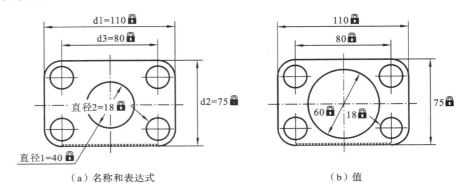

（a）名称和表达式　　　　　　　　　　　　（b）值

图 9-28　标注名称及尺寸的变化效果图

9.2.4　参数化绘图示例

由上面所述内容可知,如果设计者用几何约束和标注约束绘图,绘图之初就不用精确构想图形大小和形状,减少了辅助线的利用,使绘图设计更加灵活、方便。

【示例与训练 9-1】　参数化方法绘图。

下面以绘制图 9-29 平面图形为例,介绍参数化绘图的一般方法和步骤。

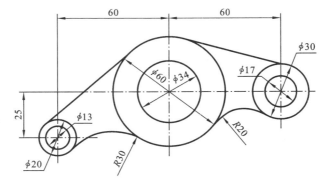

图 9-29　平面图形

分析:该图形有两条水平中心线和三条竖直中心线,三组同心圆或圆弧,上面两条直线分别与相邻的两圆或圆弧相切,下面有两条圆弧也与相邻的两圆或圆弧相切。绘制该图形时,可以先绘制图形的大致形状,然后给所有对象添加几何约束及尺寸约束,使图形处于完全约束状态,再根据修改等图形编辑命令精确完善图形,最后标注尺寸。

绘图过程如下。

(1)根据直线、圆命令,绘制图形大致形状。

① 绘制图形定位中心线,如图 9-30(a)所示。

② 执行直线、圆命令,绘制草图如图 9-30(b)所示。

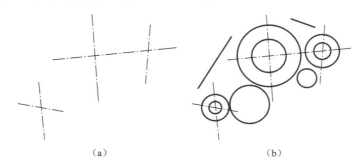

图 9-30 绘制图形大致形状

(2)给已画图形施加几何约束。

① 分别给三组同心圆施加同心约束,给图形定位中心线施加水平约束或竖直约束,如图 9-31(a)所示。

② 利用重合约束,分别使三组同心圆的圆心与三条竖直中心线的中点重合,如图 9-31(b)所示。操作时,先选择竖直中心线的中点,再选择圆心点。

③ 利用重合约束,分别使三组同心圆的圆心在水平中心线上,如图 9-31(c)所示。操作时,当命令行提示"选择第一个点或[对象(O)/自动约束(A)]<对象>"时,输入"O↙",选择水平中心线,再选择圆心点作为第二个点。

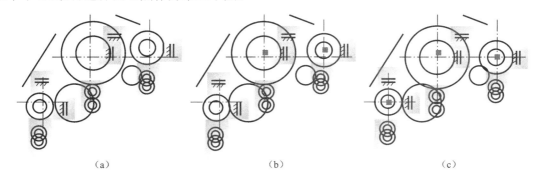

图 9-31 给已画图形施加几何约束

④ 利用四次相切约束,分别使两条直线与相应的两个圆相切,如图 9-32(a)所示。操作时,先选择圆再选择直线。

⑤ 利用四次相切约束,分别使下方两个单独的圆与相应的两个圆相切,如图 9-32(b)所示。操作时,先选择同心圆的外圆,再选择单独的圆。

(3)给已经施加几何约束的图形,进行标注约束。

① 选择标注约束中的水平约束与竖直约束命令,约束结果如图 9-33(a)所示。

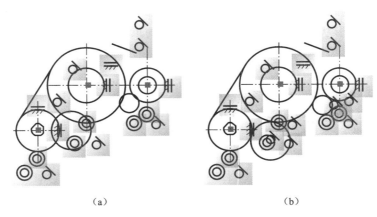

（a）　　　　　　　　　（b）

图 9-32　施加相切约束

② 选择标注约束中的半径约束与直径约束命令,约束结果如图 9-33(b)所示。

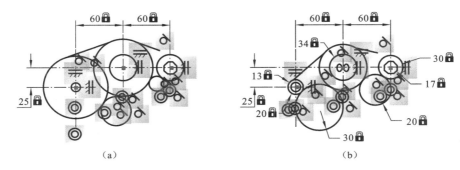

（a）　　　　　　　　　（b）

图 9-33　施加标注约束

(4) 对约束图形进行延伸、修剪,并执行自动约束处理,完成图形绘制。

① 执行延伸、修剪等二维修改命令,完善图形,如图 9-34(a)所示。

② 选择"参数化"功能"几何"面板中的"自动约束"按钮或执行菜单"参数"→"自动约束"子菜单,为修改过的对象进行恢复性几何约束,完成图形绘制。结果如图 9-34(b)所示。

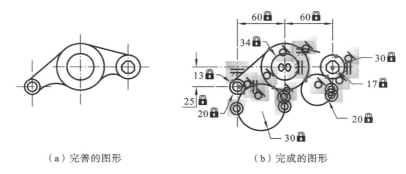

（a）完善的图形　　　　　　　　　（b）完成的图形

图 9-34　完成的图形

9.3　模型空间与布局空间

模型空间和布局空间是 AutoCAD 的两个工作空间,通过这两个空间可以设置打印效果,其中通过布局空间的打印方式比较方便快捷。在 AutoCAD 中,模型空间主要用于绘制图形的主体模型,而布局空间主要用来打印输出图纸时对图形的排列和编辑。

9.3.1 模型空间

模型空间是绘图和设计图纸时最常用的工作空间。通常图形绘制与编辑工作等都是在模型空间内进行的,它为用户提供了一个广阔的绘图区域,用户在模型空间中所需考虑的只是图形绘制是否正确、图形是否输出,而不必担心绘图空间是否容纳得下。模型空间如图 9-35 所示。

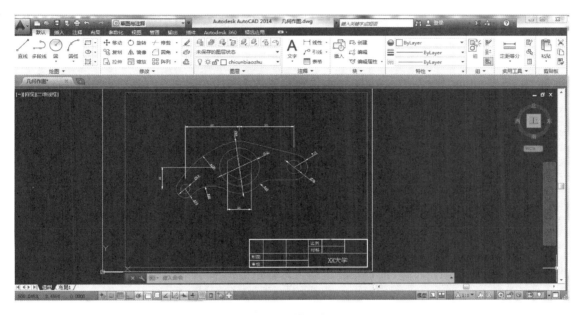

图 9-35 模型空间

9.3.2 布局空间

布局空间又称为图纸空间,主要用于图形排列、添加标题栏、明细栏以及起到模拟打印效果的作用。在该空间中,通过移动或改变视口的尺寸可以排列视图。另外,该空间可以完全模拟图纸页面,在绘图之前或之后安排图形的布局输出,为打印创建完备的图形布局。如图 9-36 所示。

模型空间和布局空间可以相互切换,其操作方法是通过鼠标单击绘图窗口底部的"模型"、"布局 1"和"布局 2"等标签(如图 9-37 所示),单击"模型"按钮进入模型空间,单击"布局 1"或"布局 2"等标签可进入图纸空间。

无论是在模型空间还是在图纸空间,AutoCAD 2014 中文版都允许使用多个视图,但多视图的性质和作用并不是相同的。在模型空间中,多视图只是为了方便观察图形和绘图,因此其中的各个视图与原绘图窗口类似。在图纸空间中,多视图主要是便于进行图纸的合理布局,用户可以对其中任何一个视图进行复制、移动等基本编辑操作。多视图操作大大方便了用户从不同视点观察同一实体,这对于在三维绘图时非常有利。

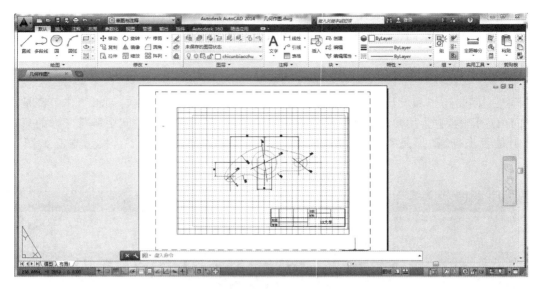

图 9-36   布局空间

图 9-37   "模型"和"布局"标签按钮

9.4   创建与管理布局

用 AutoCAD 绘图,既可在模型空间输出图形,也可先在模型空间内完成图形的绘制与编辑,再进入图纸空间创建布局,通过布局最后打印输出图形。

AutoCAD 为用户提供了多种用于创建新布局的方式和多种管理布局的方法。对于初学者来说,使用布局向导是一个简单易行的方法,下面主要介绍如何通过布局向导来创建布局。

9.4.1   创建布局

使用布局向导创建布局,要对页面进行设置,包括纸张大小、图形比例、打印设备及打印方式等。输入"LAYOUTWIZARD"命令,系统弹出"创建布局-开始"对话框,如图 9-38 所示。

在该对话框的"输入新布局的名称"文本框内输入新布局的名称,如不输入名称,系统会以默认的布局名"布局 N"命名。单击〖下一步〗按钮。这时将弹出如图 9-39 所示的对话框,可以根据需要在右边的列表框中选择所要配置的打印机。

配置好所需的打印机后,单击〖下一步〗按钮,将弹出如图 9-40 所示的对话框。在该对话框中可以选择布局在打印时所使用纸张的大小、图形单位。图形单位主要有毫米、英寸或者像素。

单击〖下一步〗按钮,下面就需要用户设置打印的方向,AutoCAD 为用户提供了横向和纵向两种选择,只需选择所需的单选按钮,如图 9-41 所示。

单击〖下一步〗按钮,这时弹出如图 9-42 所示的对话框,在该对话框中可以选择图纸的边框和标题栏的样式。可以从左边的列表框中选择,并且在对话框右边可以预览所选样式。

在设置好合适的标题栏后,单击〖下一步〗按钮,这时弹出如图 9-43 所示的对话框,在该对

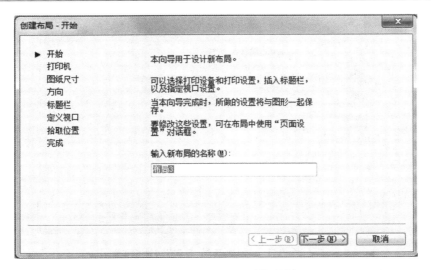

图 9-38 "创建布局-开始"对话框

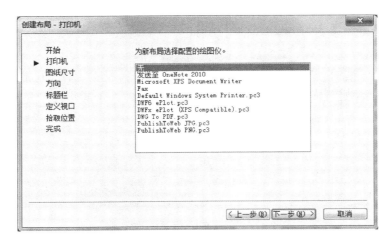

图 9-39 "创建布局-打印机"对话框

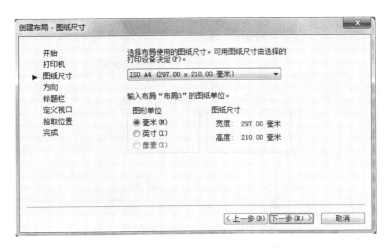

图 9-40 "创建布局-图纸尺寸"对话框

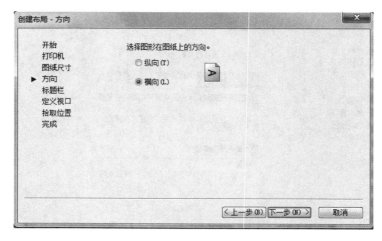

图 9-41　"创建布局-方向"对话框

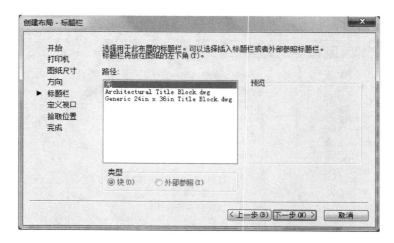

图 9-42　"创建布局-标题栏"对话框

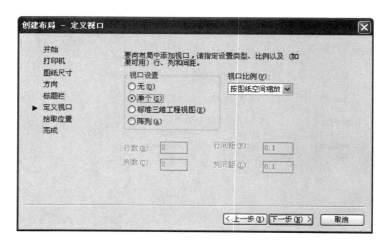

图 9-43　创建布局-定义视口

话框中,用户可以设置新创建布局的默认视口,包括视口设置、视口比例等。如果选择了"标准三维工程视图"单选按钮,则还需要设置行间距与列间距。如果选择的是"阵列"单选按钮,则需要设置行数与列数。视口的比例可以从下拉列表中选择。

　　在定义好视口后，单击〖下一步〗按钮，在弹出的对话框中设置布局视口的位置，单击"选择位置"按钮，将切换到绘图窗口，这时需要在图形窗口中指定视口的大小和位置，最后单击〖完成〗按钮，这样一个布局就创建完成了，如图 9-44 所示。

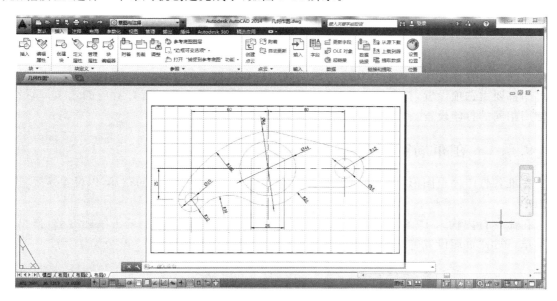

图 9-44　布局效果

9.4.2　管理布局

　　在状态栏"布局"按钮上单击鼠标右键，弹出快捷菜单，如图 9-45 所示。可以通过修改快捷菜单中的选项，对图纸布局进行管理。要删除、新建、重命名、移动或复制布局，从弹出的快捷菜单中选择合适的选项。在默认状态时，单击新建布局按钮，系统会弹出"页面设置"对话

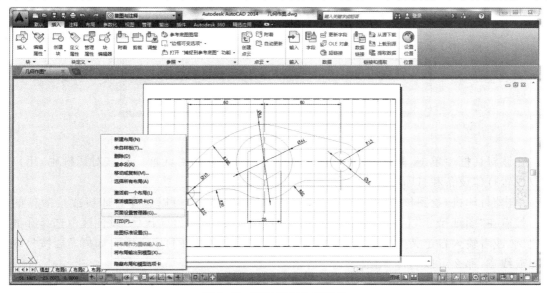

图 9-45　布局管理右键菜单

框,以便设置页面布局。如要修改某页面的布局时,可在右键菜单中选择"页面设置管理器",通过修改布局的页面设置,将图形按不同比例进行打印配置。

9.5　图纸打印

AutoCAD 2014 提供了两个并行的工作环境,即模型空间和布局空间。系统默认的工作环境是模型空间。绘图通常是在"模型空间"里进行的,而打印通常是在"布局空间"进行的。布局空间可以看作是即将要打印出来的图纸页面。在模型空间中也可以实现打印功能,但每次打印都要做选项设置,打印质量的稳定性较差,而在布局里一旦设置好对应的选项,即可永久使用相同的打印设置。

9.5.1　在布局空间打印图纸

在准备打印输出图形前,用户可以使用布局功能来创建多个视图的布局,以设置需要输出的图形。

在命令行内输入 PAGESETUP 命令或者在状态栏"布局"按钮上单击鼠标右键,弹出快捷菜单,单击"页面设置管理器",这时弹出如图 9-46 所示的对话框。

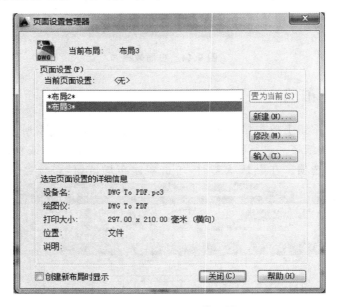

图 9-46　页面设置管理器

在该对话框中单击〖修改〗按钮,将弹出如图 9-47 所示的对话框。在该对话框中,用户除可以设置打印设备和打印样式外,还可以设置布局参数。

单击"打印机/绘图仪"下拉箭头,在弹出的下拉列表框中可以选择打印机或绘图仪的类型。接着在"图纸尺寸"下拉列表中选择所需的纸张。可以在"打印比例"设置区中选择标准缩放比例,或者输入自定义值。如果选择标准比例,该值将显示在自定义中。如果需要按打印比例缩放线宽,那么可以选择"缩放线宽"复选框。

"打印偏移"设置区是用来指定相对于可打印区域左下角的偏移量,如果选择"居中打印"

图 9-47　页面设置对话框

复选框,系统可以自动计算偏移值以便居中打印。

　　在图形方向设置区中,可以设置图形在图纸上的放置方向。如果选中"反向打印"复选框,表示将图形将旋转 180°打印。

　　最后就可以单击〔预览〕按钮来预览当前视图的打印效果,如图 9-48 所示。

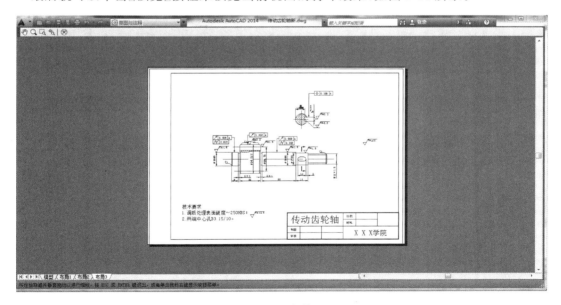

图 9-48　打印效果图

　　利用 AutoCAD 的布局向导功能创建图形布局,并且打印出图。前面我们已经介绍了如何创建和管理布局,下面就可以直接打印设置好的布局图纸。

　　打开 AutoCAD 的图形文件(需要打印的图形),单击状态栏中"布局"按钮(欲打印的布局),确保当前环境为布局空间环境。然后单击菜单【文件】→【打印】,弹出"页面设置布局 3"

对话框,如图 9-49 所示。

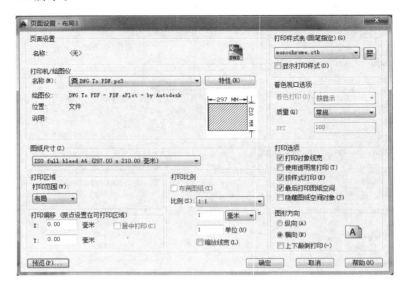

图 9-49 "页面设置布局 3"对话框

设置需要修改的选项,最终打印输出结果。

9.5.2 在模型空间打印图纸

按照下面的实施步骤可以完成在模型空间的图纸打印。

打开 AutoCAD 的图形文件(需要打印的图形),单击状态栏中"模型"按钮,确保当前环境为模型空间环境。然后单击菜单【文件】→【打印】,弹出"打印-模型"对话框,如图 9-50 所示。

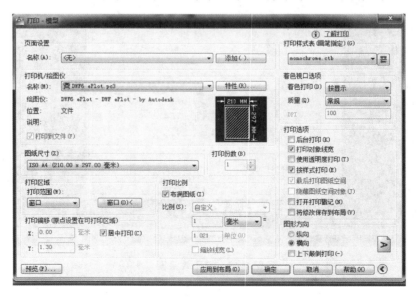

图 9-50 "打印-模型"对话框

参数设置方法同前面所述。

最终打印输出预览结果如图 9-51 所示。

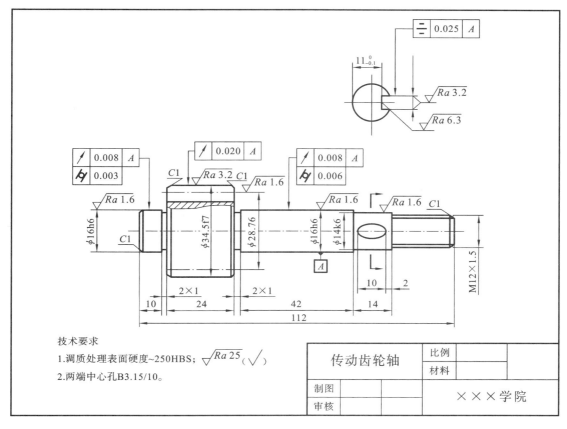

技术要求

1.调质处理表面硬度~250HBS；

2.两端中心孔B3.15/10。

图 9-51　模型空间打印输出结果预览

参 考 文 献

[1] 李奉香. AutoCAD 绘制工程图[M]. 北京:电子工业出版社,2011.

[2] 李奉香,魏巍,等. AutoCAD 绘图(基础-工程制图)[M]. 广州:华南理工大学出版社,2014.

[3] 高嵩峰,胡仁喜,等. AutoCAD 2014 中文版机械设计标准教程[M]. 北京:科学出版社,2015.

[4] 赵冬娟,迟明善,等. 中文版 AutoCAD 2014 机械设计从入门到精通[M]. 北京:中国铁道出版社,2014.

[5] 杨红亮,王珂. AutoCAD 2014 机械设计从入门到精通[M]. 北京:电子工业出版社,2014.

[6] 张曙光,傅游,温玲娟,等. AutoCAD 2008 中文版标准教程[M]. 北京:清华大学出版社,2007.

[7] 王利军,傅游,李乃文,等. AutoCAD 2008 中文版基础教程[M]. 北京:清华大学出版社,2008.

[8] 姜军,李兆宏,姜勇. AutoCAD 2008 中文版机械制图应用与实例教程[M]. 北京:人民邮电出版社,2008.